上海水土保持发展与实践

张陆军　苏翔　等　编著

中国水利水电出版社
www.waterpub.com.cn
·北京·

图书在版编目（CIP）数据

上海水土保持发展与实践 / 张陆军等编著. -- 北京 :
中国水利水电出版社, 2024. 11. -- ISBN 978-7-5226
-2941-4

Ⅰ. S157

中国国家版本馆CIP数据核字第2024ES5354号

书　　名	**上海水土保持发展与实践** SHANGHAI SHUITU BAOCHI FAZHAN YU SHIJIAN
作　　者	张陆军　苏　翔　等 编著
出版发行	中国水利水电出版社 （北京市海淀区玉渊潭南路 1 号 D 座　100038） 网址：www.waterpub.com.cn E-mail：sales@mwr.gov.cn 电话：（010）68545888（营销中心）
经　　售	北京科水图书销售有限公司 电话：（010）68545874、63202643 全国各地新华书店和相关出版物销售网点
排　　版	中国水利水电出版社微机排版中心
印　　刷	北京中献拓方科技发展有限公司
规　　格	184mm×260mm　16 开本　17.25 印张　431 千字
版　　次	2024 年 11 月第 1 版　2024 年 11 月第 1 次印刷
定　　价	**88.00** 元

本书编委会

主　编　张陆军　苏　翔

副主编　宋建锋　吴伟峰

参　编　徐晓黎　赵　杰　施明新
　　　　　王　超　郭亚丽　郑磊夫

前言

水土保持是生态文明建设的重要内容、江河治理的重要措施、全面推进乡村振兴的重要基础、提升生态系统质量和稳定性的有效手段，是我们必须长期坚持的一项基本国策。近年来，我国水土流失防治工作取得了显著成效，根据2023年度全国水土流失动态监测结果，全国水土流失面积已由2000年的约357万km^2下降至2023年的262.76万km^2，减幅约为26.40%。但是现存水土流失面积依然巨大，水土流失问题依然是我国环境问题中分布最广泛、危害最严重的一种，做好水土保持工作任重道远。

上海市是长江三角洲冲积平原的一部分，属于典型的平原河网区，在全国水土保持区划中，属于以水力侵蚀为主的南方红壤区。上海市自然水土流失主要分布在河湖的“一坡一面（边坡和堤顶面）”，呈线状分布特点，侵蚀强度及流失面积相对较小，但是分布点多面广，具有隐蔽性、渐进性、迁移性等特点，难以完全治理。此外，上海市人口密度高、建设强度大、动土量大，人为水土流失量远超自然流失量，对人居环境、河湖水质、农田资源造成较大危害。

从全国层面来讲，上海市是唯一一个全域范围内无山区、丘陵区和风沙区（所谓“三区”）的省级行政区，水土流失外在形式不明显、不典型，因此在“十二五”之前水土保持工作未得到足够的重视，基础相对薄弱，给全市水土保持工作带来一定的影响。

自“十二五”以来，上海市逐步认识到水土保持工作对全市生态环境治理的重要作用和意义，加大了水土保持工作力度，完成了《上海市水土保持规划》，出台了《上海市水土保持管理办法》，以乡镇为单元整体推进水土保持生态清洁小流域建设，生产建设项目水土保持工作也逐步规范，水土保持工作成效显著，积累了大量的生产实践经验。遗憾的是，目前还尚未系统地总结这些宝贵的知识财富，这在一定程度上影响了上海市水土保持工作的跨越式发展。

上海勘测设计研究院有限公司作为水利部太湖流域管理局和上海市水务局的水土保持技术支撑单位，从2005年开始协助各级水行政主管部门完成了上海市各类水土保持规划编制、各项水土保持政策文件制定、各类水土保持科研（含政研）课题和标准制定、生产建设项目水土保持监督管理等，完成了上海市辖区内多个建设项目的水土流失治理设计、水土保持方案以及监测、监理和验收工作。作为相关工作的主要完成人，本书编者熟悉上海市水土保持发展历程，具有一定的水土保持理论和实践经验。

为了使广大水土保持从业者更好地了解上海市水土保持的基本情况，更高效地开展上海市各项水土保持工作，同时也为了完善平原河网区和城市区水土保持工作体系，本书编者梳理了上海市水土保持工作的发展历程，系统地总结了上海市水土保持工作的实践经验，编撰完成了本书供读者参考应用。本书共分为7章，分别是水土保持概况、水土保持规划、水土保持监测、水土流失综合防治、生产建设项目水土保持、新时期水土保持高质量发展、水土保持后续工作展望。

在编撰过程中，得到了水利部太湖流域管理局、上海市水务局、上海市水文总站、上海市水务规划设计研究院等主管单位和兄弟单位的支持和帮助，得到了行业内同仁的指导，在此致以衷心的感谢！

在编撰过程中，还参考了大量的技术标准和其他文献中的研究成果，引用了一批优秀案例，在此谨向相关作者致以深深的谢意！

限于编者的知识水平、能力和经验，书中的疏漏和不足之处在所难免，恳请读者批评指正！

编者

2024年4月30日

目录

第1章 水土保持概况

1.1 自然概况

1.1.1 地理位置

上海市地处我国南北海岸线中部，长江三角洲东缘，长江和太湖流域下游；东濒东海，南临杭州湾，西接江苏省和浙江省，北接长江入海口，位于北纬30°40′～31°53′，东经120°51′～122°12′。长江由此入海，黄浦江及其支流苏州河流经上海市区，交通便利，腹地宽阔，地理位置优越。

1.1.2 地质

上海市地质构造属于古老陆块（扬子准地台）的一部分。在遥远的地质历史年代，曾多次经历陆海沧桑巨变。自新生代第四纪时期以后，在江流和海潮的共同作用下，长江带来的泥沙不断堆积，形成典型的河口三角洲冲积平原，地质基础比较稳定。

在上海市境内，除西南部裸露有零星火山岩残丘外，基岩面被250～350m厚的第四系所覆盖，岩性出露面积较少。第四系多为松散土体，除表层土壤或人工填土层外，自上而下依次为褐黄色黏土、灰色淤泥质黏土、灰色黏性土、暗绿色黏性土和粉性土。

上海市位于华北地震区的东南边缘，地震强度中等，频度较低，基本烈度为6～7度，属于非地震活性区，区域稳定性较好。

1.1.3 地形地貌

上海市全市总土地面积约为6833km^2，市域东西宽约为100km，南北长约为120km，海岸线长约为172km。

上海市是长江三角洲冲积平原的一部分，由泥沙冲积而成，陆地地势走向呈由东向西低微倾斜，除西南部有少数山丘外，全市地势坦荡低平，起伏不大。根据成陆特征，上海市分为西部湖积平原、中部浦江平原、东部滨海平原和河口三角洲等4个地貌类型，境内河网密布，为典型的平原感潮河网地区。上海市平均地面高程约为4.0m（上海吴淞基面，下同），市区地面高程一般为3.0～4.0m，中心区的黄浦、静安等区不少地段还处在3m以下。郊区低于3.2m的低洼地有103万亩，约占耕地面积的1/5，主要分布在青浦、金山、松江等3个区。上海海拔最高点是位于金山区杭州湾的大金山岛，海拔高度为103.7m，其次是位于松江区的西佘山，第三是位于松江区的天马山残丘。

在长江入海口，有崇明岛、长兴岛、横沙岛3个岛屿，其中崇明岛是中国的第三大岛，面积为1269.1km^2。长江口三岛的地面高程，崇明岛为3.2～4.2m，长兴、横沙两岛为2.5～3.5m。

按照地貌分类标准，上海市全域属平原地区，是我国唯一一个全域范围内无山区、丘陵区和风沙区（所谓“三区”）的省级行政区。良好的地形地貌条件使上海市水土保持基础条件相对较好。

1.1.4　气象

1.1.4.1　气温

上海市位于北亚热带季风气候区，四季分明，一般春季温凉多雨，夏季炎热湿润，秋季多晴少雨，冬季低温干冷。全市年平均气温为15.7℃，极端最高气温为40.8℃（2013年8月7日），极端最低气温为－12.1℃（1893年1月19日）。上海市日照条件较为充足，年平均光照时间为1962h，全年无霜期为225～235d，日平均气温在10℃以上的天气共计233d。

1.1.4.2　降雨

上海市多年平均降雨量为1191.0mm，平均降雨日约有132d，全年总降雨量的60%集中在5—9月。历年最大年降雨量为1793.7mm（1999年），最小年降雨量为728.1mm（1978年）。每年影响上海的热带气旋平均有2～3个，多发生在7—9月，受热岛效应等因素影响，汛期上海市常会出现暴雨灾害。上海市多年平均月降雨量分布图见图1-1。

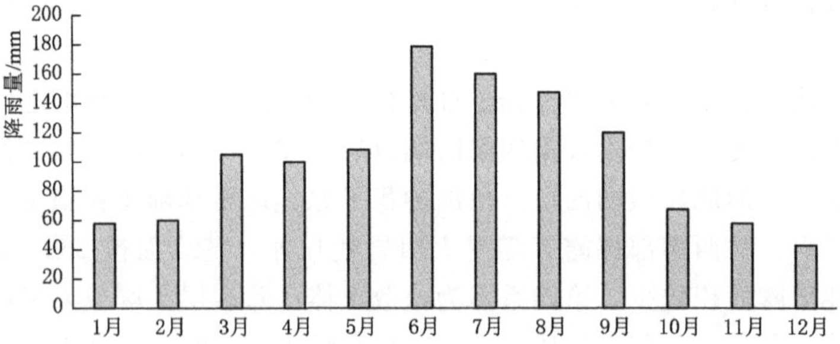

图1-1　上海市多年平均月降雨量分布图

1.1.4.3　风

上海市地处东南沿海，受季风影响明显，夏季盛行东南及偏南风，冬季盛行西北及偏北风，各风向平均风速为2.9～4.9m/s，其中崇明地区风速最大，市区风速最小。由于冷暖空气交替影响，天气变化比较复杂，灾害性气候大多出现在7—9月，为台风多发季节。

1.1.5　水文水资源

1.1.5.1　水文水系概况

上海市地处长江入海口、太湖流域东缘，三面环水，河湖众多，水网密布，为典型的平原感潮河网地区。上海的陆域水系属于太湖流域，黄浦江承泄太湖来水，干支流遍布城乡。在长江口的岛屿有崇明岛、横沙岛和长兴岛等3个岛，它们各有独立的河道。

根据《2023上海市河道（湖泊）报告》，全市共有河道（湖泊）46441条（个），河湖面积共为655.1905km^2，河湖水面率为10.33%。其中河道46390条，长30342.05km，面积为579.6961km^2，河网密度为4.79km/km^2；湖泊51个，面积为75.4944km^2；小微水体共计43257个，面积为45.6898km^2（不纳入河湖面积统计）。上海市境内的主要河流有长江（河口段）、黄浦江及其支流吴淞江（苏州河），以及蕰藻浜、川杨河、淀浦河、大治河、斜塘、圆泄泾、大泖港、太浦河、拦路港、金汇港、油墩港等。

长江流经上海市北部，接纳黄浦江后，东流入海，江口呈喇叭形向外展宽，最宽处达 90km。

黄浦江是上海的地标性河流，源于淀山湖，其上游在松江区米市渡处承接太湖、江苏省淀泖地区和浙江省杭嘉湖平原的来水，贯穿上海市市区至吴淞口汇入长江，是长江汇入东海之前的最后一条支流。黄浦江全长约为 113km，河宽为 300～770m，其中上海市境内长约 90km。

吴淞江源于太湖瓜泾口，在上海市市区外白渡桥附近汇入黄浦江，全长约为 125km，其中上海境内约为 54km，平均河宽为 40～50m，是江南地区上海市以及苏州市的主要水上交通线和重要航道。2023 年上海市河道（湖泊）情况见表 1－1。

表 1－1　　2023 年上海市河道（湖泊）情况统计表

水体类型		数量/(条/个)	长度/km	面积/km²	河湖水面率/%
河道	市管	31	851.64	96.3661	1.52
	区管	513	3001.23	106.4807	1.68
	镇管	2681	6596.52	123.7862	1.95
	村级	38198	18376.97	196.2439	3.09
	其他河道	4967	1515.69	56.8192	0.90
	小计	46390	30342.05	579.6961	9.14
湖泊	市管	1		45.2078	0.71
	区管	22		26.3894	0.42
	镇管	28		3.8972	0.06
	小计	51		75.4944	1.19
合　计		46441	30342.05	655.1905	10.33
小微水体		43257		45.6898	

1.1.5.2　水资源概况

上海市的水资源包括本地水资源和过境水资源两部分。

在本地水资源方面，上海市多年平均年地表径流量为 24.33 亿 m³。其中，丰水年（P=20%）、平水年（P=50%）、枯水年（P=75%）及特枯水年（P=95%）的年径流量分别为 27.14 亿 m³、18.67 亿 m³、13.33 亿 m³ 和 7.64 亿 m³。

过境水资源包括长江干流过境水和太湖来水两部分。根据实测资料统计，长江大通站多年平均年径流量为 8931 亿 m³，径流量年内分配很不均匀，其中以 7 月的径流量为最大，占全年的 15.0%，而 2 月的径流量为最小，占全年的 3.2%，过境水量主要集中于汛期的 5—10 月，占年总径流量的 71.1%，枯季的 11—次年 4 月的径流量占全年的 28.9%。此外，据分析，上海市太湖多年平均来水量为 106.6 亿 m³，其中偏丰水年（P=20%）、平水年（P=50%）、偏枯水年（P=75%）及特枯年（P=95%）的水资源量分别为 132.1 亿 m³、104.9 亿 m³、84.8 亿 m³ 和 58.7 亿 m³。

总体上，上海市可用的水量十分丰富，尤其是巨大的长江过境水资源量，可谓得天独厚，弥补了上海市本地水资源的不足，使上海市人均水资源量超过全国平均水平的 1 倍以上。然而由于河道水污染问题，上海市仍属于全国水质性缺水的城市之一，但是近些年来上海市河道水质已有明显的改善，2022 年在全市主要河流的 273 个地表水环境考核断面中，Ⅱ～Ⅲ类水质断面占 95.6%，Ⅳ类水质断面占 4.4%，无Ⅴ类和劣Ⅴ类水质断面。

1.1.6　土壤

上海地区土壤分为水稻土、潮土、滨海盐土、黄棕壤等 4 种土类，潜育水稻土、脱潜水稻土、潴育水稻土、渗育水稻土、灰潮土、滨海盐土、黄棕壤 7 个亚类，青泥土、青紫泥、青紫土、青紫头、青黄泥、青黄土、黄潮泥、沟干泥、沟干潮泥、黄泥头、黄泥、潮砂泥、黄夹砂、砂夹黄、小粉土、砂土、灰潮土、菜园灰潮土，园林灰潮土、挖垫灰潮土、滨海盐土、盐化土、残余盐化土、山黄泥、堆山泥等 25 个土属，95 种土种。

全市土壤以渍潜型和淋溶-淀积型的水成和半水成系列土壤为主。前者主要为沼泽土起源的青紫泥，集中分布于西部低洼地区；后者主要为草甸土起源的黄泥土、沟干泥、夹沙泥、潮汐泥及沙泥与滨海盐渍土等，其分布以东部碟缘高地和河口沙洲地区为主。各类土壤一般土层深厚，结构良好。

总体而言，西部松江、金山、青浦境内土壤质地偏黏；中部闵行、嘉定、宝山、奉贤等位于黄浦江、吴淞江两侧的土壤质地偏砂；东部川沙、南汇等范围较广的滨海平原的土壤质地偏黏；长江口的崇明、长兴、横沙等岛屿土壤质地偏砂。

1.1.7　植被

上海市境内天然植被残剩不多，绝大部分是人工栽培作物和林木。天然的木本植物群落，仅分布于大金山岛和佘山等局部地区，天然草本植物群落分布在沙洲、滩地和港汊。栽培的农作物共有 100 多个种类，近万个品种。上海市植被覆盖总面积为 3741.33km^2，其中种植土地面积为 2705.56km^2，林草覆盖面积为 1035.77km^2。

种植土地包括水田、旱地、果园、茶园、桑园、苗圃、花圃等 7 个种类。从地区分布看，32.99%的种植土地分布在崇明区，16.15%的种植土地分布在浦东新区，12.16%的种植土地分布在金山区。

林草覆盖包括乔木林、灌木林、竹林、绿化林地、人工幼林、天然草地、人工草地 7 类。从地区分布看，23.56%的林草覆盖分布在浦东新区，18.52%分布在崇明区，9.89%分布在奉贤区。

1.2　社会经济概况

1.2.1　社会经济

上海市作为中国最大的经济城市，土地面积占全国土地面积的 0.06%，其地区生产总值（地区 GDP）占全国的 3.8%，关区进出口商品总额占全国的 20.1%。自“十三五”以来，上海市大力转变经济发展方式，充分发挥经济中心城市的辐射带动作用，全面提升产业能级和服务功能，迈向更优的经济结构和更高的发展水平。在“十三五”期间，上海市生产总值从 2.69 万亿元增加到 3.87 万亿元，总量规模跻身全球城市第 6 位，人均生产总值达 22583 美元，以服务经济为主的产业结构率先形成，国际经济中心综合实力日益凸显。

1.2.1.1　行政区划

全市行政区划分为黄浦、静安、杨浦、虹口、普陀、长宁、徐汇、闵行、嘉定、宝山、浦东、奉贤、青浦、松江、金山、崇明 16 个区，共有 107 个街道、106 个镇、2 个乡，仅有的 2 个乡均在崇明区。

1.2.1.2　人口

根据《2023 年上海市国民经济和社会发展统计公报》，截至 2023 年年末，上海市常住人口有 2487.45 万人，户籍人口有 1480.17 万人。劳动从业人口有 1376.20 万人，按产业分：第一产业 40.80 万人，第二产业 335.67 万人，第三产业 999.73 万人。从事农、林、牧、渔业的人口总数为 44.75 万人。在总人口中，17 岁及以下人数为 180 万人，60 岁及以上人数为 516.55 万人。

1.2.1.3　经济概况

2023 年，上海市全年实现地区生产总值为 47218.66 亿元，比上年增长 5.0%。其中，第一产业增加值为 96.09 亿元，下降了 1.5%；第二产业增加值为 11612.97 亿元，增长了 1.9%；第三产业增加值为 35509.60 亿元，增长了 6.0%。第三产业增加值占地区生产总值的比重为 75.2%。全年地方一般公共预算收入为 8312.50 亿元，全市居民人均可支配收入为 84834 元。2019—2023 年上海市生产总值及其增长速度示意图见图 1-2。

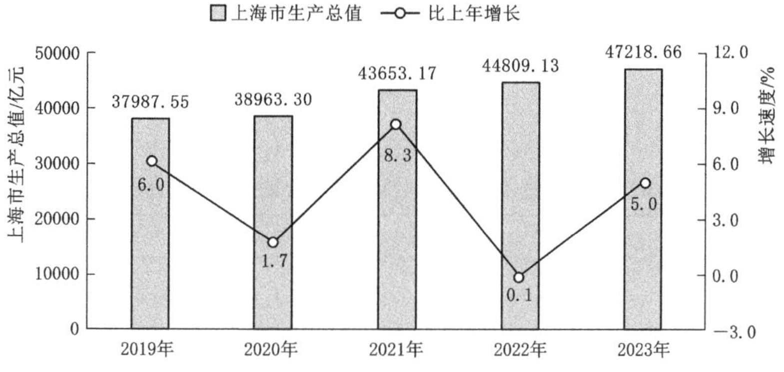

图 1-2　2019—2023 年上海市生产总值及其增长速度示意图

1.2.2　土地利用

根据《上海市城市总体规划（2017—2035 年）》，上海市行政区划面积为 8368km^2，其中陆域部分为 6833km^2。全市建设用地面积为 3071km^2，非建设用地为 3762km^2（耕地 1898km^2，林地 467km^2）。

通过优化土地使用结构，严格保护耕地，重点增加林地，严格控制建设用地规模。规划至 2035 年，全市耕地、林地等非建设用地占全市陆域土地总面积的 53.2%以上，全市建设用地控制在全市陆域土地总面积的 46.8%以下。

1.3　水土流失现状

1.3.1　水土流失类型

按全国水土流失类型区的划分，上海市属于水力侵蚀为主的类型区——南方红壤区，杭州湾与长江口等沿海区域夹杂有微弱的风力侵蚀。水力侵蚀的表现形式主要是坡面面蚀、水流冲刷导致的堤岸侵蚀以及滩涂侵蚀等。

1.3.2　水土流失区域分布

根据水土保持专项普查及动态监测成果，经过多年预防保护和综合治理，上海市自然状态下土壤侵蚀强度及流失面积显著降低，仅零星存在于河湖“一坡一面（边坡和堤顶面）”，且均为轻度侵蚀，相关面积难以准确地统计，通常忽略不计，但是相关流失问题和危害客观存在。

上海市人口密度高、建设强度大、动土量大，人为水土流失量远超自然流失量。根据《2023 年度上海市水土流失动态监测成果报告》，在上海市 16 个区，2023 年度人为扰动地块数量为 26149 个，总面积为 396.17km^2，占全市土地总面积的 6.25%，水土流失面积为 35.81km^2，占人为扰动地块面积的 9.04%，占土地总面积的 0.56%，均为水力侵蚀中的轻度侵蚀。

从各区的水土流失面积和比例来看，上海市的水土流失主要分布在 9 个郊区，其中水土流失面积较大的区为浦东新区、青浦区和宝山区，分别为 16.11km^2、3.38km^2 和 2.99km^2；水土流失面积比例最高的是浦东新区、宝山区和闵行区，分别为 1.33%、1.11%和 0.77%。

根据《2023 年度上海市水土流失动态监测成果报告》，2023 年上海市不同土地利用类型水土流失面积统计表见表 1-2，2023 年上海市各区水土流失面积及比例统计表见表 1-3。

表 1-2　　2023 年上海市不同土地利用类型水土流失面积统计表

土地利用类型一级类	土地利用类型二级类	水土流失面积/km^2					
		小计	轻度	中度	强烈	极强烈	剧烈
耕地	水田	0.00	0.00	0.00	0.00	0.00	0.00
	水浇地	0.00	0.00	0.00	0.00	0.00	0.00
	旱地	0.00	0.00	0.00	0.00	0.00	0.00
	小计	0.00	0.00	0.00	0.00	0.00	0.00
园地	果园	0.00	0.00	0.00	0.00	0.00	0.00
	茶园	0.00	0.00	0.00	0.00	0.00	0.00
	其他园地	0.00	0.00	0.00	0.00	0.00	0.00
	小计	0.00	0.00	0.00	0.00	0.00	0.00
林地	有林地	0.00	0.00	0.00	0.00	0.00	0.00
	灌木林地	0.00	0.00	0.00	0.00	0.00	0.00
	其他林地	0.00	0.00	0.00	0.00	0.00	0.00
	小计	0.00	0.00	0.00	0.00	0.00	0.00
草地	天然牧草地	0.00	0.00	0.00	0.00	0.00	0.00
	人工牧草地	0.00	0.00	0.00	0.00	0.00	0.00
	其他牧草地	0.00	0.00	0.00	0.00	0.00	0.00
	小计	0.00	0.00	0.00	0.00	0.00	0.00

续表

土地利用类型一级类	土地利用类型二级类	水土流失面积/km²					
		小计	轻度	中度	强烈	极强烈	剧烈
建设用地	城镇建设用地	0.00	0.00	0.00	0.00	0.00	0.00
	农村建设用地	0.00	0.00	0.00	0.00	0.00	0.00
	人为扰动用地	35.81	35.81	0.00	0.00	0.00	0.00
	其他建设用地	0.00	0.00	0.00	0.00	0.00	0.00
	小计	35.81	35.81	0.00	0.00	0.00	0.00
交通运输用地	农村道路	0.00	0.00	0.00	0.00	0.00	0.00
	其他交通用地	0.00	0.00	0.00	0.00	0.00	0.00
	小计	0.00	0.00	0.00	0.00	0.00	0.00
水域及水利设施用地	河湖库塘	0.00	0.00	0.00	0.00	0.00	0.00
	沼泽地	0.00	0.00	0.00	0.00	0.00	0.00
	冰川及永久积雪	0.00	0.00	0.00	0.00	0.00	0.00
	小计	0.00	0.00	0.00	0.00	0.00	0.00
其他土地	盐碱地	0.00	0.00	0.00	0.00	0.00	0.00
	沙地	0.00	0.00	0.00	0.00	0.00	0.00
	裸土地	0.00	0.00	0.00	0.00	0.00	0.00
	裸岩石砾地	0.00	0.00	0.00	0.00	0.00	0.00
	小计	0.00	0.00	0.00	0.00	0.00	0.00
合计		35.81	35.81	0.00	0.00	0.00	0.00

表 1-3　2023 年上海市各区水土流失面积及比例统计表

行政区名称	土地总面积/km²	微度侵蚀		水土流失		轻度侵蚀		中度侵蚀		强烈侵蚀		极强烈侵蚀		剧烈侵蚀	
		面积/km²	占土地总面积比例/%	面积/km²	占土地总面积比例/%	面积/km²	占水土流失面积比例/%	面积/km²	占水土流失面积比例/%	面积/km²	占水土流失面积比例/%	面积/km²	占水土流失面积比例/%	面积/km²	占水土流失面积比例/%
合计	6340	6304.19	99.44	35.81	0.56	35.81	100	0	—	0	—	0	—	0	—
黄浦区	20	20.00	100	0	0	0	—	0	—	0	—	0	—	0	—
徐汇区	55	55.00	100	0	0	0	—	0	—	0	—	0	—	0	—
长宁区	38	38.00	100	0	0	0	—	0	—	0	—	0	—	0	—
静安区	37	37.00	100	0	0	0	—	0	—	0	—	0	—	0	—
普陀区	55	55.00	100	0	0	0	—	0	—	0	—	0	—	0	—
虹口区	23	23.00	100	0	0	0	—	0	—	0	—	0	—	0	—
杨浦区	61	61.00	100	0	0	0	—	0	—	0	—	0	—	0	—
闵行区	371	368.13	99.23	2.87	0.77	2.87	100	0	0	0	0	0	0	0	0

续表

行政区名称	土地总面积/km²	微度侵蚀		水土流失		轻度侵蚀		中度侵蚀		强烈侵蚀		极强烈侵蚀		剧烈侵蚀	
		面积/km²	占土地总面积比例/%	面积/km²	占土地总面积比例/%	面积/km²	占水土流失面积比例/%	面积/km²	占水土流失面积比例/%	面积/km²	占水土流失面积比例/%	面积/km²	占水土流失面积比例/%	面积/km²	占水土流失面积比例/%
宝山区	271	268.01	98.90	2.99	1.11	2.99	100	0	0	0	0	0	0	0	0
嘉定区	464	462.65	99.71	1.35	0.29	1.35	100	0	0	0	0	0	0	0	0
浦东新区	1210	1193.89	98.67	16.11	1.33	16.11	100	0	0	0	0	0	0	0	0
金山区	586	584.34	99.72	1.66	0.28	1.66	100	0	0	0	0	0	0	0	0
松江区	606	603.42	99.57	2.58	0.43	2.58	100	0	0	0	0	0	0	0	0
青浦区	670	666.62	99.50	3.38	0.50	3.38	100	0	0	0	0	0	0	0	0
奉贤区	688	685.59	99.65	2.41	0.35	2.41	100	0	0	0	0	0	0	0	0
崇明区	1185	1182.54	99.79	2.46	0.21	2.46	100	0	0	0	0	0	0	0	0

1.3.3 水土流失成因

水土流失是指土壤或其他地面组成物质在外营力的作用下被剥蚀、破坏、分散、分离、搬运和沉积的过程。当风力、水力、重力等外营力超过土壤本身的抗蚀性时，水土流失便发生了，人类不合理的开发利用又加剧了水土流失的发生。影响水土流失的因素既有自然因素，又有人为因素，是地理环境、社会经济发展诸因素相互作用、相互制约的结果。

1.3.3.1 自然因素

自然因素是水土流失的潜在因素，是客观条件。上海市水土流失的自然因素包括降雨、风力、植被、地形地貌和土壤等。

1. 降雨

上海市地处中纬度沿海地带，雨量充沛，年均降雨量为1191.0mm，年内降水分布不均匀，汛期雨量较大。

根据近几年的雨情分析，上海市汛期降雨量较常年偏多，7—9月热带气旋活动影响频繁，平均每年2～3次，往往因台风伴随暴雨侵袭，同时非台风导致的大到暴雨出现的次数也较多，在短期内（1～3d）降雨强度可达几百毫米。短历时的强降雨使降雨强度超过了土壤入渗能力，造成地表大量积水，地表径流形成的侵蚀外营力大，为土壤侵蚀提供了原动力，再加上雨水的淋溶作用，加速了土体的风化，频繁的雨水冲刷地表，使土壤大量流失。

2. 风力

上海市地处东南沿海，受季风影响明显，沿海地区平均风速为4～5m/s，但是砂质土的表土层厚度不足10cm，在春季地表植被覆盖度差或者植被覆盖层破坏时易造成风力侵蚀，虽然风蚀造成的水土流失危害相对较小，但是也不容忽视。

3. 植被

近年来上海市绿化覆盖呈现持续增加趋势，据《2023年上海统计年鉴》，截至2023

年年末，上海市城市建成区绿化覆盖率为40%左右，全市森林覆盖率达到18.81%，植被具有良好的水土流失防治功能。但是部分郊区及未整治河道边坡植被稀少，有很多裸露区域，易被侵蚀，地表植被一旦遭到破坏，土壤侵蚀则明显加剧。图1-3为上海市郊区未整治的边坡及附近区域裸露情况现状。

图1-3 上海市郊区未整治的边坡及附近区域裸露情况

4. 地形地貌

上海市地形总体为低平坦荡。但是境内西南部有部分残丘，市域内河湖水面广阔，"十里一横塘，五里一纵浦"，河网密度高，岸线较长，新开河道较多，有一定的边坡存在。坡面区域土壤抗蚀能力差，有机质含量少，质粗砂松，固结度差，只要地表植被、护坡护岸被破坏，泥沙流失、河（湖）岸坍塌随之产生，坡度越陡越剧烈，从而加剧了径流对地表土壤的冲蚀作用。同时，上海市城市基础建设较为完善，城市下垫面以不透水的水泥、沥青、砖瓦等人工建筑为主体，易出现产流量增加、汇流速度加快、洪峰量增大等特点，每当汛期和江海高潮，特别是在大潮汛和台风暴雨同时侵袭之际，由于汇水入河加剧河道冲刷，从而易造成水土流失。此外，上海市滨江临海，江海滩涂面积大，滩涂区域抗冲性差，在台风暴雨下易造成水力侵蚀。

5. 土壤

上海市绝大部分土壤类型为不同时期的湖泊、沼泽、江、海沉积形成，深受流水作用影响，少数残丘的黄棕壤土类矿质颗粒是基岩直接风化堆积形成的，土壤以渍潜型和淋溶-淀积型的水成和半水成系列土壤为主。由于地势低平，江、河、湖、海水位较高，地下水埋深很浅，土地处于高度渍水状态。

总体而言，上海市土壤较为黏重，土体易板结，含水量一般较高，渗透力差，通气性不好，风化壳深厚疏松，土体抗剪强度较低，土壤抗蚀能力弱，雨水的淋溶作用加速了土体的风化，使土壤易随水流动，受水力（重力）侵蚀；滨江临海地区滩涂土壤沙性相对严重，盐分高，土壤结构差，有机质含量少，抗冲性差，在台风暴雨下也易造成水力侵蚀。

1.3.3.2 人为因素

根据《2023年上海市国民经济和社会发展统计公报》，截至2023年年末，上海市常住人口有2487.45万人，基本为城镇人口。与2001年相比，人口增加了近1160.31万人。随着人口的不断增加和经济社会的快速发展，上海市人为生产建设活动日益频繁，建设用地的规模也逐年增加。上海市建设用地由 1996 年的 $2294km^2$ 增加至 2015 年的 $3071km^2$，而且仍在继续上升，建设用地的增加意味着大量建设项目动土建设。

根据《2023 年度上海市水土流失动态监测成果报告》，上海市 16 个区 2023 年度人为扰动地块数量为 26149 个，总面积为 $396.17km^2$，占全市土地总面积的 6.25%，水土流失面积为 $35.81km^2$，占人为扰动地块面积的 9.04%。建设项目人为扰动地块，往往伴随着频繁密集的土石方挖填调弃活动，形成大量的松散裸露面，很多工程基础采用钻孔灌注桩的形式，在施工中产生了大量的泥浆钻渣，如果缺乏有效的拦挡措施，那么就容易导致水土流失。此外，由于大量的建设项目下垫面以不透水的硬化地为主，地表径流量增加，易产生冲刷流失。

建设用地增多也意味着耕地相应减少。为了满足耕地占补平衡，各地积极实施土地整理、滩涂围垦等工作，上海市近年来每年新开垦耕地面积近 $0.40km^2$，自中华人民共和国成立以来，上海市围垦造地面积已经累计达 $800km^2$。大量土地在开垦、复耕、滩涂围垦的同时形成了分布面极广的松软表土层，为水土流失创造了条件。

人口增长还引起人们对生活资料需求的增加，有限的平地产粮不能满足人口增长的需要，河塘海塘、堤防边坡和滩涂耕垦种植经济作物等人为破坏生态植被活动的增加成为必然，加重了土地承载，导致水土流失加剧。

同时，上海市为典型的水网地区，市内大部分骨干河道为航道，水网航运十分发达，2023 年有记录的船舶通航量达 251.48 万艘次，水路航运量达 9.57 亿 t，近 10 年年均航运增长量在 5%以上。大型运输船舶航行形成强大的船行波，涌浪爬高达 50cm 以上，河道土堤在船行波的频繁冲击下，受波浪的正负压力作用而脱离岸坡，加剧河岸坍塌，造成水土流失。

另外，其他人为不合理活动，如乱倒垃圾、不合理取土、违章建筑等引起的海塘、堤防、河道岸坡破坏也易造成水土流失。

1.3.4　水土流失特点

1.3.4.1　人为性、阶段性

山区、丘陵区、风沙区是传统认为水土流失容易发生和严重的区域，上海市位于平原感潮河网地区，自然因素造成的水土流失现象并不明显。而全市基础设施建设规模大，生产活动频繁，在工程期内改变原有的地形、地貌和植被等自然属性，导致区域水土保持能力降低、发生水土流失现象，人为扰动和阶段扰动是上海市水土保持工作面临的主要问题。

1.3.4.2　隐蔽性、渐进性

传统“三区”的水土流失现象比较明显，而上海地区的水土流失是伴随着人为扰动、破坏而发生的，地表径流被各类建筑物阻挡分割，难以看到直接的侵蚀过程，那些在垫面层以下的潜蚀作用则更难以发现，也正因为如此，在城市水土流失发展的初期，往往难以引起人们的重视。

1.3.4.3　局部性、迁移性

上海市水土流失的局部性表现在水土流失现象主要发生在土建项目、河道冲刷淘蚀，点多面广。迁移性表现在上述区域产生的弃土、余土经过人为外运或降雨径流携带形成了影响较广的水土流失现象。

1.3.5 水土流失危害

上海市自然条件相对较好，总体水土流失面积少，侵蚀强度较弱，但是由于开发建设项目较多、河（湖）岸线较长、新淤积滩涂面积大等因素，水土流失分布面积较广，具有以点状与线状侵蚀为主、河岸侵蚀与河道淤积并重、湖区坍岸侵蚀严重以及江海沿岸新淤积滩涂水土流失严重等特点，水土流失局部危害较大。主要表现以下几个方面。

1.3.5.1 岸线边坡坍塌，土地资源损失

上海市是典型的平原河网地区，气候湿润、水网密布，在海潮、风浪和船行波的作用下，极易造成自然状态下河岸的"一坡一面"的水土流失。据调查，上海市通航河道中部分还存在坍塌的岸线。这些航道近 60 年来已经造成坍塌的土地面积就有 10000 多亩。在 20 世纪 60 年代以后，随着农村机动船只的增加，河道坍方日趋严重，平均每年有 400～500 亩农田被毁，进入 20 世纪 80 年代后更为突出，郊区每年损失的土地高达 1300 亩，这种水土流失现象在黄浦江上游青浦区、松江区和金山区最为显著。

1.3.5.2 河道湖库淤积，洪涝灾害与轮疏压力加剧

水土流失使大量土方泥沙淤积河道湖库，导致河床抬高，水域库容减小，水量调节能力、行洪能力降低，使洪水过程的高水位持续时间延长，同时缩短通航里程，直接威胁两岸经济、社会和人民群众的生命财产安全，还对防汛排涝、原水供应、农业灌溉等产生了不利的影响。

"十三五"普查资料表明，上海市郊区中小河道淤积土方总量在 1.5 亿 m^3 以上，平均淤积深度为 0.5m，在"十三五"期间全市投入近 100 亿元用于 13945km 镇村级河道轮疏和修筑护岸，疏浚土方超过 1 亿 m^3。由于全市每年自然淤积量约为 1600 万 m^3，河道淤积疏浚工作以及资金投入依然是沉重负担。

图 1-4 为水土流失造成河道冲刷与淤积现状。

图 1-4 水土流失造成河道冲刷与淤积现状

1.3.5.3 土壤养分流失，土地生产力与水环境质量下降

水土流失不仅直接减少了耕地面积，还导致土壤中大量的氮、磷、钾等营养元素流失，相当于每年流失数量巨大的化肥，因为水土流失造成部分地区土壤有机质含量降至 0.3%左右，土地土层变薄、肥力下降，土壤贫瘠化。同时由于表层松散土壤流失，土壤孔隙度下降，土壤透水、通气性能下降，导致土地生产力降低，涵养水源和生态保护功能减弱，对农林业可持续发展产生了不利的影响。

沿海地区新淤积、围垦滩涂土壤本就沙性比较严重，盐分高，结构差，有机质含量少，易旱、易反碱、易涝、易渍，在降雨、大风等因素的作用下，水土流失加剧，加重了盐碱化。

水土流失在造成土地生产力下降的同时，又作为面源污染物传输的载体将土壤中的养分、有机质和残留农药、化肥等带入水域，这是加剧河湖水质污染、水域纳污能力下降、生态破坏的原因之一。根据近几年的水质监测资料，上海市仍有相当部分河湖水质不稳定，尤其在雨季更为明显。这主要是由于以城郊地表径流、农田等面污染源逐渐代替点污染源成为河湖水污染最大的影响因素。而水土流失在一定程度上加剧了面源污染物的入河入湖，进一步影响了水环境质量。

1.3.5.4　扰动占压频繁，城市人居环境与基础设施受损

如 1.3.3.2 节所述，上海市社会经济发展快，基础建设力度大，建设用地的增加意味着大量建设项目动土建设，土石方挖填调弃活动频繁密集。众多的建设项目施工、土地整理等生产建设活动形成大量挖填边坡、松软裸露面，很多工程基础采取钻孔灌注桩的形式，在施工中产生了大量的泥浆钻渣，如果缺乏有效的拦挡措施，那么在降雨冲刷等自然因素和监管机制体制薄弱等人为因素的双重作用下极易导致水土流失，造成泥水横流、绿地占压等城市人居环境破坏现象，同时疏松的泥土随雨水流失，进入排水系统，淤积管井沟渠，损坏城市排水基础设施，降低城市排水能力。建筑渣土乱堆乱放造成的排水管道淤堵见图 1－5。

图 1－5　建筑渣土乱堆乱放造成的排水管道淤堵

1.4　水土保持现状

1.4.1　水土保持区划

在全国水土保持三级区划体系中，上海市共涉及两个三级区。

上海市大陆地区属“浙沪平原人居环境维护和水质维护区”，该区地貌以平原为主，涉及国家优化开发区域和农产品主产区，河网地区存在较多的饮用水水源地、湿地公园等具有重要生态功能的区域，环境污染和饮用水安全等问题制约了该区域经济的发展，改善人居环境和保障饮用水安全成为该区发展的首要任务。经水土保持基础功能测算（见表 1－4），该区水土保持主导基础功能为人居环境维护和水质维护，同时，还有农田防护、土壤保持、

蓄水保水等水土保持基础功能。在社会经济方面，水土保持功能主要包括自然景观保护、河湖沟渠岸边保护与水源地保护、饮用水安全保护、生物多样性保护等。

表 1-4 浙沪平原人居环境维护水质维护区水土保持三级区划功能计算结果表（上海大陆区域）

功能名称	指标名称	指标权重系数		分值	加权得分	综合得分
人居环境维护	定性得分	0.5426	城市化率高，区域生态环境和居民生活质量良好	6	3.26	7.50
	人口密度	0.348	2704 人/km^2	10	3.48	
	人均收入	0.1094	10839 元	7	0.77	
水质维护	定性得分	0.495	河道水质状况较差	9	4.46	6.12
	耕垦指数	0.3878	0.34	4	1.55	
	人口密度	0.1172	2704 人/km^2	1	0.12	
农田防护	定性得分	0.6667	风、沙、水、旱等自然灾害很少发生	3	2.00	4.67
	耕地面积比例	0.1333	34.10%	5	0.67	
	平原面积比例	0.2	88.29%	10	2.00	
土壤保持	定性得分	0.6483	主要以粮食生产为主	4	2.59	3.88
	耕垦指数	0.2297	0.34	5	1.15	
	>15°土地面积	0.122	0.23%	1	1.12	
蓄水保水	定性得分	0.5739	可利用的水资源轻度缺乏，基本满足人民生产生活需求	3	2.30	2.89
	降雨量	0.1593	1178mm	4	0.64	
	地面起伏度	0.1382	249	2	0.28	
	旱地面积比	0.1286	6.87%	2	0.26	
水源涵养	定性得分	0.4934	一般江河源头和一般水源补给区	4	1.97	2.79
	林草植被覆盖率	0.3108	2.31%	1	0.31	
	人口密度	0.1958	2704 人/km^2	1	0.20	
生态维护	定性得分	0.5495	存在小面积的森林、草地和湿地	2	1.10	1.80
	人口密度	0.1293	2704 人/km^2	1	0.13	
	各类保护区面积比例	0.2476	0.63%	2	0.50	
	林草植被覆盖率	0.0736	2.31%	1	0.07	
防灾减灾	定性得分	0.4934	各项影响因素不很活跃，灾害有可能发生	1	0.49	1.51
	工矿区面积比例	0.1958	0.00	2	0.39	
	灾害易发区面积比例	0.3108	0.00	2	0.62	
防风固沙	定性得分	0.6108	离风沙源较远，受风蚀的影响较轻	0	0.00	0.65
	大风日数	0.1067	10d	2	0.21	
	林草植被覆盖率	0.1294	2.31%	1	0.13	
	中度以上风蚀面积比例	0.1531	0.00	2	0.31	

崇明区属于“江淮下游平原农田防护和水质维护区”，地貌以平原为主，涉及国家级农产品主产区、省级重点开发区域与综合生态发展区，保护水土资源，维护和提高土地生产力，增强农田防护功能，改善水质成为该区生产发展的首要任务。经水土保持基础功能测算（见表1-5），该区水土保持主导基础功能为农田防护和水质维护，同时，还有人居环境维护、防风固沙、蓄水保水等水土保持基础功能。在社会经济方面，水土保持功能主要包括保障粮食生产，保护河湖沟渠边岸、土地生产力、饮用水安全、生物多样性等。

表1-5　江淮下游平原农田防护水质维护区水土保持三级区划功能测算表（崇明区）

功能	指标名称	指标权重系数		分值	加权得分	综合得分
农田防护	定性得分	0.6667	风、沙、水、旱等自然灾害偶有发生	4	2.67	5.47
	耕地面积比例	0.1333	44.90%	6	0.80	
	平原面积比例	0.200	91.90%	10	2.00	
水质维护	定性得分	0.495	该区域面源污染相对较严重	5	2.48	5.15
	耕垦指数	0.3878	0.45	6	2.33	
	人口密度	0.1172	630人/km^2	3	0.35	
人居环境维护	定性得分	0.5426	区域生态环境和居民生活质量较好	3	1.63	5.07
	人口密度	0.348	630人/km^2	8	2.78	
	人均收入	0.1094	9112	6	0.66	
防风固沙	定性得分	0.6108	离风沙源较远，受风蚀的影响较轻的区域	5	3.05	3.70
	大风日数	0.1067	10d	2	0.21	
	林草植被覆盖率	0.1294	0.69%	1	0.13	
	中度以上风蚀面积比例	0.1531	0.00	2	0.31	
蓄水保水	定性得分	0.5739	局部地区、个别时段出现水问题	4	2.30	3.60
	降雨量	0.1593	1024mm	4	0.64	
	地面起伏度	0.1382	150m	2	0.28	
	旱地面积比	0.1286	12.71%	3	0.39	
土壤保持	定性得分	0.6483	粮食生产为主	3	1.94	3.45
	耕垦指数	0.2297	0.45	6	1.38	
	$>15°$土地面积	0.122	0.00	1	0.11	
生态维护	定性得分	0.5495	存在小面积的森林、草地和湿地	3	1.65	3.10
	人口密度	0.1293	630人/km^2	3	0.39	
	各类保护区面积比例	0.2476	13.05%	4	0.99	
	林草植被覆盖率	0.0736	0.69%	1	0.07	
水源涵养	定性得分	0.4934	无明显水源涵养区域	3	1.48	2.38
	林草植被覆盖率	0.3108	0.69%	1	0.31	
	人口密度	0.1958	630人/km^2	3	0.59	

续表

功能	指标名称	指标权重系数		分值	加权得分	综合得分
防灾减灾	定性得分	0.4934	各项影响因素不很活跃，灾害有可能发生	1	0.49	2.29
	工矿区面积比例	0.1958	18.90%	6	1.75	
	灾害易发区面积比例	0.3108	0.00	2	0.62	

这表明水土保持在上海市发挥的维护城市居住环境、减轻面源污染、维护水质、保护农田功能突出。

1.4.2 水土保持率确定

水土保持率是指区域内水土保持状况良好的面积（非水土流失面积）占国土面积的比例，是反映水土保持总体状况的宏观管理指标，也是水土流失预防治理效果和自然禀赋水土保持功能在空间尺度的综合体现。

截至2023年年底，我国水土保持率为72.56%，水土保持率阈值定为75.26%。上海市目前水土保持率为99.44%，综合上海市自然环境现状，以及经济社会发展实际情况水土保持率阈值定为98.45%。

1.4.3 水土保持工作开展情况及成效

由于水土流失外在形式不明显、不典型，在“十二五”之前上海市水土保持工作未得到足够的重视，基础相对薄弱。自“十二五”以来，上海市逐步认识到水土保持工作对全市生态环境治理的重要作用和意义，加大了水土保持工作力度，水土保持工作成效显著，具体体现在以下方面。

1.4.3.1 扎实推进水土保持基础工作

一是《上海市水土保持规划（2015—2030年）》获得批复，并完成修订。2017年8月，《上海市水土保持规划（2015—2030年）》编制完成，并获市政府批准（沪府〔2017〕70号）。2021年12月，鉴于上海市水土保持工作实际发生了较大的变化，上海市水务局对该规划进行了修订，获得上海市人民政府批复（沪府〔2021〕73号）。

二是《上海市水土保持管理办法》的颁布实施和修订。2017年11月，上海市水务局制定了《上海市水土保持管理办法》，以“沪水务海洋规范〔2017〕2号”颁布实施，此后又于2020年3月根据水利部最新文件精神对其进行了修订，以期更好地指导全市的水土保持工作。

三是《上海市水土保持目标责任考核办法（试行）》的出台和实施进一步夯实了政府的主体责任，补齐了水土保持制度建设的短板，有力地推动了上海市水土保持营商环境法治化构建。

四是《上海市水土保持“十三五”规划》《上海市水土保持“十四五”规划》的编制和实施。在“十三五”和“十四五”开局之年，上海市水务局均组织编制了《上海市水土保持“十三五”规划》和《上海市水土保持“十四五”规划》，对各项水土保持工作进行了科学的安排部署，并首次将规划成果纳入市级层面的水务综合规划报市政府批准，水土保持工作得到前所未有的重视。其间，上海市水务局还定期组织对规划实施情况进行考核评估，确保了各项规划任务落地实施。

五是对水土保持科技示范创建工作持续开展。上海市对照示范创建要求，以水土流失预防保护为主线，以保护生态环境为目标，积极开展水土保持示范创建工作，截至 2023 年年底，成功创建国家水土保持示范县 2 个，示范工程（生态清洁小流域）10 个，市级生态清洁小流域示范工程 38 个；积极筹建国家水土保持科技示范园，深入调研了崇明区、松江区、金山区、青浦区、闵行区、临港新片区及上海市周边类似园区，对各水土保持科技示范园潜在选址进行了可行性分析，提出了初步建园构想，为示范园的创建打下了良好的基础。

六是系统开展上海市水土保持标准体系与政策体系建设研究，各项政策研究成果，以及配套制度的出台，完善了上海市水土保持政策体系，构建了上海水土保持工作基础，制定了全市水土保持工作路线图，科学规范了全市水土保持工作。如制定了《上海市水土保持补偿费征收管理办法》《关于加强新时代水土保持工作的实施方案》等管理文件，编制了《上海市生产建设项目水土保持方案编制指南》《上海市区域水土保持评估报告编制技术要点》《上海市生产建设项目水土保持监测成果编制指南》《上海市生产建设项目水土保持全过程管理工作指南》《上海市生产建设项目水土保持设施验收成果编制指南》等地方标准。

1.4.3.2　持续进行水土流失预防保护

近年来，上海市各级水务部门协同绿化和市容、原水公司、农业等部门（单位），持续组织对黄浦江上游水源地、青草沙水源地、东风西沙水源地和陈行水库水源地上海四大水源地保护区进行封禁管护，控制建设项目规模，对保护区内生态薄弱地区采取工程措施与生物措施相结合的水土流失综合防治措施，并在青草沙库区、金泽水库周边配套建立防护林带、涵养林带等缓冲带，预防了水土流失发生，维护了水源地水质。

1.4.3.3　稳步实施水土流失综合治理

在“十三五”期间，上海市以中小河道水土流失治理为中心，稳步推进各项水土流失综合治理工作。完成城乡中小河道 1864 条综合治理，累计实施了 1756km 城乡中小河道整治工程，不仅有效地控制了河湖“一坡一面”的水土流失，还树立了一批水土保持与生态样板河段。对 12000km 镇村级河道开展轮疏，发挥了水土保持在维护人居环境和改善水质方面的作用。结合两轮“农林水三年行动计划”、新型城镇化建设、美丽乡村建设、农村环境治理等，配合农业、绿化和市容部门完成 11.8 万亩农田林网和河道防护林建设，减轻了台风危害，保护了耕地资源，增加了森林资源，有效地提高了森林覆盖率。全面启动生态清洁小流域建设，截至 2023 年，全市共开展小流域建设 48 个，计划到 2035 年，覆盖全市的 151 个生态清洁小流域全部建成。全面推行深化综合治理、系统治理、源头治理的生态清洁小流域建设模式，为推进城市水土保持、推动绿色城市建设提供优秀样板和成功典范。

1.4.3.4　强力推进水土流失综合监管

一是生产建设项目水土保持工作全面铺开。《上海市水土保持管理办法》《上海市水土保持规划（2015—2030 年）》的颁布实施给全市生产建设项目水土保持工作的开展提供了基础依据，特别是在水利部印发《关于开展长江经济带生产建设项目水土保持监督执法专项行动的通知》（水政法〔2018〕300 号）下发以来，上海市配套印发了《上海市生产建设项目水土保持监督执法专项行动实施方案》(沪水务〔2019〕50号),重点检查不依法编报水土保持方案、水土保持设施未经验收投入使用、不依法履行水土流失治理义务行为的大中型生产建设项目,要求全市新开项目开展水土保持方案、监测、监理和验收工作,有效控制建设项目渣土泥浆乱弃乱排造成的水土流失,目前全市生产建设项目水土保持工作取得明显成效。

二是加强生产建设项目水土保持监督检查。市、区水行政主管部门定期对已审批项目水土保持工作落实情况进行跟踪检查,对于检查发现的问题要求限期整改,督促建设单位开展水土保持监测与验收工作,切实提高了建设项目水土流失防治措施的落实率。

三是开展遥感监管。2019—2023年开展全市范围内所有疑似违法扰动图斑调查,开展现场复核,依法查处,实现了生产建设项目水土保持监管全覆盖。其间还配合太湖流域管理局开展长三角经济圈核心区所涉及松江区、青浦区、嘉定区和宝山区水土保持“天地一体化”监管,提高了监管水平。

四是提高了信息化监管水平。组织开展了各区生产建设项目水土保持信息化监管监测,实现了水土保持信息化监管工作新突破;对已批复的生产建设项目相关材料全部按时录入相应管理系统;此外,市水务局还收集水土保持工作相关地形图和高分辨率航空遥感影像等基础地理数据,建立相应的数据库,全面支撑水土流失动态监测和信息化监管工作。

1.4.3.5 积极开展水土保持监测试点

根据《水利部办公厅关于做好年度水土流失动态监测工作的通知》(办水保〔2018〕77号)要求,2018—2023年上海市组织开展了全市16个区的水土流失动态监测工作,获取了全市水土流失强度及面积分布情况,实现了水土流失动态监测全覆盖,完成了水土流失动态监测年度任务,将监测成果定期对外进行了公告。对于已批复的生产建设项目,其水土保持监测工作陆续开展,不仅有效地控制了生产建设活动造成的水土流失,也为全面掌握水土流失情况提供了第一手资料。

1.4.4 水土保持工作存在的问题

1.4.4.1 建设活动造成的水土流失防治难度大

上海市作为一个超大城市,基础设施建设、工业化、城镇化和资源开发规模大,部分建设单位对于执行水土保持法意义的认识仍然不足,只注重立项报建审批,水土保持资金、监理、监测、验收等相关工作落实不到位,必须与主体工程“同时设计、同时施工、同时投产”的水土保持“三同时”制度落实不到位,开发建设活动产生的弃渣乱堆乱放现象时有发生,造成周边市政排水管道淤积,不文明的施工活动还会产生施工扬尘,因此由开发建设活动产生的人为水土流失量和危害远超自然水土流失,人为水土流失防治难度较大。此外,上海市河网密度高、降雨强度大,土壤侵蚀潜在因素多,虽经多年治理自然水土流失面积显著降低,但是现存水土流失分布广且零散,新增水土流失具有渐进性和隐蔽性,也给治理工作带来一定的挑战,而目前开展的水土流失防治工程没有充分体现水土保持特色和理念,一定程度上影响了防治效果。

1.4.4.2 水土保持监测能力不足

上海市目前水土流失标准观测场尚未建成,无常态化的水土保持监测站点,也未纳入全国水土保持监测网络体系，缺少先进的监测设备和专业监测人员，监测方法较为传统、单一，导致水土流失长期的监测数据和成果缺失，不利于分析水土流失变化趋势，影响了水土流失防治工作的开展。

1.4.4.3　水土保持监管能力有待提高

对上海市而言，开发建设项目众多，类型多样，人为水土流失潜在危害大，因此水土保持监管工作是重中之重，这也对各级水行政主管部门的监管能力有了更高的要求。但是目前全市生产建设项目水土保持方案审批以及监督执法力度有待进一步加强，水土保持监管联动机制尚不成熟，建设项目水土保持信息化尚未全覆盖，部分区水土保持管理机构不健全，专业管理人员不足，监管人员专业能力有待进一步提高。

1.4.4.4　水土保持科技支撑不足

上海市目前水土保持科学研究机构较少，水土保持高级研究人才缺乏，水土保持基础性、前沿性研究成果相对较少，符合地区特点的水土保持标准体系尚未形成，科技支撑能力不足。此外，上海市水土保持科技示范园目前尚未开建，水土保持科普教育缺乏平台，具有地方特点的水土保持实用先进技术难以有效地推广。

1.4.4.5　水土保持工作保障机制不健全

水土保持管理工作需要多部门共同参与，目前应由水务部门牵头、各有关部门共同参与的水土保持工作联动机制尚不健全，没有形成工作合力，影响了水土保持工作的开展，特别是制约了生产建设项目水土保持监管工作。此外，上海市水土保持目标责任制和激励制度、投资保障机制、技术保障体系尚不健全，也在一定程度上制约了水土保持工作的深入开展。

第2章 水土保持规划

2.1 上海市水土保持规划（2015—2030年）

2.1.1 规划编制背景

水土保持规划是水土保持工作的总体部署或特定区域的专项部署，也是水土保持前期工作的基础。从本质上讲，水土保持规划就是在一定时间段、一定空间上，为了达到水土流失综合防治目标而制订的一整套行动计划。

根据 SL 335《水土保持规划编制规范》，水土保持规划分为综合规划和专项规划两大类。其中，水土保持综合规划是指以县级以上行政区或流域为单元，根据区域或流域自然与社会经济情况、水土流失现状及水土保持需求，对预防和治理水土流失，保护和利用水土资源作出的总体部署，规划内容涵盖预防、治理、监测、监督管理等，水土保持综合规划是一种中长期的战略发展规划。《上海市水土保持规划（2015—2030年）》即属于水土保持综合规划。

《中华人民共和国水土保持法》第十四条规定："县级以上人民政府水行政主管部门会同同级人民政府有关部门编制水土保持规划，报本级人民政府或者其授权的部门批准后，由水行政主管部门组织实施。"可见编制水土保持规划是法律规定。此外，水土保持法第二十五条还规定："在山区、丘陵区、风沙区以及水土保持规划确定的容易发生水土流失的其他区域开办可能造成水土流失的生产建设项目，生产建设单位应当编制水土保持方案，报县级以上人民政府水行政主管部门审批，并按照经批准的水土保持方案，采取水土流失预防和治理措施。"对于上海市来讲，全域无山区、丘陵区和风沙区，只能通过规划来确定"容易发生水土流失的其他区域"（以下简称"易发区"），进而从法理上确定生产建设单位的水土流失防治责任和义务，由此可见，水土保持规划还是生产建设项目水土保持工作的基础依据。

此外，为了贯彻落实《中华人民共和国水土保持法》精神，全面推进新时期我国水土保持工作健康持续发展，水利部组织编制了《全国水土保持规划（2015—2030年）》并经国务院批准。为配合《全国水土保持规划（2015—2030年）》的编制，水利部发文要求各省（自治区、直辖市）水利（水务）厅（局）积极配合完成辖区内有关全国水土保持规划的任务，并组织编制省级水土保持规划。因此，编制《上海市水土保持规划（2015—2030年）》还是《全国水土保持规划（2015—2030年）》编制的基础支撑之一，也是水利部的直接要求。

2.1.2 规划编报过程

为了支撑上海建设更具有可持续发展能力的健康生态之城，根据《中华人民共和国水土保持法》及水利部的相关要求，上海市水务局组织上海市水务（海洋）规划设计研究院（唐迎洲、张海燕、贾卫红等）和上海勘测设计研究院有限公司（张陆军、袁洪州、周航等）两家技术服务单位于2012年启动《上海市水土保持规划（2015—2030年）》编制工作。

该规划历时5年编制完成，在编制过程中多次组织专家咨询，征求了上海市发展和改革委员会、原上海市城乡建设和管理委员会、原上海市住房保障和房屋管理局、原上海市规划和国土资源管理局、上海市交通委员会、上海市农业农村委员会和上海市绿化和市容管理局等多部门的意见和建议，于2017年8月获市政府批准（沪府〔2017〕70号）。

2.1.3 规划主要内容介绍

2.1.3.1 规划总则

1. 规划原则

坚持以人为本、水土兼顾，安全为先、维护生态，城乡统筹、突出重点，防治并重、长效管理等基本原则。

2. 规划目标

立足上海市城市发展总体计划，按照以人为本、安全为先、环境为重、管理为要的发展要求，到2020年，以完成677km骨干航道和910km流速较大河段整治为示范，全面推进全市水土保持工作，建立健全开发建设项目水土保持“三同时”监管制度，稳步推进全市水土保持配套立法等工作。到2030年，基本形成完善的上海市水土保持监管体系。

3. 规划年限

规划基准年为2014年，近期水平年为2020年，远期水平年为2030年。

4. 规划范围

全上海市（含海域），总面积为8359km^2。

2.1.3.2 水土流失易发区划分

规划将上海市重要自然生态区、饮用水水源保护区、河湖水系、各类开发区、工业园区、重要城建区以及岛屿等确定为水土流失易发区，面积约为5710km^2，呈“斑块状（如自然保护区、风景名胜区、森林公园、饮用水水源保护区、城建区、工业园区、特定大型公共设施以及岛屿等）、条段状（如河湖水系、生态公益林等）”分散性分布。

根据用地性质，主要有4种类型：一是重点保护区域，即重要自然生态区、饮用水水源保护区、河湖水系和岛屿等，面积约为3133km^2；二是重点治理区；三是集中式开发建设区域，即各类开发区、工业园区、重要城建区等，面积约为2577km^2；四是其他开发建设活动规模较大的区域，主要依据开发建设面积或土方量确定，区域不固定。

1. 重点保护区域（重点预防区）

重点保护区域（重点预防区）主要包括重要自然生态区（如自然保护区、风景名胜区、森林公园、湿地公园、地质公园、生态公益林等）、饮用水水源保护区、河湖水系和岛屿，具体范围见表2-1。

表 2-1　上海市易发区之重点保护区（重点预防区）域统计表

区位	重点预防区名称	主要内容	涉及行政区划	面积/km^2
黄浦江上游区	黄浦江上游重点预防区	淀山湖自然保护区、黄浦江上游水源地、佘山国家森林公园等	青浦区、松江区、奉贤区、闵行区	532.3
长江口区	陈行水库重点预防区	陈行水库、宝钢水库	宝山区	14.9
	崇明岛重点预防区	崇明岛以及东风西沙水源地	崇明区	1267
	长兴岛重点预防区	长兴岛以及青草沙水源地	崇明区	88
	横沙岛重点预防区	横沙岛	崇明区	56
	长江口水域重点预防区	崇明东滩鸟类自然保护区、长江口中华鲟自然保护区、九段沙湿地自然保护区	—	296.7
杭州湾区	海湾地区重点预防区	海湾森林公园等	奉贤区	114.7
	南汇东滩重点预防区	南汇东滩湿地等	浦东新区	216
	金山三岛重点预防区	金山三岛海洋自然保护区	金山区	0.5
东海区	无居民岛屿重点预防区	佘山岛、鸡骨礁、鸡骨礁一岛、鸡骨礁二岛、鸡骨礁三岛、情侣礁、情侣礁一岛、情侣礁二岛、情侣礁三岛、黄瓜北沙、黄瓜四沙、白茆沙	—	8.3
合　计				2594.5

2. 重点治理区

规划将上海市骨干航道、引排水流速较大的河段划为水土流失重点治理区，重点治理区范围见表 2-2。

表 2-2　上海市水土流失重点治理区（骨干航道部分）的分布统计

编号	河道名称	起讫点		河口宽度/m	河道长度/km	航道及等级
		起	讫			
1	黄浦江	三角渡	长江口	基本维持现状	88.1	Ⅰ至Ⅲ级
2	太浦河	江苏省界	西泖河	180～320	15.2	长湖申线（Ⅲ级）
3	拦路港-泖河-斜塘	淀山湖	三角渡	96～400	54.8	苏申外港线（Ⅲ级）
4	大蒸塘-园泄泾	红旗塘	三角渡	102～222	17.2	杭申线（Ⅲ级）
5	掘石港-大泖港	胥浦塘	黄浦江	90～280	10.3	平申线（Ⅳ级）
6	罗蕰河	蕰藻浜	长江口	96	23.6	Ⅳ级
7	油墩港	苏州河	横潦泾	70～140	36.1	Ⅳ级
8	赵家沟	黄浦江	长江口	60～160	12.2	Ⅲ至Ⅳ级
9	川杨河	黄浦江	长江口	60～118	28.8	Ⅴ级
10	北横河	浦东运河	泐马河	53～150	4.5	大浦线（Ⅲ级）
11	大治河	黄浦江	长江口	102～300	44.1	大芦线（Ⅲ级）
12	团芦港	泐马河	五尺沟	35～85	7.5	大芦线（Ⅲ级）

续表

编号	河道名称	起讫点		河口宽度/m	河道长度/km	航道及等级
		起	讫			
13	浏马河	北横河	团芦港	85～100	16.3	大芦线（Ⅲ级）
14	浦东运河	赵家沟	北横河	40～85	25.9	大浦线（Ⅲ级）
15	金汇港	黄浦江	杭州湾	80～157	21.8	Ⅳ级
16	叶榭塘-龙泉港	黄浦江	杭州湾	65～70	27.0	龙泉港（Ⅴ级）
17	胥浦塘	浙江省界	掘石港	90～133	8.9	平申线（Ⅲ级）
18	急水港	江苏省界	淀山湖	＞100	6.4	苏申外港线（Ⅲ级）
19	蕰藻浜-吴淞江	黄浦江	省界	85～120	47.1	苏申内港线（Ⅲ级）
20	新东海港	龙泉港	运石河	70	5.0	Ⅴ级
21	崇明环岛河	长江口	长江口	78～110	176	Ⅵ级
合　计					677	

（1）骨干航道。骨干航道指Ⅴ级及以上等级航道，这类航道也是受船行波冲刷和淘刷最严重的区域。根据统计，划入重点治理区的航道共计 21 条段，总长度为 677km，其中大陆片分布有 20 条段、总长度为 501km，崇明岛分布 1 条段、总长度为 176km。

（2）引排水流速较大河段。根据数值模拟和河道允许不冲流速计算结果，得出全市河网水系中流速较大的河段基本分布在河道近口门处，总长度为 910km：其中最大流速超过 0.8m/s 的河段总长度约 249km，流速在 0.6～0.8m/s 的河段总长度约 161km，流速在 0.4～0.6m/s 的河段总长度约 500km。上海市水土流失重点治理区（骨干航道部分）的分布统计见表 2-2。

3. 集中式开发建设区域

主要包括主城区、新城、新市镇镇区、工业园区（产业基地）、特定大型公共设施等。此类区域生产建设活动集中且频繁，地表扰动较大，极易产生水土流失并造成环境危害，应重点进行水土保持监督管理。

4. 其他开发建设活动规模较大的区域

为了更好地开展全市水土保持工作，在重点保护区域和集中式开发建设区域以外，将规模较大的开发建设活动纳入易发区，在实际操作过程中将“征占地面积在 $1hm^2$ 以上（含 $1hm^2$）或者挖填土石方总量在 1 万 m^3 以上的生产建设项目”界定为规模较大的开发建设活动。

2.1.3.3　水土流失综合防治方案

1. 重要水源保护区和自然保护区

（1）黄浦江上游水源地。运用小流域治理的方法开展水源保护区网格化管理，划分出生态薄弱区。以《上海市饮用水水源保护条例》为指导，采取林草生物缓冲带工程措施与生物措施相结合的水土流失综合治理措施，抓好封禁管护、水源防护林和护岸护坡建设，促进植被自然恢复。

坚持乔木混交、乔灌草结合，形成多层次高覆被的植物覆盖群落。改变单一纯林为多层结构的混交林，保护枯枝落叶层，提高土壤的蓄水保土能力，有效地降低进入水体的泥沙量。

实施黄浦江上游水源地周边河网水系堤防工程达标建设和环境综合治理，如大泖港防洪工程、淀山湖堤防工程和相关人工湿地工程等。

加强与上游地区省市的密切合作与沟通协调，以流域为系统，积极开展水土流失综合治理，改善水资源条件。

（2）长江口水源地。根据长江口三座水库各自的水文水动力特点，结合上游来沙来藻的情况，因库制宜，制定合适的去藻、清淤等与水土保持工作相关的工程性和非工程性措施。如定期清理库区底泥、库区周边建立防护林带等。

（3）重要自然保护区。严格保护长江口～杭州湾沿线重要滩涂湿地、岛屿、淀山湖、佘山等生物多样性保护核心区，结合《上海市基本生态网络规划》等规划成果，设置200～400m高的自然价值缓冲区。

以自然保护区建设为重点，持续加大保护区建设力度，动态调整保护区边界，通过湿地建设及退化湿地修复，基本保持湿地的生态特征和生态服务功能，维护城市生态安全。要推进崇明东滩、北港北沙、淀山湖等保护工作，确保保护区面积不减少。

实施金山三岛岸线整治修复工程及生物多样性恢复工程。包括采用工程措施减缓潮流和波浪对岛屿的侵蚀作用，同时促淤岸外滩地，保护岛体稳定。在大金山岛北坡已塌陷区域或者可能塌方区进行加固处理。对消失的珍稀物种进行引种培育，建立保护机制，实施定位监测。对小金山岛及浮山岛搜排雷区域进行善后处置修复，制定详细的整治修复保护方案，根据实地情况开展植被种植工程、固滩工程等。

实施九段沙上沙码头保滩工程。开展九段沙上沙周边水域水下地形测量和水文观测，在九段沙上沙码头附近实施保滩工程，防止岸滩侵蚀，保障上沙码头工程安全稳定。

2. 全市河湖水系

（1）重点治理区河湖水系。对流速较大或骨干航道等易冲蚀河道（河段），其水土保持的核心内容是岸坡、河床的稳定性。充分考虑船行波、高流速的影响，在确保结构工程抗冲蚀的前提下，采用合适的水土保持防护措施，增加河道岸坡的稳定性，以生态为主要设计思路，选用较稳固的植被护坡，增强边坡的抗冲能力，有效地控制河岸的水土流失。

为了保证河道和两侧用地在功能形态上的协调，对位于不同用地性质内的河道可采用不同的河道断面和护坡型式。在生态用地内的河道宜采用较为平缓的生态护坡型式；在集中城市建设区内的河道可采用相对灵活的断面和边坡型式。

（2）一般性河湖水系。对于未列入重点治理区的一般性内河河道，常规做法基本上是以土质护坡为主，不采用特别的护坡、护底工程。但是由于降雨径流也会引起这些河道的水土流失现象，应结合景观生态要求实施沿岸的植树绿化，实现水土流失防治与河岸景观带营造的双赢，做到“安全、亲水、景观、生态”。如果需要设置护坡工程，那么推荐采用生态石笼、生态袋、绿化混凝土等生态护坡材料。

为了保证河道和两侧用地在功能形态上的协调，对位于不同用地性质内的河道，可采用不同的河道断面和护坡型式。

（3）径流引发水土流失的对策措施。地表径流易造成泥沙等污染物质进入河道而造成淤积。在采取水土流失防治措施时，应主要考虑从河道两岸地表径流形成地段开始到泥沙入河处沿径流运动路线进行全方位的防治。对于防治措施而言，主要可分为生物措施和工程措施。

生物措施主要是指结合河道护岸在两侧一定范围内采用单一或多种的植被或者经济作物进行间作和套作，包括陆域缓冲区的乔木、灌木、草，岸坡的湿生植物和浅水区的挺水植物，形成完整的岸坡植被体系，在河流和陆域之间筑起一道类似篱笆一样的天然屏障，有效地防治该区域的水土流失并防止泥沙颗粒入河。

工程措施是指应用工程学原理，通过改变地形地貌、修建水工建筑物等措施来拦泥蓄水，使降雨产生的径流、泥沙就地被拦蓄，减少暴雨对土壤表面的冲刷。尽管工程性措施的水土流失防治效果比较明显，但是投资巨大，且易破坏当地原有的生态系统，只可用于径流量大、土壤结构相当不稳定、种植植被困难的地区，如水土流失重点治理区。

（4）河湖水系淤积对策措施。全市河湖水系淤积的原因主要包括：河道岸坡坍塌和冲蚀造成的水土流失、水资源调度携带泥沙形成沉积、生产生活和建筑垃圾随意倾倒、基础建设泥浆水排放、水生植物枯萎沉积以及河湖养殖。由此可见，河湖水系淤积原因多样，清淤后回淤现象不可避免，这也表明了清淤工作的持续性和监管的复杂性。因此，在加强长效管理机制建设的同时，尤其需要注重开展周期性的清淤工作，编制河网水系相关疏浚规划，远近结合，分轻重缓急，有计划、有步骤地分期实施区域河道疏浚方案。

3. 城市土建项目

针对城市土建项目，规划提出从强化开挖区水土保持监管力度、加快编制全市渣土消纳场所选址相关规划、加强工程建设中泥浆排放的监管、积极推进海绵城市建设等4个方面开展水土流失防治工作。

4. 无居民岛屿

开展全市无居民岛屿资源和生态环境基础性调查。对岛屿气候、水文、地质、地貌、土壤、植被、水土流失、周边海域地形、土地利用和社会经济等状况进行现场调查和分析评价。

根据上海市海洋综合管理需要，积极推进岛屿监视监测设施建设，以便更科学合理地监控岛屿保护与利用情况。

组织开展佘山岛淡水资源保护和利用工程，满足岛上生产生活、生态用水需求，改善生态环境和人居环境。

建立佘山岛污水收集系统，设置小型污水处理设施，确保污水达标排放，削减污染物入海量，从源头上减少对海洋的污染。

加强大金山岛等岛屿岸滩研究，针对侵蚀岸段实施整治修复工程。保护原有森林植被，同时采用生态修复工程技术，对岛屿周边海域进行生态修复。

2.1.3.4 近期水土保持实施方案

1. 继续推进水源地安全保障能力建设

（1）落实国家有关规定和《上海市饮用水水源保护条例》相关要求，积极推进生态涵养林建设。

（2）继续实施黄浦江上游水源地周边河网水系堤防工程达标建设和环境治理。

2. 加快实施河湖水系建设和生态治理

（1）以实施“三水行动”为抓手，积极开展淀山湖及周边水系水环境改善和生态修复；结合骨干河道整治，集中连片实施500km重点区域河道治理、200km重污染河道治理、300km 设施菜田及水源保护区周边重点区域河道治理以及陆域生态绿化工程建设，开展 1.2 万 km 镇村级河道疏浚，到近期水平年实现全市镇村级河道轮疏一遍。

（2）完成 60km 黄浦江和苏州河堤防改造以及 39.5km 公用岸段海塘达标建设，完善政策、分类督促推进 96.1km 专用岸段海塘达标建设，完成 5km 保滩工程建设。

3. 着力推进促淤圈围、湿地生态保护

（1）推进农用地促淤圈围。顺应长江经济带联动发展战略，按照长江口综合整治开发规划的要求，深化部市合作，科学把握长江口航道疏浚和滩涂围垦的节奏规模，全面完成横沙东滩七、八、九期圈围成陆；抓紧实施南汇东滩促淤二期工程和圈围一期工程；积极推进北支中束窄工程，择机启动促淤圈围工程。

（2）开展建设用地圈围。支持城市产业结构调整和转型发展，完成长兴潜堤后方、浦东机场外侧 1 号、2 号围区和长兴岛零星滩涂圈围工程，积极推进实施金山区龙泉港两侧建设用地圈围。

（3）开展生态促淤，培育湿地。注重河口湿地生态保护，合理进行人工促淤，培育优质湿地。

4. 加大岛屿生态环境保护

（1）推进奉贤、金山区海岸生态修复和景观整治工程，实施浦东滨海生态安全防护带建设工程，着力营造海岸防护林带；开展海岸侵蚀监测，加强对侵蚀海岸的防护。

（2）全面开展岛屿基础调查，分类实施岛屿生态修复和保护工程，重点实施金山三岛海洋生态自然保护区物种保护及整治修复工程；继续实施水生生物增殖放流，恢复海洋生物多样性；对领海基点岛屿、具有特殊价值的岛屿及其周围海域实施严格保护。

5. 积极开展全市水土保持立法工作

总结上海市水土保持监管中存在的问题与不足，有针对性地选择相关省市开展立法调研工作，结合上海市颁布的与水土保持相关的法律政策，积极推进《上海市实施〈中华人民共和国水土保持法〉办法》及相关法规制定，为全市水土保持监管提供法律支撑。

2.1.4 规划实施的效果和作用

《上海市水土保持规划（2015—2030年）》对上海市水土流失重点防治区、“容易发生水土流失的区域”进行了划分，明确了全市水土流失治理重点、格局和近期实施方案，初步制定了全市水土保持监督管理和保障措施。《上海市水土保持规划（2015—2030年）》的批准实施，为全市水土保持工作，特别是生产建设项目的水土保持工作的开展提供了依据和基础支撑，具有重要意义。此外，规划提出的水土流失综合防治方案和近期实施方案也科学地指导了各项水土流失防治工作，使全市各项水土保持工作有条不紊地推进，实施效果显著。

2.2 上海市水土保持规划修编（2021—2035年）

2.2.1 规划修编背景

如第 2.1.4 节所述，《上海市水土保持规划（2015—2030年）》的颁布实施对全市的水土保持工作起到了巨大的推动作用。

但是近年来上海市水土保持工作的实际情况发生了较大的变化：一是上海市饮用水水源地保护区范围发生了变化，原来确定的易发区范围不能反映新的保护要求；二是根据水利部相关指导，海域范围内建设项目不计入工程占地，无需开展水土保持相关方案编制等工作，易发区范围需要根据城市总体规划范围作出调整；三是随着大规模城市开发区域的变化，原来集中开发建设区域已经转变为优化提升区域，易发区需要根据城市化进程进行相应的调整；四是经过“十三五”水土保持规划的实施，出现了一些新的情况，现有的规划已经不能充分地适应全市水土保持的指导工作。

基于以上原因，开展了上海市水土保持规划的修编。

2.2.2　规划修编过程

上海市水务局为适应上海市水土保持工作的新变化和新要求，启动了规划修编工作。本轮水土保持规划修编由原规划编制单位上海市水务（海洋）规划设计研究院（李学峰、贾卫红、钱真等）和上海勘测设计研究院有限公司（张陆军、徐晓黎、苏翔等）两家技术服务单位具体开展工作。

规划修编工作于2021年7月启动，主要调整了“易发区”范围，同时根据相关规范要求对文本结构也作了优化调整。修编后的规划于2021年9月通过专家评审，于2021年12月27日以“沪府〔2021〕73号”获上海市政府批准。

2.2.3　主要修编内容

2.2.3.1　调整了规划报告结构

原《规划》编制阶段，国家并未出台水土保持规划编制相关规范，因此原规划报告结构和内容为自定。但是此后SL 335—2014《水土保持规划编制规范》颁布实施，明确提出了各类水土保持规划的编制内容、深度和章节编排要求，本次规划修编严格按照规范进行编制，调整了报告结构和内容等。

2.2.3.2　更新了基准年和基础数据

原规划基准年为2014年，规划区相关自然概况、社会经济概况、水土流失统计数据及其他基础数据等都基于2014年。本次规划调整基准年定为2020年，近期水平年定为2025年，远期水平年定为2035年，基准年相关数据全部进行了更新。

2.2.3.3　补充了水土保持需求分析内容

原规划未对水土保持需求进行分析，本次规划修编补充了相关内容。主要包括经济社会发展对水土保持的需求分析、生态安全与改善人居环境对水土保持的需求分析、水源保护与饮用水安全对水土保持的需求分析、河湖治理与防洪安全对水土保持的需求分析4个方面。

2.2.3.4　调整了规划范围、目标和任务

1. 规划范围

原规划范围总面积为8359km^2（含海域），本次修编规划范围为上海市城市总体规划确定的6833km^2陆域范围。

2. 规划目标

（1）总体目标：建成与上海市经济社会发展相适应的水土流失综合防治体系，自然水土流失和人为水土流失得到有效控制，生态环境得到进一步改善，水土保持生态文明建设取得明显成效。

（2）近期目标：至2025年，基本建成与区域经济社会发展相适应的水土流失综合防治体系、水土保持监测网络体系与监管体系，自然水土流失在现状基础上有所改善，人为水土流失得到有效控制，水土保持监管全覆盖。

（3）远期目标：至2035年，全面建成与上海市经济社会发展相适应的分区水土流失综合防治体系。突出区域综合防治，创新体制机制，强化监督管理，实现水土资源的可持续利用、生态环境的可持续维护，为经济社会和生态环境协调可持续发展提供支撑。

3. 规划任务

（1）水土流失预防保护：实现全市重点区域的水土流失预防保护基本覆盖，饮用水水源地水质得到持续维护，重要自然生态区生态环境质量稳步提升，强化生产建设活动和项目水土保持管理。

（2）水土流失综合治理：深化水生态文明建设理念，加强中小河道水土流失治理。

（3）水土保持监测：重点建设水土保持监测站，提升监测能力，常态化开展水土保持动态监测。

（4）水土保持综合监管：健全综合监管体系，创新体制机制，强化水土保持动态监测与预警，提高信息化水平，建立和完善水土保持社会化服务体系。

2.2.3.5 完善了规划总体布局

根据《全国水土保持规划（2025—2030年）》的三级区划分，上海大陆地区属于“浙沪平原人居环境维护水质维护区”，水土保持主导基础功能为人居环境维护和水质维护；崇明三岛属于“江淮下游平原农田防护水质维护区”，水土保持主导基础功能为农田防护和水质维护。总体上讲，上海市水土保持的主导功能是人居环境维护、水质维护和农田防护。

（1）浙沪平原人居环境维护水质维护区总体布局：以黄浦江上游等饮用水水源地预防治理为重点，实施清洁小流域治理，结合生态修复，开展河湖堤岸生态治理、生态隔离带及防护林体系建设，改善水环境。涉及黄浦区、长宁区、浦东新区、静安区、徐汇区、嘉定区、杨浦区、虹口区、金山区、青浦区、闵行区、普陀区、奉贤区、松江区、宝山区共15个行政区。

（2）江淮下游平原农田防护水质维护区总体布局：以青草沙等长江口饮用水水源地预防治理为重点，加强农田林网及排灌系统建设，推行保护性耕作制度，做好农田防护工作，重视沿江植物带建设，防治面源污染，维护水质安全。涉及崇明区1个行政区。

2.2.3.6 调整了水土流失易发区

对照全国水土保持规划易发区划定的要求，充分考虑上海市河流管理和近年来经济建设实际情况，结合易发区界定原则、水土流失影响因子以及相关法规文件，拟定在上海市$6833km^2$陆域范围内划定易发区，调整后的易发区总面积约为$2405km^2$，具体范围见表2-3。

表2-3　上海市易发区划分方案

分　类	全国水土规划易发区要求	具体区域
重点保护区域	各级政府主体功能区规划确定的重点生态功能区	一、二级饮用水水源保护区
		崇明生态岛
	湿地保护区、风景名胜区、自然保护区等	四大自然保护区的陆域部分
		国家湿地公园
		四大森林公园

续表

分　类	全国水土规划易发区要求	具体区域
重点保护区域	河流两侧一定范围，具有岸线保护功能的区域	长江堤防内坡脚外侧20m（上海市和江苏省省界到南汇嘴）
集中式开发建设区域	具有一定规模的矿产资源集中开发区和经济开发区	虹桥商务区主城片区
		临港南汇新城
		长三角一体化示范区的先行启动区

1. 重点保护区域

重点保护区域主要包括饮用水水源保护区、崇明生态岛、重要自然生态区和重要河流。主要保护区域介绍如下。

（1）饮用水水源保护区。规划将饮用水水源保护区范围（以二级保护区为界）划为易发区，具体涉及的水源地包括：黄浦江上游金泽水库水源地、陈行水库水源地、青草沙水库水源地、东风西沙水库水源地。上海市饮用水水源保护区范围见图2-1～图2-4。

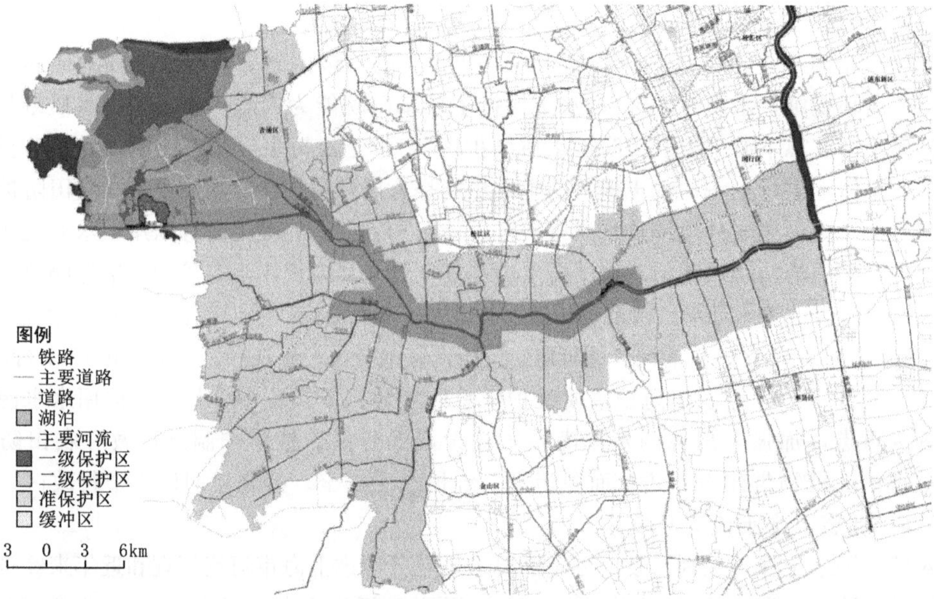

图2-1　黄浦江上游饮用水水源保护区范围示意图

（2）崇明生态岛。崇明生态岛包括崇明岛、长兴岛、横沙岛，需要按照建设国家可持续发展实验区和世界级生态岛的要求，加强生态建设和环境保护，引导人口合理分布，促进崇明三岛联动，切实增强可持续发展能力。

（3）重要自然生态区。重要自然生态区包括自然保护区、风景名胜区、森林公园、湿地公园、生态公益林等，具有土壤保持、水质维护、防风固沙、生态维护、人居环境维护等水土保持功能，应重点保护。

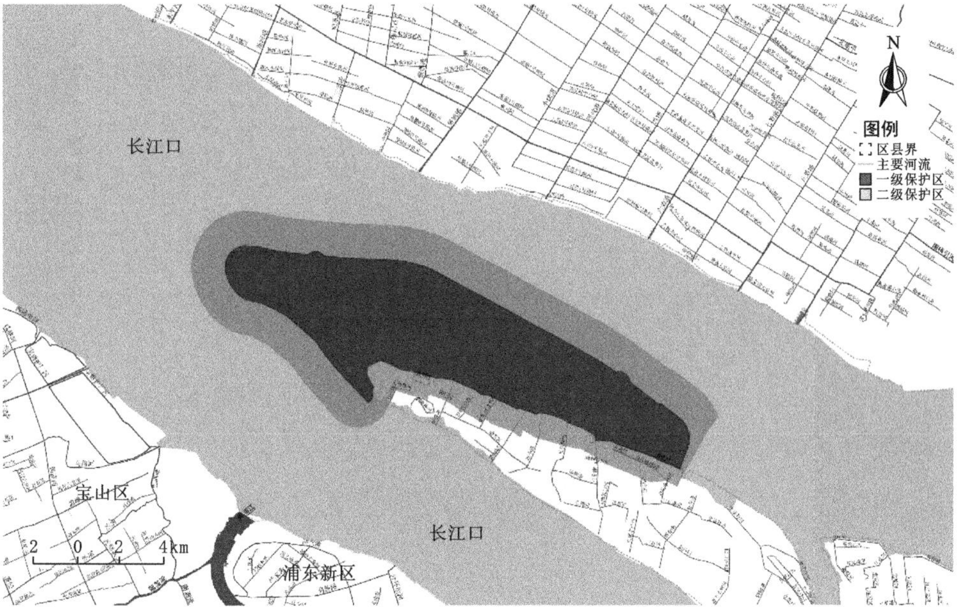

图 2-2 青草沙饮用水水源保护区范围示意图

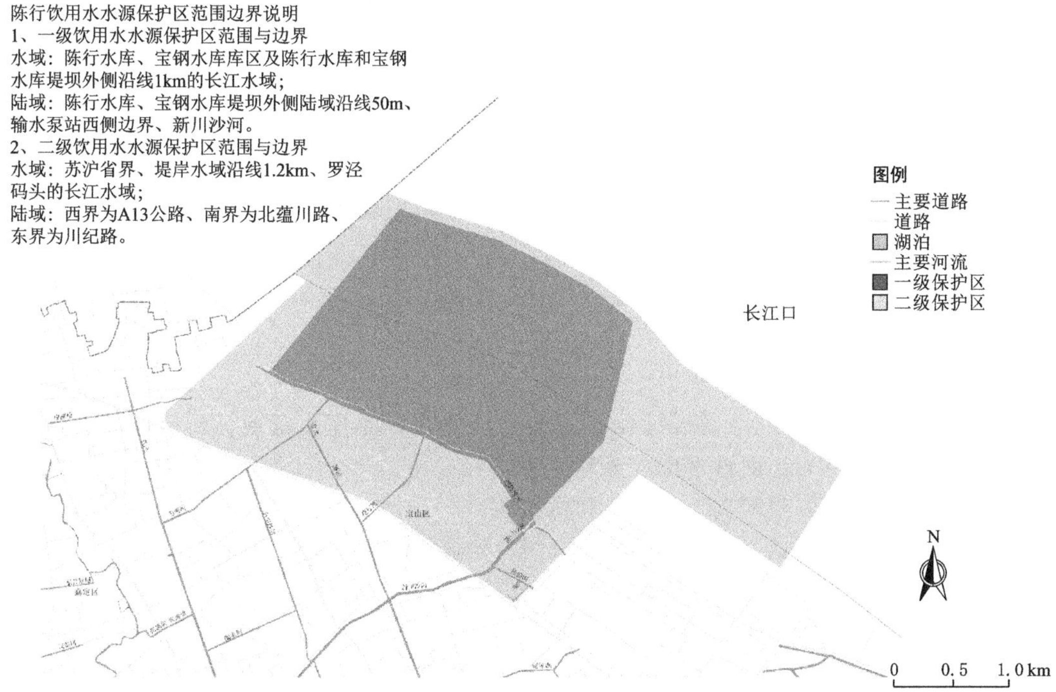

陈行饮用水水源保护区范围边界说明
1、一级饮用水水源保护区范围与边界
水域：陈行水库、宝钢水库库区及陈行水库和宝钢水库堤坝外侧沿线1km的长江水域；
陆域：陈行水库、宝钢水库堤坝外侧陆域沿线50m、输水泵站西侧边界、新川沙河。
2、二级饮用水水源保护区范围与边界
水域：苏沪省界、堤岸水域沿线1.2km、罗泾码头的长江水域；
陆域：西界为A13公路、南界为北蕴川路、东界为川纪路。
图例
主要道路
道路
湖泊
主要河流
一级保护区
二级保护区
长江口
N
0 0.5 1.0km

图 2-3 陈行饮用水水源保护区范围示意图

（4）重要河流。长江已纳入全国生态流量保障重点河湖名录，完善长江岸线的水土保持工作，对保障防洪、供水、通航安全及河势稳定具有重要作用，根据《上海市防洪除涝

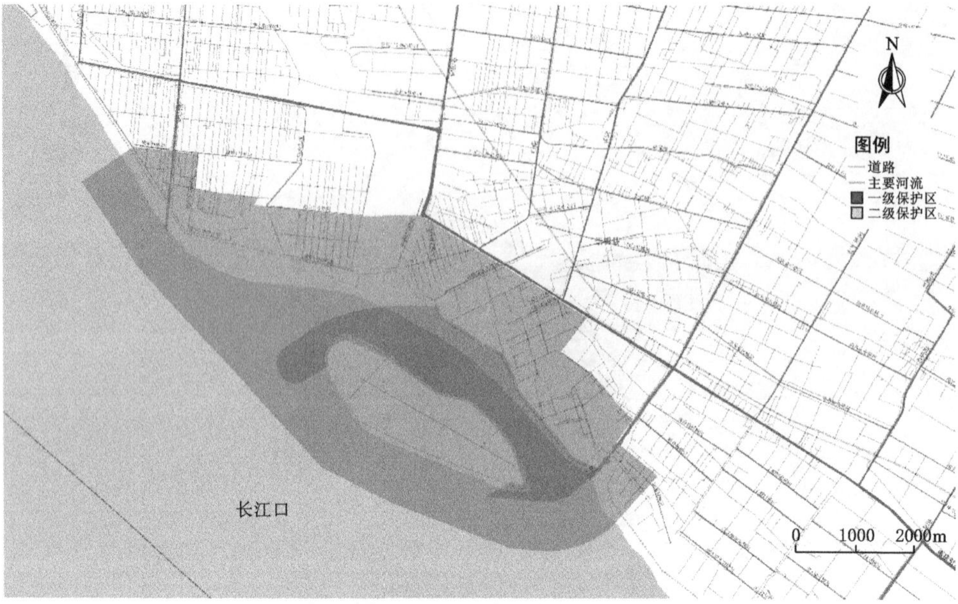

图 2-4　东风西沙饮用水水源保护区范围示意图

规划（2020—2035年）》，将沿长江堤防内坡脚外侧20m纳入水土流失易发区。

2. 集中式开发建设区域

根据全国水土保持规划，将“具有一定规模的矿产资源集中开发区和经济开发区”作为易发区划分条件之一。当前，全市集中连片开发建设的区域主要包括：虹桥商务区主城片区、临港南汇新城和长三角一体化示范区的先行启动区，划分为易发区。其他大规模开发建设活动已基本完成的优化提升区域重点需要开展水土保持监督管理，本次不纳入易发区范围。

2.2.3.7　调整了水土流失重点防治区

1. 重点预防区

调整后的重点预防区总面积为1835km^2，范围如下。

（1）饮用水水源地一、二级保护区：黄浦江上游金泽水库水源地、陈行水库水源地、青草沙水库水源地和东风西沙水库水源地。

（2）崇明生态岛：崇明岛、长兴岛和横沙岛。

（3）四大自然保护区：九段沙湿地国家级自然保护区、金山三岛自然保护区、崇明东滩鸟类国家级自然保护区和长江口中华鲟自然保护区。

（4）森林公园：佘山国家森林公园、东平国家森林公园、海湾国家森林公园和共青国家森林公园。

（5）湿地公园：崇明西沙国家湿地公园。

2. 重点治理区

上海市全市不涉及国家级水土流失重点治理区，也没有集中强烈的水土流失区域，但是受船行波侵蚀的影响，航道两岸存在水力侵蚀的情况，通常需要单项治理。

根据上一轮规划，全市规划Ⅴ级及以上航道共20条段纳入重点治理区。目前，这些航道两岸绝大部分已建硬质护岸，其水土流失得到有效的控制，只需要加强监督管护。

由于崇明岛域土壤为砂性土，环岛运河航道两岸易发生水土流失，该规划将环岛运河划入水土流失重点治理河道。

2.2.4　规划修编对上海市水土保持工作的影响

规划修编最主要的内容是调整了“易发区”范围。原规划“易发区”范围为5710km^2，此外还要加上规模较大的开发建设活动所在的区域（动态变化）。调整后新的“易发区”范围仅有2405km^2，且不再将规模较大的开发建设活动所在的区域纳入“易发区”范围。

“易发区”范围调整影响最大的是开发建设项目，非“易发区”范围内的生产建设项目无需编报水土保持方案，同样也不需要开展水土保持监测和验收工作。据初步分析，“易发区”范围调整之前全市年审批水土保持方案约1300件，“易发区”范围调整再加上水土保持区域评估的实施，全市年审批水土保持方案数量下降80%以上，大大减轻了企业的负担，优化了营商环境。

但是此次易发区的调整不等于放松水土保持工作，而是要在支持营商环境改善的同时，以更加积极主动的态度和方式加强水土保持工作。一方面要简化行政审批程序，推进水土保持区域评估的全面开展，减少开发地块单独编制水土保持方案的数量，加强事前指导，使开发主体清楚水土保持的具体要求；另一方面要创新监管方式，加强事中事后监管和监测，加大对违法排水排浆、弃渣处置不当等突出问题的执法力度，守住生态文明底线，力争形成可复制、可推广的上海经验。

2.3　上海市水土保持“十四五”规划

2.3.1　规划编制背景

在“十三五”期间，上海市提出“水土保持是上海市河湖治理的根本，是水环境治理保护的源头与基础，是人居环境整治和生态文明建设的重要抓手，做好水土保持工作对上海市经济社会可持续发展意义重大”的论断。基于此，在“十三五”期间，上海市锐意进取、主动作为，按照既定的《上海市水土保持“十三五”规划》开展各项工作，水土保持工作取得长足进步。但是上海市水土流失具有人为性、隐蔽性、渐进性、迁移性等特点，需要持之以恒地做好防治工作。

为了进一步推进各项水土保持工作，巩固来之不易的成果，上海市水务局组织上海勘测设计研究院有限公司开展《上海市水土保持“十四五”规划》编制工作，对“十四五”期间上海市水土保持工作作出科学部署，将相关成果纳入《上海市水系统治理“十四五”规划》，服务上海市生态文明建设和经济社会可持续发展。

该规划总结了“十三五”期间上海市水土保持改革发展成就和存在的主要问题，研究了水土保持改革发展面临的新形势，拟定了“十四五”期间水土保持工作目标，部署了“十四五”期间上海市水土保持工作任务和重点工程，提出了规划实施保障措施。

2.3.2 “十四五”总体思路

2.3.2.1 发展重点

按照“水利工程补短板、水利行业强监管”的工作总基调，在“十三五”水土保持工作的基础上，立足上海市实际，坚持问题导向、目标导向的原则，“十四五”期间水土保持工作要突出以下 4 个方面的重点。

1. 加快推进生态清洁小流域建设

生态清洁小流域建设是上海市水土流失防治的重要抓手，是新时代上海市水土保持生态文明建设的重要任务，也是目前水土保持工作的短板。在“十四五”期间要加快推进生态清洁小流域建设，实现小流域内集中连片、系统治理、区域推进，治一片，成一片，推动水土流失防治工作整体向前。

2. 加强人为水土流失监管

上海市人为造成的水土流失远超自然流失量，由此造成的危害比较严重，因此对人为水土流失的控制是水土保持工作的重中之重。下阶段要结合“水利行业强监管”和“放管服”的要求，针对水土保持监管能力不足的实际情况，完善水土保持法规制度保障体系，加强监管力量配置，提高监管水平，强化生产建设项目监管。

3. 加强监测能力建设，实现监测常态化

针对上海市水土保持监测能力不足、监测工作滞后的现状，“十四五”期间还应重点建设水土保持监测站，提升监测能力，常态化开展水土保持动态监测、定点监测。

4. 加强科技支撑和基础研究

注重水土保持基础性、前沿性研究，制定符合地区特点的水土保持标准体系，尽快建成水土保持科技示范园，提高水土保持科技和信息化水平，为各项工作的开展提供科技支撑。

2.3.2.2 规划目标

1. 总体目标

至“十四五”末，基本建成与上海市经济社会发展相适应的水土流失综合防治体系，自然水土流失和人为水土流失得到有效的控制，生态环境得到进一步改善，水土保持生态文明建设取得明显的成效。

2. 分项目标

预防保护：实现全市重点区域的水土流失预防保护基本覆盖，饮用水源地水质得到持续的维护，重要自然生态区生态环境质量稳步提升。

水土流失综合治理：通过生态清洁小流域建设、中小河道水土流失综合治理、农田（河道）防护林建设等手段，实现自然水土流失在现状基础上有所改善。

人为水土流失控制：生产建设项目（活动）水土保持责任全面落实，人为水土流失有效控制。应开展水土保持方案编报的建设项目，其水土保持方案编报、落实、验收、监管全覆盖。

水土保持监测：完成 1～2 个水土保持监测站点建设，监测能力显著提升，水土保持动态监测、定点监测实现常态化开展。

水土保持制度建设：推动《上海市水土保持条例》制定工作，全市水土保持法规、标准体系逐步完善。

水土保持监督管理：各级水行政主管部门水土保持监督管理能力显著提升，水土保持联动机制初步建成，水土保持监管信息化水平显著提高。

水土保持基础研究：对急需解决的水土保持重点课题开展研究，研究成果不少于2项，水土保持科技支撑有力。

水土保持科技示范与宣传教育：完成1处水土保持科技示范园和1个水土保持示范工程建设，水土保持宣传教育实现常态化，民众水土保持意识显著提升。

2.3.2.3 主要指标

“十四五”规划主要目标和指标如表2-4所示。

表2-4　规划主要目标和指标表

目标/指标	序号	分类		目标值
工作目标	1	自然水土流失		在现状基础上有所改善
	2	纳入水土保持监管范围的建设项目	水土保持监管率/%	100
建设指标	1	水土流失预防保护/km^2		2594.5
	2	生态清洁小流域建设/个		42+X
	3	农田（河道）防护林建设/亩		14000
	4	水土保持监测站点/个		1～2
	5	水土保持基础课题研究/个		2
	6	水土保持科技示范	水土保持科技示范园/个	1
	7		水土保持示范工程/个	2

2.3.3 “十四五”重点任务

水土保持是一项涉及多部门的工作，“十四五”期间部分工作内容已列入“河道整治”“水务科技”“水务信息化”“农林水三年行动计划”等专题规划实施，另有部分工程已由其他责任单位（部门）实施。

因此，该规划编制结合了其他规划成果或责任主体实施项目，重点提出了“十四五”期间水土保持专项任务。

2.3.3.1 “十四五”水土保持规划专项任务

“十四五”水土保持规划专项任务包括生态清洁小流域建设、水土保持监测、水土保持监管能力建设、水土保持信息化建设与应用、水土保持基础研究、水土保持科技示范与推广6项，匡算总投资约为5015万元（不含生态清洁小流域建设）。

1. 生态清洁小流域建设

生态清洁小流域建设是上海市水土流失防治的重要抓手，是新时代上海市水土保持生态文明建设的重要任务。“十四五”期间要加快推进生态清洁小流域建设，实现小流域内集中联片系统综合治理，治一片，成一片，进而推动水土流失防治工作整体向前。

根据已完成的《上海市生态清洁小流域建设总体方案》，表2-5为“十四五”期间要建成的“42+X”个“河湖通畅、生态健康、清洁美丽、人水和谐”的高品质生态清洁小流域（治理单元）。其中，青浦区5个，松江区4个，金山区5个，闵行区5个，嘉定区3个，宝山区3个，浦东新区6个，奉贤区5个，崇明区6个，中心城区（X个）下阶段研究后确定数量。

表2-5 生态清洁小流域建设规划表

项目	规模	主要工程内容	计划安排
生态清洁小流域建设	“42＋X”个	开展生态修复、河湖水系治理、面源污染防治、农村人居环境改善、河道及湖库周边整治	2021—2025年

根据《生态清洁小流域建设技术导则》的要求和本市区域主要功能定位的需求，将生态清洁小流域建设分为如下4类：一是在江河源头、重要水源地保护区，统筹区域保护和流域治理，以涵养水源、水源地周边河道水质保护为重点的水源保护型生态清洁小流域；二是在长三角绿色生态示范区、虹桥商务区、自贸区新片区、崇明生态岛等地区，统筹经济发展与河湖保护，以大力发展绿色产业为重点的绿色发展型生态清洁小流域；三是在中心城区以及郊区新城，统筹防汛安全与河湖保护，以水环境改善与水景观建设为重点的都市宜居型生态清洁小流域；四是在城郊及具有江南水乡、民俗旅游资源优势的地区，统筹乡村发展与河湖保护，以保护原生态、水环境提升与乡村振兴为重点的美丽乡村型生态清洁小流域。

针对不同类型小流域，因地制宜实施生态修复、河湖水系治理、面源污染防治、农村人居环境改善、河道及湖库周边整治等建设任务。具体建设内容参见生态清洁小流域规划。

2. 水土保持监测

（1）水土保持监测站网建设。根据崇明区特殊的平原河网地形地貌，在现有水文站点内新建坡面径流场等观测设施，建成综合观测场1处。监测内容主要包括降雨径流、植被覆盖、代表性样地的地形监测及土壤理化性质监测，利用径流模拟场开展水蚀模拟研究。

结合金泽水文监测点，设立固定泥沙监测断面1处。通过水源保护区上游来水和控制站泥沙输移动态监测，对水源保护区泥沙动态平衡过程进行分析。

“十四五”期间应重点推动上述2个监测站点建设（表2-6），建立监测点运行管理长效机制，发挥好监测站点应有的作用。

表2-6 水土保持监测站点规划表

监测站网	位置	类型/建设条件
崇明监测点	岛内	综合观测场，结合水文站点
金泽监测点	金泽水库	泥沙观测站，利用水文站点

（2）监测能力建设。加强水土保持监测技术体系建设，包括标准体系、质量控制体系、数据共享制度等；加强水土保持监测技术装备能力建设，提升水土保持监测信息化能力水平；强化人才培养与队伍建设，革新监测人才管理体制和用人机制，优化人才结构，重点培养骨干人才，形成一支人员数量充足、结构合理、技术精湛、精神奋发的专业化监测队伍。

（3）重点区域水土流失动态监测。利用监测站点综合观测，结合遥感分析、现场调查等手段，对水土流失重点预防区、重点治理区、易发区以及国家级优化开发区域、长三角一体化核心示范区、临港新片区等重点区域开展水土流失动态监测，掌握区域水土流失状况及变化趋势，评价水土流失综合治理效益，发布水土保持监测年报。

监测内容包括：区域土地利用情况、开发建设情况、水土流失状况、生态环境状况、治理或预防保护措施、治理或预防保护效果等。

（4）应急监测。应急监测包括两种类型：一种是当出现灾害性天气，如出现暴雨尤其是出现风暴潮三碰头的极端天气情况时，要对本市容易发生水土流失的区域开展应急跟踪监测；另一种是对社会生产领域的重大水土流失事件及时开展案件查处监测。

监测与调查内容包括：降雨、径流情况，降雨发生前后水土流失情况，水土流失影响和危害等。

据测算，“十四五”水土保持监测投资约为1235万元。“十四五”水土保持监测项目及实施计划见表2-7。

表2-7　“十四五”水土保持监测项目及实施计划表

<table>
<tr><th colspan="2">监测安排</th><th>工作内容</th><th>投资金额/万元</th><th>计划安排</th></tr>
<tr><td rowspan="2">监测站网建设</td><td>崇明监测点</td><td>根据崇明区特殊的平原河网地形地貌，在现有水文站点内新建坡面径流场等观测设施，建成综合观测场</td><td>120</td><td>一次性建成</td></tr>
<tr><td>金泽水库监测点</td><td>结合金泽水库水文监测点，设立固定泥沙监测断面</td><td>50</td><td>一次性建成</td></tr>
<tr><td rowspan="4">监测能力建设</td><td colspan="2">监测技术体系、业务信息系统建设</td><td>100</td><td rowspan="4">一次性建成</td></tr>
<tr><td colspan="2">应急监测设备购置</td><td>20</td></tr>
<tr><td colspan="2">典型监测点设施设备</td><td>20</td></tr>
<tr><td colspan="2">人员配备、管理及培训</td><td>50</td></tr>
<tr><td rowspan="8">监测开展</td><td rowspan="5">重点区域监测</td><td>水土流失影响因子监测</td><td>100</td><td>全年</td></tr>
<tr><td>植物措施及土地利用情况调查</td><td>50</td><td>每年一次</td></tr>
<tr><td>水土流失其他影响因子监测</td><td>100</td><td>每年一次</td></tr>
<tr><td>水土流失状况及变化趋势监测</td><td>100</td><td>每年一次</td></tr>
<tr><td>现场补充调查</td><td>100</td><td>每年一次</td></tr>
<tr><td rowspan="2">水土保持监测点及区域监测</td><td>崇明生态岛监测点监测分析</td><td rowspan="2">300</td><td>每个季度一次
汛前、汛后各一次</td></tr>
<tr><td>金泽水源地监测点监测分析</td><td>汛前、汛后各一次</td></tr>
<tr><td colspan="2">监测资料整编、上报；监测成果分析、报告编制与评审；监测公告</td><td>100</td><td></td></tr>
<tr><td colspan="2">应急监测</td><td>降雨、径流情况，降雨发生前后水土流失情况，水土流失影响和危害等</td><td>25</td><td>水土流失突发事件发生后</td></tr>
<tr><td colspan="2">监测成果应用</td><td colspan="3">把监测成果及时全面应用到管理工作中，实现监测与管理的有效衔接，为目标责任考核、相关政策规划编制和决策提供依据。</td></tr>
</table>

3. 水土保持综合监管

（1）配套制度与标准建设。首先是根据水利部相关文件要求，优化办事流程、提高“放管服”水平，开展水土保持区域评估试点工作，配套做好建设项目渣土（表土）处置（利用）协调，给建设单位做好水土保持工作提供条件；其次是推动《上海市水土保持条例》制定工作，尽早出台符合上海市地方特色的规章制度和技术标准，推动水土保持行业管理的精细化、规范化和标准化，为全面开展水土保持监督管理和执法提供制度依据；最后是健全水土保持监管责任体系、保障体系和技术服务体系，落实水土保持监管责任。

（2）监管能力建设。积极推进上海市各级水土保持监督管理机构和队伍能力建设，实行市、区两级监管，实现市、区水土保持监管机构、人员、工作经费、办公场所与执法取证设备装备的“五到位”。定期开展水土保持监督执法人员培训与考核，研究制定监管能力标准化建设方案，提高监督执法的质量和效率。

（3）生产建设项目监管。对于建设工程，特别是重大生产建设工程项目，紧盯“扰动表土，破坏植被”的行为，围绕动土“取、用、存、弃”等4个环节，整治“乱挖、乱填、乱堆、乱弃”乱象，规范弃土、弃渣、弃泥管理，减少随地表径流将泥浆、渣土、垃圾排入河道。监管的重点是着重抓好前期、设计、施工、验收等几个关键的环节，水务部门作为牵头部门，加强与发展和改革、规划和国土资源、环境保护、绿化和市容、交通、住房和城乡建设等有关部门的沟通协作，开展多层次、全方位的监督管理体系建设，推动建立多部门共同参与的审批联动、监管联动等水土保持综合监管联动机制，以期能够精准发现问题、科学认定问题并严格追责。

具体监管方案：对生产建设项目水土保持方案编报、审批、实施、验收工作情况进行严格监管。对于在建生产建设项目，由水务部门主导，采取遥感监管、现场检查、书面检查、“互联网+监管”等方式开展水土保持监督检查，实现在建项目全覆盖，对有关资料进行核查，起草整改或检查意见，每年现场抽查比例不低于10%。对于已完成水土保持设施验收的生产建设项目，开展验收后核查，核查以重点抽查和随机抽查相结合的方式进行。同时，按照《水利建设市场主体信用信息管理办法》要求，针对生产建设项目水土保持市场主体违法违规情形，提出“重点关注名单”及“黑名单”，纳入全国及省级水利建设市场监管服务平台，实行联合惩戒。

（4）其他监管。其他监管主要是对各责任主体履行水土保持相关规划、水土流失预防、水土流失治理、水土保持监测和监督检查等水土保持主体责任的监管。

水土保持监督管理能力建设工程需投资约为1280万元，建设内容及投资计划安排见表2-8。

表2-8　　监督管理能力建设内容细表

序号	项　目	主要建设内容	投资金额/万元	计划安排
1	配套制度与标准建设	推动《上海市水土保持条例》制定工作；优化办事流程、提高“放管服”水平；健全水土保持监管责任体系、保障体系和技术服务体系	80	2021—2025年

续表

序号	项目	主要建设内容	投资金额/万元	计划安排
2	监督管理能力建设	提升各级监督管理机构和队伍能力，定期开展水土保持监督执法人员培训与考核，研究制定监管能力标准化建设方案	500	2021—2025年
3	生产建设项目监督检查	对于在建生产建设项目，实现在建项目全覆盖，对有关资料进行核查，起草整改或检查意见，每年现场抽查比例不低于10%。对于已完成水土保持设施验收的生产建设项目，开展验收后核查，核查以重点抽查和随机抽查相结合的方式进行	500	2021—2025年
4	其他监管	对各责任主体履行水土保持相关规划、水土流失预防、水土流失治理、水土保持监测和监督检查等水土保持主体责任的监管	200	2021—2025年

4. 水土保持信息化建设与应用

依托水务行业信息网络资源，建立全市水土保持信息化体系，完善水土保持信息化基础平台，规范水土保持数据资源管理和共享。以满足管理需求为导向，进一步研究梳理和规范水土保持数据录入的要求，及时、完整地录入水土保持监督管理、综合治理、监测等相关数据，建立全市水土保持数据库，开放信息系统库表结构和数据交换接口，实现水务部门和系统内外信息共享。同时，全面落实《水利部办公厅关于推进水土保持监管信息化应用工作的通知》(办水保〔2019〕198号)，推动生产建设活动常态化全过程监管，加大无人机、移动终端等技术手段在生产建设项目现场检查、重点工程实施情况监督检查中的应用。

水土保持信息化建设投资约为1000万元，其建设内容见表2-9。

表2-9　水土保持信息化建设内容细表

项目	主要建设内容	投资/万元	计划安排
水土保持信息化建设与应用	建立全市水土保持信息化体系，完善水土保持信息化基础平台，规范水土保持数据资源管理和共享；推动生产建设活动常态化全过程监管，加大无人机、移动终端等技术手段应用	1000	2021—2025年

5. 水土保持基础研究

根据上海市水土保持工作实际情况，对亟须解决的水土保持重点课题开展研究，重点研究课题包括“上海市生产建设项目水土保持方案编制技术规程”“上海市水土保持区域评估办法”等，为科学推进全市水土保持工作提供技术支撑。

“十四五”期间水土保持基础研究需要投资约200万元，工作细表见表2-10。

表2-10　水土保持基础研究工作细表

项目	主要研究课题内容	投资金额/万元	计划安排
水土保持基础研究	重点研究课题包括“上海市生产建设项目水土保持方案编制技术规程”“上海市水土保持区域评估办法”等	200	2021—2025年

6. 水土保持科技示范与宣传教育

（1）水土保持科技示范园建设。结合生态清洁小流域建设、美丽乡村建设、生态河道示范工程、中小河道水土流失治理工程等，利用现有生态公园，在青浦区、松江区、浦东新区、崇明区等郊区选择一个合适的区域，建设具有平原河网地区特色的水土保持科技示范园一处。

（2）水土保持示范工程建设。在全市范围内选择若干技术含量高、治理效果明显的重点生产建设项目或水土流失综合治理工程，结合水土保持理念和要求加以改造完善，作为水土保持示范工程。

（3）水土保持宣传教育。加强水土保持宣传机构和人才队伍建设，建立和完善宣传平台建设，重视广播、电视、报纸等传统宣传方式，加强网络和移动终端等新媒体宣传平台建设；制定水土保持宣传方案，关注社会热点，做好宣传选题，提升宣传效果；强化日常业务宣传，向社会公众方便快捷地提供水土保持信息和技术服务；公开曝光一批重大违法违规案件。

水土保持科技示范与宣传教育需要投资约1300万元，工作细表见表2-11。

表2-11　　水土保持科技示范与宣传教育工作细表

项　目	主要工作内容	投资/万元	计划安排
水土保持科技示范园	利用上海市现有生态公园，建设具有平原河网地区特色的水土保持科技示范园一处	500	2021—2025年
水土保持科技示范	在全市范围内选择若干技术含量高、治理效果明显的重点生产建设项目，或水土流失综合治理工程，结合水土保持理念和要求加以改造完善，作为水土保持示范工程	500	2021—2025年
水土保持宣传教育	加强宣传队伍建设和宣传平台建设，利用水土保持示范网络常态化开展水土保持宣传教育	300	2021—2025年

2.3.3.2　结合其他规划或责任单位实施项目

除该规划所列专项工程，该规划编制还结合其他规划成果，统计了与水土保持相关的工程项目，主要包括重点区域水土流失预防保护、中小河道整治与轮疏、农田防护林与河道防护林建设等（相关投资不再重复统计）。

2.3.3.3　投资匡算

经初步匡算，“十四五”水土保持规划专项投资共5015万元（不含生态清洁小流域建设），详见表2-12。

表2-12　　规划专项投资匡算汇总表

序号	措　施　项　目	单位	数量	单价/万元	投资/万元	备　注
一	生态清洁小流域建设	座	42+X			
二	水土保持监测				1235	
1	监测站网建设				170	

续表

<table>
<tr><th>序号</th><th colspan="2">措　施　项　目</th><th>单位</th><th>数量</th><th>单价/万元</th><th>投资/万元</th><th>备　注</th></tr>
<tr><td>①</td><td colspan="2">崇明监测点</td><td>座</td><td>1</td><td>120</td><td>120</td><td>一次性建成</td></tr>
<tr><td>②</td><td colspan="2">金泽水库监测点</td><td>座</td><td>1</td><td>50</td><td>50</td><td>一次性建成</td></tr>
<tr><td>2</td><td colspan="2">监测能力建设</td><td></td><td></td><td></td><td>190</td><td>利用现有吴淞水文站进行改造</td></tr>
<tr><td>①</td><td colspan="2">监测技术体系、业务信息系统建设</td><td>套</td><td>1</td><td>100</td><td>100</td><td></td></tr>
<tr><td>②</td><td colspan="2">应急监测设备购置</td><td>套</td><td>4</td><td>5</td><td>20</td><td></td></tr>
<tr><td>③</td><td colspan="2">典型监测点设施设备</td><td>套</td><td>4</td><td>5</td><td>20</td><td></td></tr>
<tr><td>④</td><td colspan="2">人员配备、管理及培训</td><td>次</td><td>10</td><td>5</td><td>50</td><td></td></tr>
<tr><td>3</td><td colspan="2">监测开展</td><td></td><td></td><td></td><td>850</td><td></td></tr>
<tr><td rowspan="5">①</td><td rowspan="5">重点区域水土流失动态监测</td><td>水土流失影响因子监测</td><td>年</td><td>5</td><td>20</td><td>100</td><td>全年</td></tr>
<tr><td>植物措施及土地利用情况调查</td><td>次</td><td>5</td><td>10</td><td>50</td><td>每年一次</td></tr>
<tr><td>水土流失其他影响因子监测</td><td>次</td><td>5</td><td>20</td><td>100</td><td></td></tr>
<tr><td>水土流失状况及变化趋势监测</td><td>次</td><td>5</td><td>20</td><td>100</td><td>每年一次</td></tr>
<tr><td>现场补充调查</td><td>次</td><td>5</td><td>20</td><td>100</td><td>每年一次</td></tr>
<tr><td rowspan="2">②</td><td rowspan="2">水土保持监测点及区域监测</td><td>崇明生态岛监测点监测分析</td><td>次</td><td>30</td><td rowspan="2">2.50</td><td rowspan="2">300</td><td>每个季度一次，汛前、汛后各一次</td></tr>
<tr><td>金泽水源地监测点监测分析</td><td>次</td><td>10</td><td>汛前、汛后各一次</td></tr>
<tr><td>③</td><td colspan="2">监测资料整编、上报；监测成果分析、报告编制与评审；监测公告</td><td>次</td><td>5</td><td>20</td><td>100</td><td></td></tr>
<tr><td>4</td><td colspan="2">应急监测</td><td>次</td><td>25</td><td>1</td><td>25</td><td></td></tr>
<tr><td>三</td><td colspan="2">水土保持综合监管</td><td></td><td></td><td></td><td>1280</td><td></td></tr>
<tr><td>1</td><td colspan="2">配套制度与标准建设</td><td></td><td></td><td></td><td>80</td><td></td></tr>
<tr><td>2</td><td colspan="2">监督管理能力建设</td><td></td><td></td><td></td><td>500</td><td></td></tr>
<tr><td>3</td><td colspan="2">生产建设项目监督检查</td><td></td><td></td><td></td><td>500</td><td></td></tr>
<tr><td>4</td><td colspan="2">其他监管</td><td></td><td></td><td></td><td>200</td><td></td></tr>
<tr><td>四</td><td colspan="2">水土保持信息化建设与应用</td><td></td><td></td><td></td><td>1000</td><td></td></tr>
<tr><td>五</td><td colspan="2">水土保持基础研究</td><td>项</td><td>4</td><td>50</td><td>200</td><td>《上海市生产建设项目水土保持方案编制技术规程》《上海市水土保持区域评估办法》等</td></tr>
<tr><td>六</td><td colspan="2">水土保持科技示范与宣传教育</td><td></td><td></td><td></td><td>1300</td><td></td></tr>
</table>

续表

序号	措 施 项 目	单位	数量	单价/万元	投资/万元	备 注
1	水土保持科技示范园	座	1	500	500	
2	水土保持示范工程	年	1	500	500	
3	水土保持宣传教育	年	5	300	300	
合 计					5015	

2.3.4　规划编报及实施情况

《上海市水土保持“十四五”规划》于2020年5月通过专家评审，于2020年6月完成最终报批，规划的主要任务已纳入《上海市水系统治理“十四五”规划》，且每年都会对规划实施情况进行跟踪考核，确保规划提出的各项任务落地实施。

第3章　水土保持监测

3.1　水土保持监测的必要性

水土保持监测是指对水土流失发生、发展、危害及水土保持效益定期进行的调查、观测和分析评价的活动。水土保持监测是水土流失防治的基础工作，是强化行业监督管理、抓好水土保持目标责任制考核的关键举措，是完善生态环境监测、落实国家生态保护与建设决策的重要支撑，推动水土保持改革发展必须进一步加强水土保持监测工作。

《中华人民共和国水土保持法》第四十条要求，“国务院水行政主管部门应当完善全国水土保持监测网络，对全国水土流失进行动态监测。”第四十二条规定，“国务院水行政主管部门和省、自治区、直辖市人民政府水行政主管部门应当根据水土保持监测情况，定期对下列事项进行公告：（一）对水土流失类型、面积、强度、分布状况和变化趋势；（二）水土流失造成的危害；（三）水土流失预防和治理情况。”由此可见，水土保持监测已经以法规的形式被予以重视。

《国务院关于全国水土保持规划（2015—2030年）的批复》（国函〔2015〕160号）要求，要认真落实党中央、国务院关于生态文明建设的决策部署，完善水土保持监测体系，推进信息化建设，进一步提升科技水平，不断提高水土流失防治效果。水利部要牵头做好组织实施工作，加强跟踪监测、督促检查和考核评估。因此，开展水土保持监测不仅是《全国水土保持规划（2015—2030年）》的重要工作内容，还是保障规划贯彻落实，实施政府水土保持目标责任考核的重要手段和支撑。

为了深入贯彻党中央和国务院关于生态文明建设的决策部署，全面落实《中华人民共和国水土保持法》和国务院批复的《全国水土保持规划（2015—2030年）》，更好地发挥水土保持监测在政府决策、经济社会发展和社会公众服务中的作用，水利部于2017年1月印发《水利部关于加强水土保持监测工作的通知》（水保〔2017〕36号），配套制定了《水土保持监测实施方案（2017—2020年）》，提出了当前和今后一个时期水土保持监测工作的重点任务，包括全面加强水土流失动态监测、积极推进水土保持监管重点监测、做好应急和案件查处监测、大力推进水土保持监测信息化、加快完善水土保持监测站点和技术体系以及着力强化水土保持监测成果管理等6个方面，要求进一步厘清各级水行政主管部门和水土保持监测机构的监测任务和工作职责，明确重点任务，着力提升水土保持监测工作的支撑保障水平。因此，做好水土保持监测还是水利部的直接要求。

对于上海市而言，通过水土保持监测可以及时、全面、准确地了解和掌握上海市水土流失程度和生态环境状况，科学评价水土保持生态建设成效，落实上海市最严格水资源管理，实现上海市经济社会的可持续发展，保护上海市水生态环境。

由此可见，水土保持监测工作是《中华人民共和国水土保持法》赋予的法定职责，是一项重要的政府职能和社会公益事业，是做好水土保持管理工作的重要手段，是提高水土保持现代化水平的基础工作，做好水土保持监测工作对上海市意义重大。

本章从监测站网建设、水土流失动态监测、生产建设项目水土保持监测、应急和案件查处监测、水土保持监测信息化、水土保持监测成果管理等方面论述上海水土保持监测工作开展情况及工作重点。

3.2 监测站网建设

3.2.1 监测职能确定

《水利部关于加强水土保持监测工作的通知》（水保〔2017〕36号）指出，省级水行政主管部门统一管理辖区内水土保持监测工作，负责编制省级相关规划，制订相关规章制度，完善辖区内水土保持监测网络，保障监测点的正常运行与维护，组织开展水土流失动态监测、水土保持监管重点监测，以及水土保持调查，定期发布辖区水土保持公报。市、县级水行政主管部门在上级主管部门的统一部署下开展监测工作。各级水土保持监测机构负责监测网络建设和运行管理、数据采集与汇总、成果分析评价与报送等工作，具体承担水土流失动态监测、监管重点监测和水土保持调查的组织实施，以及水土保持监测评价和纠纷仲裁监测等工作。此外，该文件还要求各级水行政主管部门要依据水土保持法律法规要求，按照事权划分，进一步健全工作机构，切实履行好水土保持监测工作职责。

《上海市水土保持管理办法》（沪水务海洋规范〔2017〕2号）中明确“上海市水文总站（以下简称市水文总站）负责水土保持的监测工作。市水文总站应当加强水土保持监测工作，编制水土保持监测计划，建立和完善水土保持监测网络，科学布局监测站、点；组织开展水土流失动态监测、水土保持监管重点对象监测，汇总与分析监测数据”。由此确定了市水文总站履行全市水土保持监测管理的职能、义务和工作要求。

自2017年至今，市水文总站积极探索，研究了本市水土保持监测的机构设置、总体方案、能力建设、经费落实等问题，积极筹建“上海市水土保持监测总站”。其间还系统地开展了全市水土流失动态监测、生产建设项目水土保持监测、水土保持监测信息化、水土保持监测成果管理等方面的工作，取得了一定的监测效果。

3.2.2 监测点建设要求与需求分析

3.2.2.1 监测点建设要求

2015年国务院批复的《全国水土保持规划（2015—2030年）》明确提出“完善水土保持监测网络。开展水土保持监测机构、监测站点标准化建设，从设施、设备、人员、经费等方面完善水土保持监测网络体系”。

2019年，水利部党组提出了“水利工程补短板、水利行业强监管”的水利改革发展总基调和水土保持“监管强手段、治理补短板”的总要求。进入新时代，中央和水利部党组的一系列决策部署，对水土保持工作提出了新要求，也对水土保持监测站网提出更高要求，迫切需要对现有监测站网进行优化布局，提质升级。水土保持监测站点承担着长期性的地面定位观测以及水土保持监测第一手资料的采集、整汇编等任务，是全国水土保持监测网络的重要组成部分和主要数据来源。

《水利部办公厅关于印发〈水土保持“十四五”实施方案〉的通知》（办水保〔2021〕392号）中提出，在“十四五”期间，要完善国家水土保持监测站网建设。推进实施国家水土保持监测站点优化布局工程，构建布局合理、功能完备、系统科学、技术先进的国家水土保持监测站网体系。合理划分中央和地方事权，健全水土保持监测站点良性运行机制。建立监测设备计量管理制度，推广应用自动化监测设备，提升监测数据高效采集、传输、存储、汇交、处理能力，更好发挥监测站点的基础支撑作用。

对于上海市而言，目前水土流失标准观测场尚未建成，无常态化的水土保持监测站点，也未纳入全国水土保持监测网络体系，缺少先进的监测设备和专业监测人员，监测方法较为传统、单一，导致水土流失长期的监测数据和成果缺失，不利于分析水土流失变化趋势，影响了水土流失防治工作开展。

基于此，《上海市水土保持“十四五”规划》中提出，在“十四五”期间应重点推动崇明、金泽这2个水土保持监测站点建设，建立监测点运行管理长效机制，发挥好监测站点应有的作用。

3.2.2.2 监测点建设需求分析

1. 水土流失综合治理需求

通过对典型土壤类型、土地条件、土地利用、耕作方式的人工坡面径流小区和典型实际样地进行观测，获取产流产沙、耕层变化、土壤退化程度、作物产量等相关数据，能够确定不同区域的水土流失防治任务和防治重点。

通过布设坡面径流小区，对比观测不同水土保持治理措施小区的径流泥沙、生物量、作物产量、土壤肥力等指标，遴选适宜的单项水土保持措施，测定不同水土保持措施的防治效益，能够为不同区域的水土流失防治提供指导。

通过布设监测站点，观测对比不同措施小区与标准小区产生的泥沙量，可对相关因子参数进行率定、校核，提高因子的区域适应性、准确性和可靠性，提高区域水土流失调查与动态监测成果精度质量，使基于卫星遥感等技术手段掌握的水土流失面积、强度、分布、动态变化更加精准。

基于监测站点的实测数据，结合动态监测获得的土地利用、水土保持措施数据开展综合分析，可以多维度、全方位地反映不同区域、不同尺度的水土流失状况、特点、突出问题以及对经济社会发展的影响，定量反映水土保持的功能作用，评判不同区域水土流失的可治理程度，为量化确定防治目标、支撑政府决策和目标考核、安排部署重大生态保护修复工程和制定重大政策等提供支撑。

2. 水土保持监督管理需求

依托监测站点，布设模拟生产建设活动径流场，观测生产建设活动造成的径流泥沙等数据，通过模型计算，测定不同人为活动造成的水土流失量，能够为定量评估人为水土流失危害提供依据。

通过布设不同防护措施的对比小区，测定人为水土流失防治措施效益定额，评价防治措施效果，能够为人为水土流失防治提供有效途径。

通过采用遥感遥测等典型调查的方式，对建设项目集中区人为扰动活动开展调查，分析掌握人为水土流失危害及防治情况，能够为监督管理提供支撑。

3. 水土保持科学研究需求

通过观测不同影响因素与水土流失之间的关系，研究水土流失发生发展过程、机理和消长变化，深化对水土流失规律的认识，能够为水蚀模型优化和区域化、本地化提供支撑。

通过监测站点定位观测，可测定不同水土保持措施的产流产沙降雨阈值，揭示不同时空和降雨条件下水土保持措施的滞洪、蓄水、拦沙作用与变化过程，能够为流域生态保护与系统治理、防洪减灾、水资源管理、开发利用等方面的基础研究提供支撑。

结合水文站泥沙观测、专项调查等数据综合分析，能够为研究不同尺度侵蚀与产沙关系、水沙关系等提供科学依据。

通过对监测数据深度挖掘和分析，能够为土壤侵蚀、综合治理、效益计算和人为水土流失防治等相关标准中的技术、方法、数据、参数等提供支撑。同时对水土流失治理的新技术、新材料、新工艺、新产品进行试验评估。

3.2.3 监测点建设计划

3.2.3.1 监测站建设总体构想

《上海市水土保持“十四五”规划》中提出重点推动崇明、金泽等 2 个水土保持监测站点建设，但是由于站址用地限制，目前这 2 个监测点暂不具备建设条件。后经重新规划研究，提出利用青浦区练塘水文站现有站址开展建设的构想，目前相关方案已列入《国家水土保持监测站点优化布局工程可行性研究报告》中，作为 194 个国家水土保持监测站点之一，初步计划命名为“国家级水土保持监测上海市青浦区水力侵蚀观测一般站”。

3.2.3.2 监测站主要建设内容

根据《国家水土保持监测站点优化布局工程初步设计报告》，“国家级水土保持监测上海市青浦区水力侵蚀观测一般站”属水力侵蚀监测一般站，是长期定点定位的监测点，主要进行水土流失及其影响因子、水土保持措施数量质量及其效果等监测。本监测站计划建设标准径流小区 5 个，径流泥沙控制站 1 座，新建林草调查样地 4 个，新建典型实际样地 4 个，气象观测场 1 座。

3.2.3.3 监测站主要监测内容

（1）气象与水文（降水量及强度、湿度、风向、风速、径流量、输沙量、水质等），用于分析降水和径流泥沙间的相互关系，评价不同降雨条件、灾害性天气条件下的水土流失情况和水土保持效果。

（2）植被情况（植被类型、林冠和地表覆盖度、主要作物产量等），用于验证动态监测植被因子、评价水土保持蓄水保土、促进粮食增产等作用和效益。

（3）土壤情况（土层及耕层厚度、土壤肥力、土壤含水量等），用于评价土地退化状况及水土保持措施的土壤改良、提高土地生产能力的作用。

水力侵蚀监测站点设施观测内容与指标对应情况见表 3－1。

表 3-1 水力侵蚀监测站点设施观测内容与指标对应情况表

序号	设施类型	观测内容	主要指标
1	标准径流小区	水土流失影响因子、水土流失状况、水土保持效益、水土流失危害等	径流、泥沙、降水量、土壤水分、土壤温度、土壤有机质、植被类型、郁闭度、覆盖度、作物种类、作物产量、土壤质地、地温、土壤密度
2	小流域控制站	水土流失状况、水土保持效益、水土流失危害等	径流、泥沙、水位、流量、流速、水质、主要污染物浓度等
3	林草调查样地	水土流失影响因子	植被类型、郁闭度、覆盖度（林下盖度）、树种、草种、土壤水分、土壤温度、土壤密度
4	典型实际样地径流泥沙观测点	水土流失影响因子、水土流失状况、水土保持效益、水土流失危害等	径流、泥沙、降水量、土壤水分、土壤温度、土壤有机质、植被类型、郁闭度、覆盖度、作物种类、作物产量、土壤质地、地温、土壤密度
5	气象观测场	水土流失影响因子	降水量、气温、湿度、风速、风向、气压、蒸发、CO_2、太阳辐射、照度、土壤水分、土壤温度

3.2.3.4 监测站设计方案

目前“国家级水土保持监测上海市青浦区水力侵蚀观测一般站”尚处于规划设计阶段，本书引用《国家水土保持监测站点优化布局工程初步设计报告》相关内容，对监测点设计进行简要介绍。

1. 标准径流小区

标准径流小区为宽 5m，水平坡长 20m，水平投影面积 100m^2 的径流小区，坡度一般为 5°或 15°。主要采用自动化观测，为了校核径流泥沙观测设备监测精度，确保数据采集的长期稳定性，同步建设分流桶与集流桶用于人工观测校核。径流小区主要由小区、围埂、集流槽、导流管（槽）、集水桶（池）、分流桶等部分组成。

（1）小区修筑。小区边界由围埂围成矩形，边墙高出地面 40cm，埋入地下 40cm，上缘向小区外呈 60°倾斜。小区底端是由水泥做成的集流槽。集流槽表面光滑，上缘与地面同高，槽底向下及向中间倾斜，斜度达到泥沙不发生沉积。紧接集流槽的是由镀锌铁皮做成的导流管或者导流槽。

（2）集流桶设计与制作。集流桶由厚度不小于 0.75mm 的镀锌铁皮或钢板制作。设计规格应根据当地的降雨及产流情况而定，以一次降雨产流过程中不溢流为准。当集流桶（池）容积有限时，可以多个联用。

（3）分流桶设计与制作。当产流量大、集流桶容积有限或安置区狭小不能增多集流桶时，采用分流桶。分流桶布置在集流桶前或两个（或多个）集流桶之间。分流桶规格容积较小，可由镀锌铁皮或薄钢板制成圆柱体或长方体 [也可用砖（石）或混凝土砌成]，设若干分流孔，顶部加设盖板。分流孔必须大小一致，排列均匀，并在同一水平面上。

标准径流小区典型设计图见图 3-1，其建设工程量见表 3-2。

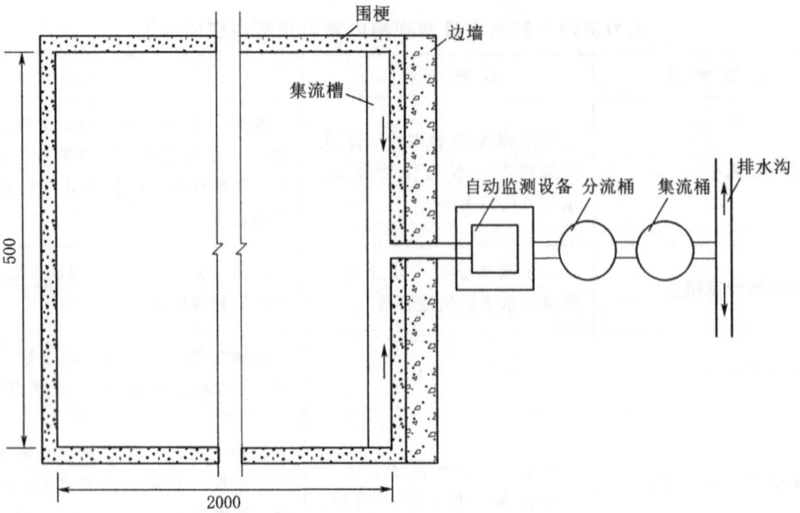

图 3-1　标准径流小区典型设计图（单位：mm）

表 3-2　　标准径流小区工程量表

工程内容	工程量/m^3	备　注
砌砖工程	5.16	
水泥砂浆抹面	10.19	
土方开挖	37.64	含 1 个分流桶、1 个集流桶基础开挖
土方回填	10.73	
C20 混凝土垫层	8.99	
混凝土量	18.27	

为了实现径流小区径流、泥沙、土壤水分及植被盖度等指标自动化监测，提高监测数据的精度，为所有径流小区配备先进的径流泥沙观测设备和土壤水分观测仪器，仪器测量精度不低于 95%，能够支持本地和远程数据浏览、下载及储存，能够采用太阳能及交流供电。径流小区设备配置及性能参数见表 3-3。

表 3-3　　径流小区设备配置及性能参数表

观测内容	设备名称	单位	数量	技术参数
水土流失影响因子	土壤水分测定仪	台/小区	1	在线实时测量土壤湿度，每台主机可连接传感器大于 10 个，太阳能供电，数据远程传输
水土流失状况、水土保持效益、水土流失危害	径流泥沙观测设备	台/小区	1	全量测量；数据采集时间间隔：1～99s；监测径流量：0～20000L/h；监测含沙量：≤500kg/m^3；泥沙量精度≥90%、径流量进度≥95%；SD 卡原始过程数据备份及数据云端存储数据格式：CSV；自动启、自动测量、实时传输；数据分析及报表：满足《径流小区和小流域水土保持监测手册》的要求；实时传输；数据分析及报表：满足《径流小区和小流域水土保持监测手册》的要求；实时显示当前径流量、泥沙量、降雨量等实时数据，支持历史数据查询；光伏、市电互补
水土流失影响因子	雨量计	台/观测场	1	精度 0.2m，太阳能供电，数据远程传输，不锈钢材质

2. 径流泥沙控制站

径流泥沙控制站主要用于观测小流域产生的径流量、泥沙量以及产水、产沙过程，布设在河道（沟道）上的观测设施。其功能是通过对不同流域特征、气象水文条件、土地利用状况下的水土流失进行长期监测，分析不同小流域条件下土壤侵蚀量、水土流失危害、水土保持措施配置模式及治理效益等问题。

对于上海市而言，全域为平原区，无典型的“小流域”，因此如何结合现有水文站建设径流泥沙控制站尚无很好的方法，也没有先例可循，目前初步的构想是利用现有水文泥沙测量设施，观测区域内水体含沙量，进而推测区域内水土流失情况。关于“国家级水土保持监测上海市青浦区水力侵蚀观测一般站”中的径流泥沙控制站如何建设，后续需列专门课题进行研究。

3. 气象观测场

气象观测场主要布设围栏、地沟、风塔、通信、防雷设施。观测场四周设置约 1.2m 高的稀疏围栏，围栏应坚固、美观、耐用，白色，不得使用对要素测量有影响的材质。栅条宽度应小于 8cm，栅条的间距应大于 10cm。围栏四周高度应一致，且垂直。

气象观测场建设面积 25m×25m，如受场地限制，面积可适当缩小。观测场的防雷应符合气象行业规定的防雷技术标准的要求，具体安装应符合 GB 50057—2010《建筑物防雷设计规范》、GB/T 35237—2017《地面气象观测规范自动观测》和 GB/T 35221—2017《地面气象观测规范总则》的要求。

观测场内仪器设施的布置要注意互不影响，便于观测操作。高的仪器设施安置在北边，低的仪器设施安置在南边；各仪器设施东西排列成行，南北布设成列，相互间东西间隔不小于 4m，南北间隔不小于 3m，仪器距观测场边缘护栏不小于 3m；仪器安置在紧靠东西向小路南面，观测员应从北面接近仪器。

根据目前水土保持监测站点的设备现状，观测气象要素主要包括观测降水、风向、风速、环境温度、土壤水分、土壤温度等 6 个要素。为了满足水土保持监测的需求，不断积累观测数据，拟为监测站点配备十二要素气象站，主要包括：温度、湿度、风速、风向、气压、蒸发、CO_2、太阳辐射、照度、土壤水分、土壤温度、雨量等。

气象观测场设备配置及性能参数见表 3－4。

表 3－4　气象观测场设备配置及性能参数表

观测内容	设备名称	单位	数量	技术参数
水土流失影响因子	十二要素气象站	套/观测场	1	环境温度：测量范围－50℃～＋80℃、分辨率 0.1℃、精度±0.1℃；相对湿度：测量范围 0%～100%、分辨率 0.1%、精度±2%（≤80%时）±5%（＞80%时）； 风向：测量范围 0°～360°、分辨率 3°、精度±3°； 风速：测量范围 0～70m/s、分辨率 0.1m/s、精度±（0.3＋0.03V）m/s； 大气压力：550～1060hPa、分辨率 0.1hPa、精度±0.3hPa； 降水量：测量范围 0～999.9mm、分辨率 0.1mm、精度±0.4mm（≤10mm 时）和±4%（＞10mm 时）； 太阳辐射：测量范围 0～2000W/m^2、分辨率 1W/m^2、精度≤5%；

续表

观测内容	设备名称	单位	数量	技术参数
水土流失影响因子	十二要素气象站	套/观测场	1	蒸发：测量范围0～100mm、分辨率0.1mm、精度±1.5%； 土壤湿度：测量范围0%～100%、分辨率0.1%、±2%； 雨量：测量范围0～999.9mm、分辨率0.1mm、精度±0.4mm（≤10mm时）和±4%（>10mm时）； 二氧化碳：测量范围0～2000ppm、分辨率1ppm、±20ppm； 照度：0～200000Lux、分辨率1Lux、精度±7%； 通信接口：系统可配有线+无线两路通信接口

4. 林草调查样地

林草调查样地观测是野外植被调查中最常用的观测手段。在监测站点内选取典型的乔木林、灌木林、草地和园地等布设林草调查样地，开展植被盖度、郁闭度、密度、生物量、株高、胸径等因子观测。调查点布设样方大小分别为：灌丛5m×5m、草本植物1m×1m、人工林和经济林20m×20m、果园10m×10m。

为了准确地掌握区域植被盖度年际变化情况，科学地评价区域水土保持治理效果，观测时可以充分利用无人机、植被盖度测量系统等先进手段，增加林草调查样地土壤水分观测，以满足林草调查样地、径流小区等流域内植被覆盖度/郁闭度的定期观测要求，提高观测精度。植被覆盖度可以利用无人机拍照、植被盖度测量仪等手段获取正射照片，由植被盖度解译软件自动化处理。

林草调查样地设备配置及性能参数见表3-5。

表3-5　　林草调查样地设备配置及性能参数表

观测内容	设备名称	单位	数量	技术参数
水土流失影响因子	植被盖度测量仪	台/样地	1	配安卓版植被覆盖度测量仪客户端，便于携带。整个系统采用专业器材，安装、携带方便，总重约10kg。配2430万像素高清品牌单反相机及镜头可选配红外多光谱相机
	无人机	台/重点站	3	2000万像素，续航时间大于20min，支持航线规划和自动拍照功能
		台/一般站	4	
	植被盖度解译软件	套/监测点	1	多种和一种颜色的同时分析，计算精度≥95%。图片及输出文件有GPS位置信息。支持批量处理，自动求平均数。生成黑白二色图和彩色对比图。数据导入功能，自定义选择计算功能
	土壤水分监测仪	台/样地	1	在线实时测量土壤湿度，每台主机可连接传感器大于10个，太阳能供电，数据远程传输

5. 典型实际样地径流泥沙观测点

典型实际样地径流泥沙观测点应根据实际需求，选取区域内典型坡度耕地开展对比观测，并设置一组重复；应选择与周围水平向无水量交换的自然或人工封闭的耕地进行观测，观测时应做好田间管理记录。

典型实际样地径流泥沙观测点应设置围埂、集流槽、分流桶、集流桶等设施，相关设施设计同标准径流小区。

新建1处典型实际样地工程量详见表3-6。

表3-6 典型实际样地工程量表

序号	工 程 内 容	工程量/m^3	备 注
1	砖砌工程	13.91	
2	水泥砂浆抹面	80.60	
3	土方开挖	97.74	含1个分流桶、1个集流桶基础开挖
4	土方回填	63.53	

6. 监测站点保障条件

水土保持监测站点保障条件包括监测实验用房、实验设备及其他配套设施等。

(1) 监测实验用房。包括观测房、设备房、办公室和生活用房等，具体配置见表3-7。

表3-7 一般站用房配置表

监测用房类型	面积/m^2	监测用房类型	面积/m^2
野外观测用房	30	办公用房	人均10
设备、物资管理用房	30	生活用房	30

监测实验用房要求如下：野外观测用房应满足避雨、防雷、存放设备等要求，配备电源和水源等设施。

(2) 监测实验设备。包括人工观测设备和实验室仪器。人工观测设备见表3-8，实验室仪器见表3-9。

表3-8 人工观测设备配备表

序号	仪器设备名称	数 量	备 注
1	取土钻	2件	
2	取土环刀	30个	
3	土样盒	50个	
4	铝盒	100个	
5	烘箱	2台	
6	烧杯	50个	
7	量筒	5个	
8	量杯	5个	
9	电子天平	1台	
10	分沙器	2套	
11	温度计	5支	
12	比重瓶	5件	
13	干燥器	5台	
14	取样瓶（1000mL）	200个	

续表

序号	仪器设备名称	数　量	备　注
15	洗刷设备	3套	
16	坩埚	9个	
17	测钎	200根	
18	RTK无人机	2台	重点站2台、一般站1台
19	测距仪	2个	
20	水准仪	2个	
21	GPS	2台	
22	磁力搅拌机	1台	水蚀站点配备

表3-9　监测实验设备配备表

序号	仪器设备名称	数量	备　注
1	激光粒径分析仪	1套	水蚀重点站配备
2	土壤颗粒分析设备	1套	水蚀重点站配备
3	土壤养分速测仪	1台	水蚀重点站配备
4	土壤有机质测定仪	1台	水蚀重点站配备
5	土壤酸碱度检测仪	1台	水蚀重点站配备
6	土壤蒸渗仪	1套	水蚀重点站配备
7	恒温恒湿箱	1台	水蚀重点站配备
8	通风柜	1套	水蚀重点站配备
9	新风机	1台	水蚀重点站配备
10	超净实验台	$10m^2$	水蚀重点站配备
11	实验用纯水机	1套	水蚀重点站配备
12	空调	1台	水蚀重点站配备
13	冰箱	1台	水蚀重点站配备
14	雨滴谱仪	1套	水蚀重点站配备
15	多参数水质分析仪	1套	水蚀重点站配备
16	浊度仪	1台	水蚀重点站配备
17	三维激光扫描仪	1套	南方红壤区水蚀重点站配备

(3) 其他配套设施。其他配套设施主要包括观测便道、围栏、宣传(标志)牌和绿化措施等。

3.3 水土流失动态监测

3.3.1 水土流失动态监测要求

水土流失动态监测是指通过对同一区域不同时段水土流失的发生发展、强度、危害、防治成效等进行连续的调查、观测、分析评价等工作，区域水土流失动态监测主要采用遥感技术开展。

《全国水土流失动态监测规划（2018—2022年）》指出，“当前，我国经济社会跨越式发展和生态文明建设的加快推进，给水土保持事业发展带来新机遇，也带来了严峻的挑战，人为水土流失监控和水土流失综合治理监管任务越来越艰巨，水土保持管理能力和信息化水平亟待提升。通过水土流失动态监测，可准确掌握水土流失预防和治理情况，分析和评价水土保持效果，为水土保持管理和决策提供科学依据；可积累长期的监测数据和成果，为水土保持科学研究、标准规范制定等提供可靠数据支持。因此，水土流失动态监测不仅是一项重要的基础性工作，也是一项重要的管理工作，直接关系到水土保持事业的健康持续发展。实施全国水土流失动态监测，将有效完善区域水土流失调查、定位观测和监测数据管理等工作的技术路线和方法，加强技术积累与创新，强化人才锻炼与培养，进一步夯实水土保持监测工作基础。”

根据《中华人民共和国水土保持法》和国务院批复的《全国水土保持规划（2015—2030年）》，水土保持监测重点任务之一是综合应用遥感、地面观测、抽样调查等方法和手段，全面开展水土流失动态监测，及时掌握年度水土流失变化情况并进行公告，为水土流失生态安全预警、水土保持目标责任及有关生态评价考核等提供支撑。动态监测范围为全国、省级和县级行政区以及国家与地方关注的重点区域。监测重点为水土流失面积、强度和分布状况等内容。在年度水土流失动态监测的基础上，每10年开展一次全国水土保持调查，对水土流失和水土保持情况进行详查，并对年度全国水土流失动态监测成果进行校核。省级调查可根据实际需求适当加密频次。全国统一调查方法、技术要求和标准时点。

《水利部办公厅关于印发〈水土保持“十四五”实施方案〉的通知》中提出“持续开展年度全国水土流失动态监测，定量掌握全国各级行政区及重点关注区域水土流失状况和变化情况。优化动态监测技术方法，完善不同区域土壤侵蚀影响因子及参数库，开展水土流失图斑落地，全面强化遥感监测、地面观测、信息化监管数据的有机融合、系统分析，为推进水土流失综合治理和生态保护修复提供科学依据。”

综上，水土流失动态监测是水土保持监测工作最重要的内容之一，也是“十四五”期间全国水土保持重点发展的方向之一。

3.3.2 上海市水土流失动态监测情况

3.3.2.1 监测任务

上海市水文总站于2017年编制了《上海市水土保持监测实施方案》，获上海市水务局批复，该方案基本明确了上海市水土保持监测任务，其中关于动态监测方面的任务如下：

1）通过河道断面及边坡抽样测量、水源保护区控制性水文站流量及泥沙测验、黄浦江吴淞口泥沙测验、滩涂资料收集并结合抽样调查等方法，全面开展本市水土流失动态监测，及时掌握年度水土流失变化情况，条件具备之后向社会公告，为水土流失安全预警、目标责任及生态评价考核等提供支撑。

2）上海市水土流失动态监测范围为水土流失易发区和重点防治区，具体包括重要自然生态区、黄浦江上游水源区、重点通航河湖水系、南汇东滩、崇明东滩及崇明岛等区域。

3）水土流失动态监测的主要内容包括水土流失影响因子监测、重点预防区水土保持措施监测、重点治理区水土流失量及流失面积监测，以及南汇、吴淞口、崇明岛和金泽水库4个监测点所代表区域的综合监测。水土流失动态监测的重点是水土流失面积、强度和分布状况。

3.3.2.2　监测方案

1. 重点预防区

（1）水土保持措施。由于上海市水土流失重点预防区范围较广，如果采用传统的地面调查监测的方法，工作量会非常大，无论是人力、物力，还是时间的消耗都很大，而且监测成果的质量也很难控制。在水土保持措施监测方面，目前相对比较成熟、高效的方案是以遥感技术为核心的“天地一体化”监测，配合现场抽样调查监测，对遥感监测结果进行比对和复核，这样一方面可以充分利用遥感监测高效的优势，另一方面可以较大地提高遥感监测的准确性和可靠性。

（2）水土流失影响因子监测。降水、风速风向监测属于水文常规测验项目，充分利用上海市水文监测站网开展。

地形因子监测利用上海市测绘部门的地形测绘成果，同时在容易发生水土流失的区域如河湖边坡地带和滩涂区域，通过抽样实地监测的方式，获得局部小范围内相对精细而准确的地形数据。

植被等水土保持措施监测利用园林绿化部门的林、灌、草面积等绿化资料，以及规划与土地利用部门的土地利用现状资料，结合上海市水土流失空间分布特征，分离出有保水保土功能的部分，作为上海市植物措施、工程措施等水土保持措施。同时，积极推进新技术的应用，每年至少开展一次全市范围高分辨率植被覆盖等水保措施的遥测监测，动态掌握上海市水土保持措施的实施情况、实施效果。

2. 重点治理区

（1）选择若干条代表性河道以及边坡坍塌比较严重的河道，定期开展河道断面的测量，跟踪监测河道断面的变化，间接分析计算水土流失量。

（2）对代表性岸段的边坡坡度、边坡宽度和长度进行统计，作为分析计算全市不同强度水土流失面积的依据。

（3）选择10个左右代表性引排水口门，开展引排水期间泥沙、水量监测，分析上海市水土流失进出平衡情况。

3. 其他区域

易发区内其他区域的监测工作，主要对水土流失状况和生产建设项目的施工情况等开展不定期的巡查，发现问题后及时上报水土保持监测机构，由监测机构安排开展进一步的监测。巡查的频次，一年不少于2次。

巡查的内容主要是在容易发生水土流失的敏感区域检查是否有坍塌、河道堵塞、弃土弃渣的乱堆乱放和随意倾倒等问题，以免影响生态环境质量，引起周边居民的反感。

在巡查过程中可以配合一定的人工测量，比如渣土占地面积、体积等的测量，还包括测量坍塌、堵塞河道的长度等基本情况。

3.3.2.3　监测实施情况及成果

2018—2023年，上海市水文总站组织太湖流域管理局太湖流域水土保持监测中心站开展了全市 16 个区的水土流失动态监测工作，获取了全市水土流失强度及面积分布情况，实现了水土流失动态监测全覆盖，完成了水土流失动态监测年度任务，将监测成果定期对外进行了公告。本书选取 2023 年的上海市水土流失动态监测成果进行介绍。

1. 监测任务

采用资料收集、遥感监测、野外调查、模型计算和统计分析相结合的方法，以多源遥感影像为信息源，在建立解译标志的基础上，获取项目区土地利用、人为扰动地块情况；通过归一化植被指数（Normalized Difference Vegetation Index，NDVI）转换和综合分析获取植被覆盖情况；结合降雨、土壤、地形等水土流失因子提取，采用中国水土流失计算模型分析评价区域水土流失面积、强度和分布，对土地利用、植被覆盖度、土壤侵蚀、水土保持措施、人为扰动地块等进行动态变化分析。

2. 监测内容

（1）土地利用及水土保持措施：主要包括不同土地利用类型及水土保持措施的面积及其分布。

（2）植被覆盖：主要包括植被生长状况，即植被盖度、郁闭度，获取不同等级的植被覆盖度面积及分布。

（3）土壤侵蚀：主要包括土壤侵蚀类型、强度、面积及其分布等。

（4）人为扰动：主要包括人为扰动地块数量、面积、分布情况。

（5）专题监测：基于动态监测结果，开展包括不同土地利用类型土壤侵蚀特征监测、不同坡度等级耕地土壤侵蚀特征监测、不同植被覆盖度土壤侵蚀特征监测、人为扰动地块土壤侵蚀特征监测，土壤侵蚀特征包括土壤侵蚀类型、强度、面积、分布及其动态变化情况等。

3. 监测方法

（1）土地利用及水土保持措施。基于水利部统一下发的 2m 分辨率卫星遥感影像，按照《2023 年度水土流失动态监测技术指南》中规定的土地利用类型分类体系，在建立遥感影像解译标志的基础上，采用人机交互解译判读的方法，基于地理信息软件平台，开展土地利用遥感解译工作。

（2）植被覆盖。以 MODIS－NDVI 产品数据为信息源，采用参数修正方法，基于第一次全国水利普查土壤侵蚀普查 250m 分辨率 MODIS－NDVI 和 30m 分辨率 TM 计算的植被覆盖度 FVC 产品，计算二者之间的修正系数，利用修正系数对监测年前 3 年的 24 个半月 250m 空间分辨率 MODIS－NDVI 计算的植被覆盖度（Fraction Vegetation Coverage，FVC）进行修订，得到每年 24 个半月 30m 空间分辨率的植被覆盖度 FVC。

（3）土壤侵蚀。采用水力侵蚀区中国土壤流失方程 CSLE（Chinese Soil Loss Equation）计算土壤侵蚀模数。CSLE 方程基本形式见式（3－1）

$$A=RKLSBET \tag{3-1}$$

式中：A 为土壤侵蚀模数，$t/(hm^2 \cdot a)$；R 为降雨侵蚀力因子，$MJ \cdot mm/(hm^2 \cdot h \cdot a)$；$K$ 为土壤可蚀性因子，$t \cdot hm^2 \cdot h/(hm^2 \cdot MJ \cdot mm)$；$L$ 为坡长因子，无量纲；S 为坡度因子，无量纲；B 为植被覆盖与生物措施因子，无量纲；E 为工程措施因子，无量纲；T 为耕作措施因子，无量纲。

基于地理信息系统平台，利用土壤侵蚀7个因子的计算值，运用中国土壤流失方程CSLE，对降雨侵蚀力因子R、土壤可蚀性因子K、坡长因子L、坡度因子S、植被覆盖与生物措施因子B、工程措施因子E、耕作措施因子T，进行图层栅格乘积运算，得到土壤侵蚀模数。依据SL 190—2007《土壤侵蚀分类分级标准》对计算得到的土壤侵蚀模数进行侵蚀强度分级，评价每个栅格的土壤侵蚀强度，得到上海市土壤侵蚀强度分布及面积。

(4) 人为扰动地块。遥感影像及参考资料使用情况。上海市人为扰动地块的水土流失情况判定主要基于2023年水利部下发的2m分辨率遥感影像，参考同期上海市0.1m分辨率无人机航片进行判定。2m分辨率遥感影像用于图斑边界勾绘，用于确定人为扰动图斑面积。0.1m分辨率航片用于水土保持措施边界勾绘，确定图斑内水土保持措施面积。

1) 土壤侵蚀强度判定上限。根据上海市生产建设项目施工期监测数据分析结果，上海市生产建设项目施工期土壤侵蚀模数在180～2500t/(km^2·a)，其中场地平整期主要在500～600t/(km^2·a)，施工高峰期主要在500～2500t/(km^2·a)，施工后期一般在500t/(km^2·a)以下。按照SL 190—2007《土壤侵蚀分类分级标准》，上海市人为扰动地块土壤侵蚀强度以微度和轻度为主，基本很难达到中度及以上情况。

2) 判定标准。上海市绝大多数人为扰动地块地面平均坡度<5°，因此将林草（或苫盖、硬化）措施面积占比作为侵蚀强度评价的主要依据。通过勾绘林草（或苫盖、硬化）措施面积，计算措施面积占比，判定土壤侵蚀强度。林草（或苫盖、硬化）措施面积占比≥50%的，其侵蚀强度判定为微度；林草（或苫盖、硬化）措施面积占比<50%的，为轻度。

3) 外业实地复核调查。根据上海市生产建设项目水土流失特点，水土流失治理度分为两类：<50%为轻度，≥50%为微度。为保证外业工作效率，统一判定原则，采用外业初判+内业核定的方式，综合考虑苫盖、硬化、碎石覆盖、植被、拦挡、排水等措施确定水土流失治理度。

4) 结果类比或校核。根据典型扰动地块或现场调查及其土壤侵蚀强度评价结果，采用类比分析的方法，辅助评判或校核基于影像提取的人为扰动地块侵蚀强度结果。

4. 监测结果

(1) 土地利用情况。上海市土地利用类型以城镇建设用地、水田、河湖库塘为主。其中城镇建设用地面积共计1177.08km^2，占全市面积的18.56%；水田面积共计1155.96km^2，占全市面积的18.23%；河湖库塘面积共计810.23km^2，占全市面积的12.78%；水浇地共计610.73km^2，占全市面积的9.63%。其他依次为有林地、其他建设用地、农村建设用地、其他交通用地、人为扰动用地等。

(2) 植被覆盖情况。根据年度植被覆盖度监测结果，上海市植被覆盖总面积为807.27km^2，占土地总面积的12.74%。其中林地面积为659.98km^2、园地面积为131.11km^{2}和草地面积为16.18km^2，分别占植被覆盖总面积的81.76%、16.24%和2.00%。

从各区植被覆盖情况来看，崇明区植被覆盖率最高，植被覆盖面积为250.55km^2，占该区土地面积的21.14%；其次是松江区、金山区和青浦区，分别占各区土地面积的

13.70%、13.00%和12.76%；静安区植被覆盖率最低，仅占该区土地面积的0.62%。

(3) 土壤侵蚀状况。详见1.3.2节，本节不再重复介绍。

(4) 水土保持措施情况。基于2m分辨率的遥感影像解译成果，上海市未解译出除地表覆盖措施外的其他水土保持措施。上海市16个区2023年度人为扰动地块数量为26149个，总面积为396.17km²，发生水土流失的地块面积为35.81km²，占人为扰动地块面积的比例为9.04%，均为轻度侵蚀。

根据遥感影像解译和现场核查的判定结果，产生轻度侵蚀的生产建设项目类型以基础设施建设为主，其中浦东新区、青浦区流失面积较大，主要是跟长三角一体化绿色发展先行示范区，中国（上海）自由贸易试验区临港新片区、嘉定、青浦、松江、奉贤、南汇五大新城等工作的推进有较大关系，项目类型主要以公路工程、工业园区建设、房地产工程等为主。

3.4　生产建设项目水土保持监测

水土保持监测是生产建设项目水土流失过程控制的重要基础，也是水行政主管部门开展生产建设项目水土保持跟踪检查、验收核查等监管工作的依据和支撑。

《全国水土保持规划（2015—2030年）》明确提出"各地应结合实际，每年有计划、有重点地组织开展在建生产建设项目水土流失防治的监督性监测和水土保持重点工程治理成效监测，为水土保持'三同时'制度落实和重点工程效益评估提供执法及决策依据。应通过设立典型观测断面、观测点、观测基准等对开发建设项目在生产建设和运行初期的水土流失及其防治效果进行监测。"

《水利部关于加强水土保持监测工作的通知》（水保〔2017〕36号）也提出"有计划、有重点地对生产建设项目集中区或重大生产建设项目，按照《生产建设项目监管技术规定》的要求，综合采用资料收集、高分遥感影像解译、无人机遥测、移动采集系统和现场调查等技术手段，掌握生产建设项目扰动情况，对比水土保持方案确定的防治责任范围及措施布局，分析生产建设活动和防治措施的合规性，为监督执法提供数据支撑，为生产建设项目水土保持监测水平评价提供依据。水利部负责部批水土保持方案生产建设项目集中区或重大生产建设项目的监督性监测工作，地方负责同级项目。各级水行政主管部门要加强并规范生产建设项目水土保持监测报告的报送与管理，依托水土保持信息管理系统共享相关信息，提升监督检查效能。"

自"十三五"以来，上海市生产建设项目水土保持监测工作成效显著，各类生产建设项目基本能够按照《上海市水土保持管理办法》《水利部办公厅关于进一步加强生产建设项目水土保持监测工作的通知》（办水保〔2020〕161号）等要求开展水土保持监测工作。针对目前上海市各级生产建设项目类型复杂多样，生产建设项目水土保持监测从业单位众多，监测成果技术质量参差不齐、格式标准不统一等问题，上海市水务局还组织上海勘测设计研究院有限公司编制了《上海市生产建设项目水土保持监测成果编制指南》，从而规范上海市辖区内生产建设项目水土保持监测成果编制，确立统一的水土保持监测成果编写格式、内容和深度标准，提升了监测工作效率和成果质量。

关于上海市生产建设项目水土保持监测相关内容，详见本书5.3节。

3.5 应急和案件查处监测

3.5.1 应急和案件查处监测基本要求

《水利部关于加强水土保持监测工作的通知》（水保〔2017〕36号）中提出，“省级以上水行政主管部门根据区域水土流失影响因素信息，制定重大水土流失事件监测预案。基于高分遥感、全息摄影和无人机遥测等技术手段，快速采集、实时传输水土流失事件的视频和图像等信息，及时调查水土流失灾害及其影响范围、影响程度，提出意见和建议，为应急处理、减灾救灾和防治对策制定提供技术支撑。”“按照水土保持法及相关法律法规的规定，对造成严重水土流失或存在重大水土流失隐患的违法行为进行监测，鉴定违法事实，为及时消除水土流失隐患、避免人为水土流失灾害、纠纷责任认定和监督执法提供依据。重点监测在弃渣场外倾倒砂石土，在崩塌、滑坡危险区和泥石流易发区取土、挖砂、采石，未编制水土保持方案擅自开工建设等违法行为。水利部、流域机构、地方各级水行政主管部门应及时组织监测机构开展水土流失违法行为监测，全面提升监督执法效力。”

3.5.2 应急监测开展情况

水土保持应急监测是水土保持监测工作的重要组成部分，重点关注的是极端情况所造成的严重水土流失事件。对于上海市而言，全市属平原地区，水土流失情况总体较弱，一般不会发生重特大水土流失事件，而且当前重大水土流失事件的定义也比较模糊，因此，上海市水土保持应急监测工作基本处于空白状态，无实质性工作。面对上海市水土保持应急监测能力的储备不足，同时还存在对危害认识不够到位、预案体系和工作机制不够健全、风险防控体系不够系统、保障体系尚显缺乏等问题，亟须建立“预案防范、制度保障、体系建设、防控评估、能力支撑”五位一体的应急监测体系，提升应急监测响应能力。针对上海市实际情况，水土流失应急监测应重点针对可能发生的临时堆土不按要求堆放、弃渣弃土向河道等水域的随意倾倒而造成堵塞、渣土运输过程中没有适当的防护措施而产生的社会影响等特定水土流失事件。

对于水土流失危害事件，还应要求责任单位在事件发生7d内报送监测专项报告，调查并明确水土流失危害事件影响区域；明确水土流失危害事件造成的土壤流失量，说明测算方法、测算过程；对水土流失危害事件造成的影响进行调查和评估，包括人员伤亡和财产损失情况，对主体工程造成危害的方式、数量和程度，对周边环境和设施造成危害的数量和程度，特别是对周边人居环境、排水管网及河道水系的影响进行调查和评估；给出水土保持专项监测主要结论，提出降低水土流失危害事件影响的对策措施，以及后续开展水土保持工作（含监测）的建议。

3.5.3 案件查处监测开展情况

对于案件查处监测，主要是通过生产建设项目水土保持监管来实现。上海市各级水行政主管部门充分利用遥感监管信息化手段，在水利部遥感监管的基础上，加密监管频次，实现全域覆盖，2019—2023年共下发15个批次共5000余个疑似违法违规图斑，印发《上海市水务局关于生产建设项目水土保持方案监管整改情况的通报》，督促各区对图斑进行现场复核、认定、查处和督促整改，违法违规项目整改完成率在98%以上。2023年，上海市水务局累计出动300多人次，对400余个市批在建项目开展现场检查，对267个区批在建项目开展现场抽查，实现市批项目现场检查率100%、区批项目现场抽查率不低于10%。上海市水务局执法总队近期还对30余件市水务局批出的水土保持许可开展批后监管，对100余件在建项目开展检查，就其中40余处存在“未批先建”行为的在建项目立案查处，罚款35万元，起到了很好的监测监管效果。

关于上海市生产建设项目水土保持监管相关内容，详见本书5.6节。

3.6 水土保持监测信息化

对于水土保持监测信息化，水利部的总体要求是：积极利用现代新技术和仪器设备，以及卫星遥感和无人机等先进手段，实现监测数据获取、传输和处理的自动化。充分利用信息技术，提高水土保持监测能力和水平。积极构建水土保持监测成果大数据平台，实现监测数据的实时共享和成果共用，增强水土保持监测的服务能力。

近年来，上海市逐渐提升了水土保持监测信息化水平，专门印发了《上海市水土保持信息化工作实施计划》，按照国家水土保持信息管理系统建设要求，建设水土保持基础信息数据库、信息采集和在线更新系统，实现水土流失监测数据的采集、传输、存储、管理、分析、应用、发布一体化，支撑水土流失时空变化趋势分析预测和防治工作成效分析评价，为水土资源可持续利用服务。

上海市还加强了水土保持信息化应用，基于水务海洋公共信息平台部署了水利部“全国水土保持信息管理系统（4.0版）”，组织开展系统操作培训，以及系统填报；收集水土保持工作相关地形图和高分辨率航空遥感影像等基础地理数据，建立相应的数据库，全面支撑水土流失动态监测和信息化监管工作。

此外，上海市还开展了生产建设活动全覆盖卫星遥感监管；利用无人机和移动终端，准确地核定弃渣场位置、弃渣量、防治责任范围及防治措施是否符合审批的水土保持方案要求，显著提高了信息化水平。

3.7 水土保持监测成果管理

水利部要求，各级监测机构要公正监测，保证监测成果的真实性、准确性和科学性。水行政主管部门要加强监测成果的报送、审核、发布、存档和应用管理，对监测报告反映的问题依法依规及时查处，实现管理与监测的有效联动、快速响应。要建立统一权威的监测信息发布制度，及时发布年度水土保持公报，以及水土保持重点监管对象名录和监测信息。切实把监测成果及时应用于水土保持行业和社会管理相关工作，提高监测成果的权威性。

上海市积极对标水利部相关要求，对水土保持调查、水土流失动态监测、水土保持监管重点监测、监测点观测、生产建设项目监测及其他相关的数据进行了整编，及时对外进行了发布。监测数据整编包括资料整理、审核、发布等环节，资料整理遵守国家相关技术标准规程规范，考证基本资料、分析统计原始数据、整理数据、制作图表并编制相关说明。审核采用抽查的方法对数据表、图件等资料进行详细的检查，评价资料整理成果质量，编制综合文档、图表，编排刊印次序并排印，形成相关多媒体材料。采用刊印、电子出版物、网络等形式进行整编成果的发布，将原始记录资料、刊印成果和电子资料等全部存档。对监测成果反映的问题，市、区水务部门协同发展和改革、市容绿化、城市管理等部门依法依规及时进行了查处。每年年底，上海市水务局还及时发布《上海市水土保持公报》，公布全市水土流失重点防治区、易发区、生产建设项目集中区的水土流失状况，水土流失综合防治情况，以及生产建设项目水土保持状况等内容，满足了社会公众的水土保持知情权，这在一定程度上提高了上海市在水土保持方面的地位和公信力，扩大了水土保持的社会影响。

第4章 水土流失综合防治

自“十二五”以来，上海市逐步认识到水土保持工作对全市生态环境治理的重要作用和意义，加大了水土保持工作力度，持续开展水土流失综合防治，对存在边岸侵蚀、水土流失的河道，特别是中小河道开展生态治理；对污染严重、水质较差的河道开展黑臭河道整治；对船行波冲刷、边岸坍塌严重的骨干河道开展水土流失整治；对老旧城区进行海绵化改造，对新建城区进行海绵城市建设；集农业、林业、水利三方力量开展“农林水”联动建设；持续推进水源地的封禁保护，配套建立防护林带、涵养林带等缓冲带，实施工程措施与生物措施相结合的水土流失综合防治措施；持续开展造林绿化，为城市增绿添彩。上述水土流失综合防治工作取得了显著的成效，也积累了丰富的经验。

本章对上海市水土流失综合防治措施实施情况及效果进行了调查，总结了相关规划、设计经验，选取典型案例进行了探讨分析，供各位读者参考。

4.1 生态河道建设

4.1.1 生态河道的概述

生态河道是具有良好的整体景观效果，合理的生态系统组织结构和良好的运转功能，长期或突发的扰动能保持着弹性、稳定性以及一定的自我恢复能力的河道。

生态河道建设是指在自然水体中或人工河道中，通过综合生态学、水文学、地貌学等多学科的研究和管理手段，通过改善河道结构和功能，以促进水体自然循环、提高水质、维护水生态系统的完整性和健康，实现生态、经济和社会可持续发展。生态河道的设计和管理侧重于最大限度地模拟或恢复自然河道的生态过程和功能，以提供适宜生物栖息和繁衍的环境，维护水体生态平衡，减缓水体的污染和侵蚀，同时保障水资源的可持续利用。

4.1.2 生态河道建设的水土保持功能

生态河道建设在水土保持方面具有重要的功能，有助于减缓水体侵蚀，改善土壤保持力，提高河岸的稳定性，从而维护水体生态系统的完整性和可持续性。主要功能如下：

(1) 抑制侵蚀。生态河道建设通过合理设计河道结构和引入适当的植被，可以减缓水体流速，降低侵蚀力，从而抑制土壤的侵蚀。植被的根系也能够固定土壤颗粒，减少水土流失。

(2) 改善土壤保持力。生态河道建设注重维护河岸的植被覆盖和土壤结构，有助于提高土壤的保持力。稳定的河岸植被能够有效地减缓水体冲击，减少土壤侵蚀和河岸崩塌。

(3) 提高水体自净能力。通过建设生态河道，可以促使水体中的悬浮颗粒物沉降，减少水体中的悬浮物质，从而改善水质。良好的河道生态系统也有助于净化水体，促进生物多样性，提高水体的自净能力。

（4）防止洪水泛滥。生态河道建设通常包括合理设计的河道横截面和丰富的植被，这有助于增加河道的水位容纳能力，减少洪水泛滥的可能性。植被的根系也能够在一定程度上稳固河道底床，减轻洪水对河床的冲击。

（5）保护生物多样性和提供栖息地。生态河道建设注重保护和恢复自然河道生态系统，提供适宜的栖息地，有助于维持和增进水体生态系统的多样性，从而增强生态系统的稳定性和抗干扰能力。

通过这些水土保持功能，生态河道建设能够在改善水体质量、保护土壤、减缓侵蚀和提高河道稳定性等方面发挥积极的作用。

4.1.3　上海市生态河道建设

4.1.3.1　总体情况

上海市作为人口众多的长三角世界级城市群核心城市，河网密集，水资源十分丰富，河道生态极大地影响着城市发展，近年来上海市积极推进河道生态化建设，在“十二五”期间，上海市提出了要重点整治十条界河和打造百条生态河道，于2015年12月制定了《上海市水污染防治行动计划实施方案》，提出了全面加强生态河道建设，2016年12月提出《关于加快本市城乡中小河道综合整治的工作方案》，配套出台了《上海市河道生态治理设计指南（试行）》，进一步规范了生态河道建设。在“十三五”期间，上海市进一步推进河网水系建设，完成全市城乡中小河道1864条生态治理，全市河湖水环境得到了明显改善，大部分的行政区河湖水系生态防护比例超过了70%，各行政区河湖水系生态防护比例情况见表4-1。

表4-1　　上海市16个行政区河湖水系生态防护比例　　单位：%

黄浦区	徐汇区	长宁区	静安区	普陀区	虹口区	杨浦区	闵行区	宝山区	嘉定区	浦东新区	金山区	松江区	青浦区	奉贤区	崇明区
41.60	45.20	29	44.42	43.20	18.52	65.01	70	70.10	73.60	76.60	89	70.91	72.80	83.20	83

《上海市水生态“十四五”专题规划》进一步提出，上海市河湖整治要坚持系统治理、修复生态的原则，通过综合治理、水岸联动、水系畅通、修复生态、强化管理等综合措施，进一步改善水环境，修复河湖生态，营造生态优美的水岸环境。该规划还提出在“十四五”期间要“集中连片开展约500km河道水系生态治理，进一步改善河湖水质”。《上海市水网建设规划》提出坚持山水林田湖草是一个生命共同体的系统思想，加强水土流失防治、河湖生态保护与治理修复，统筹协调水域岸线系统治理，全面提升市级水网生态保护与治理修复能力，助力提升河湖生态系统质量和稳定性，构建本市生态绿色、人水和谐的美丽河湖网。由此可见，上海市在今后相当长一段时间仍然会大力建设生态河道。

4.1.3.2　分类

根据河道所处区域，可将上海市生态河道分为中心城区和郊区城镇区河道、新城新镇和大型居住区河道及农村地区河道3类。上海市生态河道分类见表4-2。

表 4-2 上海市生态河道分类

分类	特点	建设目标
中心城区和郊区城镇区河道	周边区域为建成区； 河道护岸（坡）、截污、防汛通道等工程已基本建成； 河道平面形态基本固定	美观、亲水
新城新镇和大型居住区河道	周边区域一般为规划建设区； 河道平面形态可在规划绿化带范围内进行局部调整	生态、美观
农村地区河道	周边区域一般为农业生产用地或农村建设用地； 可在原有河道基础上进行拓宽或为新开河道； 河道用地较为充裕； 河道平面形态可在规划绿化带范围内进行较大调整	自然、生态

4.1.3.3 总体目标

上海市生态河道建设的目标通常包括以下几个方面。

(1) 水质改善：改善水质是生态河道建设的首要目标之一。通过减少污染物的排放、提高水体的自净能力，以及采用合适的水处理技术，实现河道水质的持续改善。

(2) 保护和恢复生态系统：通过采取措施保护和恢复河道的生态系统，包括湿地、水生植被、动植物群落等，以维持和改善河道的生态平衡，提高生态系统的稳定性和抗干扰能力。

(3) 防治水土流失：减少土壤侵蚀和水土流失，通过植被覆盖、防护措施等手段，维护河岸和周边土地的稳定性，防止河道水域的淤积和污染。

(4) 改善景观和生态环境：通过美化河道景观、修复自然环境，提升人们对河道的认知和体验，促进人与自然的和谐共生。

(5) 提高抗灾能力：加强河道的防洪、抗旱等能力，通过恢复湿地和改善植被覆盖情况，降低洪水和干旱等自然灾害对河道生态系统的影响。

根据《上海市河道生态治理设计指南（试行）》，对上海市河道生态治理提出总体目标要求，见表 4-3。

表 4-3 上海市河道生态治理总体目标

目标层	准则层	指标层			
		指标	中心城区和郊区城镇区河道	新城新镇和大型居住区河道	农村地区河道
河道生态治理（试点）	河道水质改善	维持水质稳定并有一定程度的改善			
	水生态系统组成	河道生态植被覆盖率	浮床、浮叶植物面积增加或者挺水植物占驳岸长度的 5%～20%；沉水植物面积占河道面积 2%～10%	浮床、浮叶植物面积增加或者挺水植物占驳岸长度的 10%～30%；沉水植物面积占河道面积 2%～15%	浮床、浮叶植物面积增加或者挺水植物占驳岸长度的 15%～40%；沉水植物面积占河道面积 2%～20%

续表

目标层	准则层	指标层			
		指标	中心城区和郊区城镇区河道	新城新镇和大型居住区河道	农村地区河道
河道生态治理（试点）	水生态系统组成	水生植物多样性	土著种类增加 2～4 种	土著种类增加 2～5 种	土著种类增加 2～6 种
		水生动物多样性	水中有鱼，底栖动物数量增加，多样性改善	鱼类、底栖动物数量增加，多样性改善	鱼类、底栖动物数量增加，多样性改善
	陆生生态景观	陆域景观多样性	乔木、灌木和花草搭配适宜，层次丰富，春景秋色，四季有绿	乔木、灌木和花草搭配适宜，层次丰富，春景秋色，四季有绿	乔木、灌木和草本搭配适宜，层次丰富，四季有绿，自然和谐
		陆生植被恢复系数	河道管理范围内绿化率 50%以上	河道管理范围内绿化率 60%以上	河道管理范围内绿化率 60%以上
		水陆过渡区景观多样性	浮床植物、浮叶植物及挺水植物搭配合理，景观和谐	挺水植物和浮叶植物搭配和谐，景观自然	水生植物与陆生植物混植，给生物提供适宜的栖息环境

4.1.4 生态河道设计

上海市生态河道设计建立在对河道生态环境历史资料和现状监测数据全面调研和深入分析的基础之上，综合运用水利工程学、环境工程学、生态工程学和景观园林工程学等的基本概念、原理、方法和技术开展设计。其设计目标是在维护和促进水体生态系统的健康和功能的同时，提高城市环境质量、防洪能力，实现生态、经济和社会的可持续发展。

4.1.4.1 设计原则

1. 综合性原则

河道生态治理应在保证河道防洪、排涝、引水等基本功能的前提下，充分考虑河流的生态功能、水质净化、生态景观等功能的需要，同时兼顾亲水活动的安全。

2. 协调性原则

体现河道及周边区域发展的特点，注重与沿线整体风貌相协调，河道生态景观与周边景观相协调。

3. 自然性原则

坚持恢复河道自然水生态系统生境，以自然修复为主，人工修复为辅，因地制宜、充分利用现状河道的形态、地形、水文等条件；物种的选择及配置宜以本土物种为主，构建具有较强的自我维持及稳定的水生态系统。

4. 经济性原则

与经济、社会发展同步，因地制宜、节能高效；统筹前期建设与后期管护，尽可能降低前期建设成本和后期的养护费，实现河道生态治理的可持续性发展。

4.1.4.2 技术路线

生态河道设计是一种注重保护和恢复河流生态系统的设计方法，旨在实现水域生态平衡、提高水体质量、增加生物多样性，同时兼顾社会、经济和生态的可持续发展。主要的技术要点和路线（图 4－1）如下。

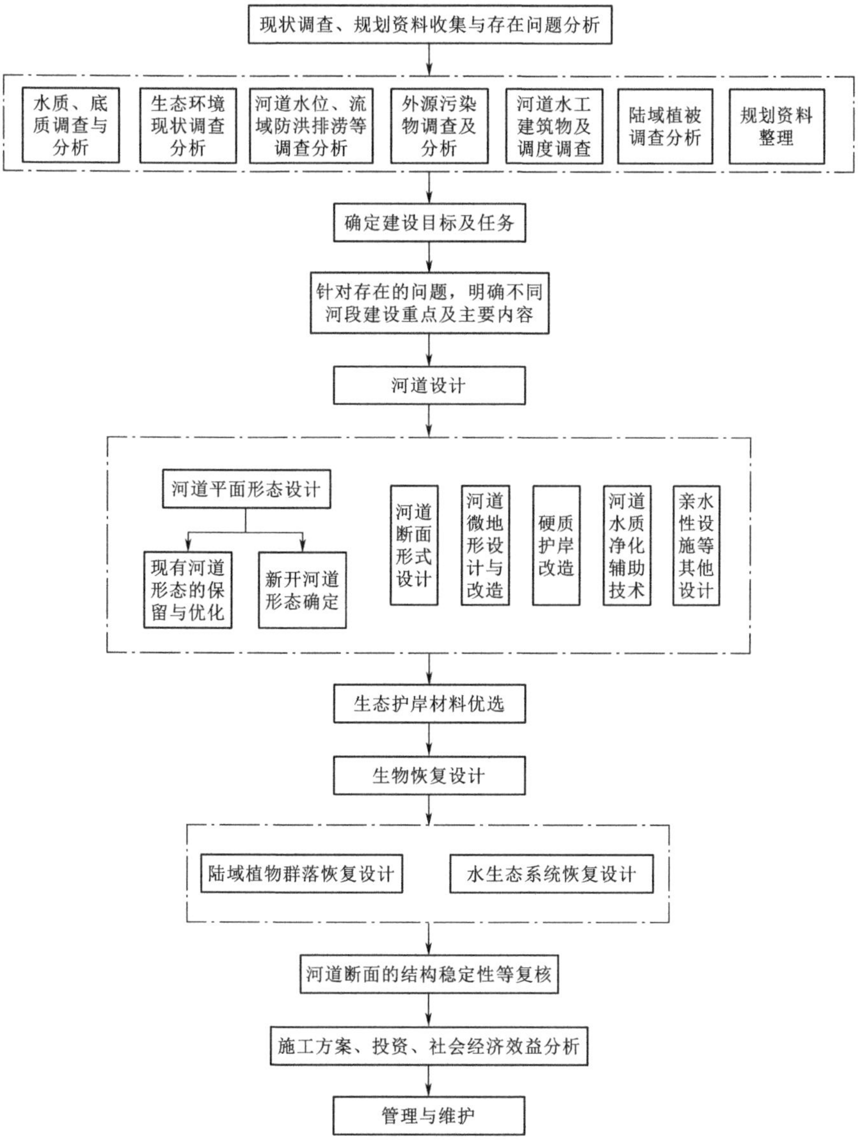

图 4－1 上海市生态河道建设技术路线图

（1）资料收集、现状调查与分析，对河道构筑物、水文、水质、污染源、引排水、水生态、底质及陆域植物群落等现状进行调查；在现状调查及资料收集的基础上进行河道相关问题的分析及诊断；收集相关规划，分析规划对工程河道建设的要求。

（2）综合河道的特点、现状调查分析成果及相关规划等确定河道生态治理的目标，明确河道生态治理的工程任务。

（3）根据工程河道不同河段的特点及问题，进行分段治理，确定不同河段的建设内容和重点。

（4）根据河道现状形态及相关规划，确定河道平面布置。

（5）根据水系规划和防洪规划等对河道断面的基本要求，结合河道生态治理的相关需要，在确保河道防洪、排涝及引调水等基本功能的基础上，优化河道断面形式，合理选择适宜的护岸材料。

（6）根据不同河段的建设内容及重点，划定河滨带或河道缓冲带，确定河道动植物恢复的重点，提出具体的陆生植物配置方案、水生植物配置方案及水生动物放养方案。

（7）根据河道生态治理方案，复核河道的断面、防洪排涝能力，结构稳定性等指标，满足相关规范的要求，确保护岸（坡）的安全稳定。

（8）提出河道生态治理的施工方案，提出施工总布置、施工交通、施工进度及生态系统恢复施工方案等内容。

（9）提出河道生态治理的投资、社会经济效益等相关分析。

（10）根据工程河道特点提出后期管理维护的相关方案，提出管理维护的人员配置要求及相关费用的估算，提出跟踪评估的相关要求，列出评估的方法和监测的频次、指标、周期等内容。

4.1.4.3　总体布置

生态河道总体布置以满足河道行洪过水能力为基础，融入岸后独特的地貌特征和林地保留价值，塑造自然生态格局并点缀景观节点，以温润开阔的水面勾勒出一条具备防洪除涝功能、保持乡土风貌、创造滨河湿地生境、呈现近自然蜿蜒形态的生态河流。在这个设计理念中，强调以下几个方面。

（1）洪水管理与过水能力：强调满足河道的行洪过水能力，确保在洪水来临时，河流能够有效地容纳和引导洪水，保障沿岸地区的安全。

（2）地貌特征的整合：充分考虑岸后的地貌特征，通过精心设计，将河道与周边地形融为一体，形成和谐的自然过渡，使河流在地貌上更具连续性。

（3）林地保留价值：保留并合理利用岸后的林地，通过植被带的规划，提高生态系统的复杂性，同时注重保护和发挥林地的生态功能。

（4）自然生态格局：强调自然生态格局的塑造，通过植被配置、湿地设计等方式，营造具有生态多样性的环境，使河道成为自然生态系统的一部分。

（5）景观节点元素：在河道的布置中加入景观节点元素，通过人工或自然的特殊景观点，提升沿岸景观的吸引力，创造宜人的休闲空间。

（6）防洪除涝功能：着重确保生态河道在满足生态需求的同时，具备良好的防洪除涝功能，通过合理的河道设计减缓水流速度，降低洪水威胁。

（7）乡土风貌的保持：注重保持乡土风貌，通过设计和材料选择，使沿岸建筑与自然环境协调一致，增强河道周边的文化和历史特色。

（8）滨河湿地生境的创造：强调滨河湿地生境的创造，通过湿地植被和水体结构设计，提供丰富的栖息地，促进水生生物的繁衍。

（9）近自然蜿蜒形态：呈现近自然的蜿蜒形态，通过人工或自然的方式，使河道具备动态性和曲折性，增加沿岸景观的丰富性。

4.1.4.4　断面设计

在满足规划断面的基础上，应充分考虑河道的水位变化、流速及流量等，结合水生动植物生境构建的基本要求，确定设计断面形式。根据河道过水断面形状，河道断面形式主要分为3类：矩形断面、梯形断面和复式断面。

（1）矩形断面占地面积较少，一般适用于用地受较大制约的河道。此类断面较难构建利于生态系统恢复的基底条件，不利于河道中的水生动植物的生长，生态亲和性相对较差。

（2）梯形断面占地面积较矩形断面大，一般适用于用地有一定充裕的河道。此类断面可构建利于生态系统恢复的基底条件，但是因边坡的单一和水深的制约，能够生长水生植物的基底相对较少，生态亲和性相对一般。

（3）复式断面是根据河道水位特性设置分级护坡及平台的断面形式，占地面积较大，一般适用于用地较为充裕的河道。此类断面较易构建利于生态系统恢复的基底条件，因地制宜设置边坡及平台，有利于河道中水生动植物的生长，生态亲和性较好。

河道断面的多样化设计是在规划阶段基于水流特性进行合理调整，以创造不对称的几何特征。该设计体现在两侧坡比、平台高度及宽度等方面的不对称性，为河道赋予多样性的断面形式。河道断面的多样化设计不仅有助于提高河道的功能性，还能够综合考虑生态、水力学、防洪等方面的效益，实现更全面、可持续的水资源管理。

4.1.4.5　生态护岸技术

生态护岸是为恢复河道滩岸边坡的生态系统而设计的一种防护措施，旨在防止坡面水土流失。它采用植物或将植物与土木工程相结合的方式，对河道坡面进行防护，是一种注重生态保护的护坡形式。生态护岸不仅具有防洪效应、生态效应、景观效应和自净效应，还能够在防止河岸坍方和水土流失的同时，促使河水与土壤相互渗透，增强河道的自净能力。通过结合植被的选择、土木工程的设计以及生态系统的修复，生态护岸在综合性的效益中达到了生态与环保的双赢，成为河道管理中的一项可持续发展的创新实践。

1. 生态护岸分类与适用范围

按护岸材料类型，可将生态护岸分为自然原型护岸、自然型护岸和复合型护岸3种类型。以下介绍各类护岸结构的定义及适用范围。

（1）自然原型护岸

自然原型护岸是将适应于滨水地带生长的植物直接种植在护岸基质上，利用植物发达的根系固土护坡。该类护岸又称植物护岸，主要型式有植草护岸和防护林护岸。

适用范围主要是在岸坡栽植植被，通过植被根系的力学效应和水文效应来固土保土，防止水土流失，满足生态环境建设的需要。植物护岸的坡度一般不宜大于1：2.5，且不宜应用到长期浸泡在水下、行洪流速超过1m/s的迎水坡面和防洪重点河段。为了增加护岸的抗冲刷能力，在自然植物的基础上发展了活体枝条捆或活体木桩（柳枝为主）等新型的植物护岸形式，用枝条进行土体固定，可以运用在坡度小于1：2～1：1.5的边坡。

（2）自然型护岸

自然型护岸是除种植植被以外，还用石材、木材等天然材料保护坡脚，增加稳定性的护岸结构。该类护岸的主要型式有木框挡土墙护岸、抛石护岸、石笼护岸等。

1）木框挡土墙护岸。由未处理过的圆木相互交错形成的箱形结构，在其中充填碎石和土壤，扦插活枝条，形成重力式挡土结构，可减缓水流冲刷，促进泥沙淤积。主要应用于河道流速不大于2.0m/s的陡峭岸坡防护。

2）抛石护岸。在传统抛石护岸技术的基础上，在抛石缝体中填置土体，扦插植物活枝条或木桩，结合撒播草种等植物措施。为保持坡岸稳定，在坡度1∶2.5及更缓时使用。

3）石笼护岸。石笼护岸分为两类，分别为石笼格网护垫和石笼格网挡墙。石笼格网护垫采用厚度为0.15～0.30cm的网箱结构，内填石块；石笼格网挡墙是由厚度为0.5～1.0m的钢丝格网网箱叠砌而成的挡土墙结构，用于代替浆砌石及混凝土成为河流护岸挡墙。填充石块时，常水位以上结构在孔隙间人工铺设土层，土体内插种活植物条，表面撒播草籽。石笼护岸一般用于流速不大于4m/s的河道。

（3）复合型护岸

复合型护岸是在自然型护岸的基础上采用混凝土、钢筋混凝土等材料加强抗冲能力的一种护岸型式。该类护岸的主要型式有半干砌石护岸、生态袋护岸、土工材料护岸、复合生物垫层护岸、景观堆石挡墙护岸、开孔式混凝土砌块护岸、生态混凝土块护岸、植草砖护岸等。

1）半干砌石护岸。对于既要能抵抗急流冲击，又要求与自然河岸相近的较大河流，可采用混凝土格加固卵石下部的半干砌石护岸。同时在半干砌石护岸前部设置供鱼类和水生植物生长的石堆，卵石上铺设一层种植土，其上扦插柳枝，栽植灌草。

2）生态袋护岸。用聚丙烯（PP）或者聚酯纤维（PET）为原材料制成的双面熨烫针刺无纺布加工而成的袋子，装土在岸坡上呈阶梯状排列（土体包括草种、碎石、腐殖土等材料），用于岸坡防护。生态袋表皮也可通过混播、插播、铺草皮及喷播等方法实现植物生长。一般用于流速不大于2m/s的河道。

3）土工材料护岸。分为土工网垫、土工格栅等多种形式。土工网垫主要是由聚丙烯等高分子材料制成的网垫和种植土、草籽等组成；土工格栅是由聚乙烯片材经高强度焊接而制成的一种三维网格结构，置于岸坡土体中，在格栅中放置种植土、草籽等，用于岸坡防护。适用于坡度较缓，流速不大的河道。

4）复合生物垫层护岸。用可降解的椰壳纤维、棕榈纤维、稻草、芦苇等天然纤维制成的天然材料织物，结合植被一起应用于河道岸坡防护。适用条件同土工材料。

5）景观堆石挡墙护岸。对于流速较大，冲刷严重的河道，采用景观石材堆叠形成的挡墙结构，为增加堆石牢固性，背水面石块可采用水泥砂浆砌筑。对坡比及流速一般没有特别要求、适用于冲蚀严重的河道。

6）开孔式混凝土砌块护岸。在保证护坡功能的前提下，对混凝土砌块适当开孔，孔内放置碎石、腐殖土、植物种子等，或同时扦插枝条或撒播草籽，实现护坡与绿化。在河道流速不大于3m/s，且坡比在1∶2及更缓时使用。

7）生态混凝土块护岸。利用混凝土预制件构成的各类孔状结构，堆于岸边，在孔状结构内铺上腐殖土，栽种植物等。适用于流速不大于3m/s的河道。

8）植草砖护岸。由水泥和粗骨料胶结而成的无砂大孔隙混凝土制成的砖状体，堆叠于岸坡，在块体孔隙中充填腐殖土、种子、缓释肥料和保水剂等混合材料，实现坡岸防护与植被绿化。适用于流速不大于 4m/s 的河道。

生态护岸适用性统计表见表 4-4。

表 4-4　　生态护岸适用性统计表

护岸材料类型		适用条件	适用范围	优点	缺点
自然原型护岸	植物护岸	坡度在 1∶2.5 及更缓时使用，河道流速一般不大于 1.0m/s	护坡	生态亲和性佳	不耐冲刷、不耐水淹
自然型护岸	木框挡土墙	适用于陡峭岸坡的防护，河道流速一般不大于 2.0m/s	护坡	透水性强、施工简便，生态亲和性佳	耐久性、稳定性相对较差
	抛石	坡度在 1∶2.5 及更缓时使用	护坡	抗冲刷、透水性强、施工简便	在石缝中生长植物，植物覆盖度不高
	石笼	河道流速一般不大于 4m/s	挡墙 护坡	抗冲刷、透水性强、施工简便、生物易于栖息	水生植物恢复较慢
复合型护岸	半干砌石	可适用于高流速、岸坡渗水较多的河道	护坡	抗冲刷、透水性强	生物恢复较慢
	生态袋	河道流速一般不大于 2m/s	挡墙 护坡	生态环保、地基处理要求低、施工和养护简单、绿化效果好	耐久性、稳定性相对较差、常水位以下绿化效果较差
	土工材料	坡度在 1∶2 及更缓时使用，河道流速一般不大于 2m/s	护坡	生态亲和性较佳	材料耐久性一般、植物网的回收及降解、二次污染
	复合生物垫层	坡度在 1∶2 及更缓时使用，河道流速一般不大于 1m/s	护坡	生态亲和性较佳	耐久性、稳定性相对较差
	景观堆石挡墙	对坡比及流速一般没有特别要求、适用于冲蚀严重的河道	挡墙	施工简单、生物易于栖息	水生植物恢复较慢
	开孔式混凝土砌块	河道流速一般不大于 3m/s，坡比在 1∶2 及更缓时使用	护坡	整体性、抗冲刷、透水性好、施工和养护简单	生物恢复较慢
	生态混凝土块	河道流速一般不大于 3m/s	挡墙 护坡	抗冲刷、透水性较强	生物恢复较慢
	植草砖	河道流速一般不大于 4m/s	挡墙 护坡	抗冲刷、透水性较强	生物恢复较慢

2. 设计要点

(1) 现状调查。在选择生态护岸设计方案之前，需要对工程区进行综合调查，以验证生态工程技术的适用性。调查分以下几个方面：气候、水文、河演变规律、岸坡土体的物理和力学性质、工程区关键物种的分布、工程管理状况、现场可用或易得的施工材料、土质和水质污染情况以及工程施工可能引起的新生态问题。

在水文调查中，重点关注河流的正常水位、最高水位和最低水位，以及水位的季节性变化规律。工程管理状况的调查内容包括是否需要采取措施防止人为或动物破坏。

(2) 植物种类的调查。选择合适的植物种类对项目的成功实施非常必要。采用天然材料护岸时，尤其是植物护岸，植物材料的有效性在很大程度上取决于其对水位土质的适应性，可以根据护岸的位置不同，选择合适的植物种类。一般来说，混合使用几种不同的植物往往比使用单一的植物种类效果有利。另外，现场或现场附近已有物种对于护岸工程中植物种类的选择具有很好的参考作用。可以在当地苗圃培育所需植物，但是需要考虑施工时间。对于城镇景观工程河段，可以根据园林设计思路，适度引入观赏植物和花草。

(3) 土体压实控制。传统河道整治方法常采用对岸坡土体进行压实，以提升抗剪强度、低透水性和低压缩性，确保岸坡稳定。然而过高的压实度会妨碍植物根系的发育，影响植物生长，从而降低护岸的生态效果。研究表明，土体压实度为80%～85%，可兼顾岸坡稳定和植物发育的双重需求。因此，在河道岸坡较缓、整体抗滑稳定需求得以满足的情况下，可选择较低的设计压实度，以保持表层土的稳定，避免过度沉降和表面侵蚀，有利于植物的生长。通常情况下，需要对深层土体进行充分的压实，以确保土体具备良好的力学性能，以满足整体抗滑稳定的要求，而对表层土则通过植被措施进行有效的土壤侵蚀防护。

(4) 反滤层设计。生态护岸结构通常具有较大的孔隙率和良好的透水性。直接应用于土坡，在水流和波浪的作用下，未完全发育的植被下方土层容易受到侵蚀，可能导致护岸结构失去稳定性。因此，在这些防护结构下面设置反滤层是十分必要的，一般使用土工织物反滤层。反滤层结构一般应遵循保土性、透水性、防堵性和强度准则。

(5) 抗冲稳定性计算。在进行河道稳定性或各种河道衬砌结构材料的适宜性分析时，首先要计算平均流速和拖拽力，然后与相应的经验允许值或类似工程进行对比。一般可按以下步骤进行分析。

1) 水力条件计算。河道水流流速会受流量、水力梯度、河道形式结构和糙率等因素影响，可采用常规的水力学方法进行计算。在此基础上，计算每一个断面的流速和平均剪应力。

2) 估算局部或瞬时水流状态。根据局部和瞬时条件变化对剪应力的计算值进行调整。

3) 抗冲稳定性验算。综合考虑坡岸土层和植被条件，把上述计算获得的局部和瞬时流速和剪应力与经验值进行比较，如果认为当前状态是稳定的，评价工作基本完成。否则应选用抗冲极限值高于上述计算值的其他材料，重新进行水力计算，对河段和断面的平均状态进行局部和瞬时条件调整，直至满足抗冲稳定性要求。

(6) 渗流及渗透稳定性计算。渗透破坏是河道岸坡的主要破坏形式之一，由于生态护岸结构通常孔隙率较大、透水性较强，其所防护坡面的渗透稳定性对生态护岸是否能正常发挥作用有着较大的影响，设计时应进行岸坡的渗流及渗透稳定性计算，可参照GB 50286—2013《堤防工程设计规范》附录E推荐的公式进行计算。

(7) 抗滑、抗倾稳定性计算。护岸稳定是河道安全的重要基础，应在设计中予以重视。坡式生态护岸的抗滑稳定计算以及墙式生态护岸的抗滑、抗倾稳定计算可参照 GB 50286—2013《堤防工程设计规范》附录 D 推荐的公式进行。

（8）护岸坡脚冲刷深度计算。护岸坡脚的淘刷对防护边坡的崩塌和护岸工程的破坏起着决定性的作用。在护岸工程设计中，坡脚冲刷深度计算尤为重要，坡脚处的冲刷深度与治理河段所处的河道形态有关，具体计算包括平顺段冲刷深度计算和弯曲河段冲刷深度计算两种类型。水流平行于岸坡产生的冲刷计算参考 GB 50286—2013《堤防工程设计规范》中护岸工程设计相关内容，弯曲河段冲刷深度计算参考《水力计算手册》（第二版）中水流斜冲防护堤岸冲刷深度计算相关内容。

4.1.4.6 水陆生境构造

1. 陆域植物群落构造技术

河道陆域物种群落物种配置原则主要包括以下几个方面。

（1）生态适应性原则：选择对当地环境条件适应良好的本地或近源植物物种，以确保其在河道生态系统中具有较高的生存能力。

（2）植物多样性原则：在物种配置中应尽量提高植物的多样性，选择多种植物组成植物群落，以促进生态系统的复杂性和稳定性，提高对外界变化的适应能力。

（3）根系结构原则：选择具有不同根系结构的植物，包括深根、中根和浅根植物，以增强土壤的机械稳定性、防止侵蚀、提高水土保持能力。

（4）生长习性和高差原则：根据河道岸坡的不同高差和光照条件，选择适应不同生长习性和高差的植物，形成垂直生态梯度。

（5）水质适应性原则：考虑植物对水质的适应性，选择能够在不同水质条件下生存的植物，以提高水体的净化效果。

（6）生长周期和季节变化原则：选择生长周期不同的植物，使植被在不同季节表现出多样性，提高全年生态服务效益。

（7）景观和生态功能平衡原则：在配置物种时要平衡景观效果与生态功能，确保植被在美化河道环境的同时能够发挥水土保持、生物多样性维护等生态功能。

（8）适度人工引入原则：适度引入一些适应性强、生态效益明显的人工引种物种，以弥补自然植被的不足，提高护岸的稳定性和生态服务功能。

上海市生态河道陆域物种群落物种配置是在遵循土著物种优先、提高生物多样性等基本原则的基础上，注重植物的生态习性、空间配置和时间配置，提高陆域植物群落植物的拦截净化功能，改善河道生态景观效果。上海市河道陆域植物群落推荐植物配置见表 4-5。

表 4-5　　上海市河道陆域植物群落推荐植物配置

河道类型	植物类型				
	常绿乔木	落叶乔木	灌木	藤竹	草本（地被）
中心城区和郊区城镇区	香樟、广玉兰、桂花、雪松	红叶李、白玉兰、樱花、垂柳、鸡爪槭、红枫、水杉	海桐、小叶女贞、红花檵木、洒金桃叶珊瑚、小叶黄杨、八角金盘、石楠、绣线菊、南天竹、山茶、金钟花	络石、常春藤、云南黄馨、爬山虎、迎春	香菇草、黑麦草、麦冬、美人蕉、狗牙根、沿阶草、葱兰

续表

河道类型	植物类型				
	常绿乔木	落叶乔木	灌木	藤竹	草本（地被）
新城新镇和大型居住区	香樟、广玉兰、桂花、雪松	合欢、白玉兰、垂柳、马褂木、红叶李、池杉、樱花、银杏、鸡爪槭、红枫	火棘、凤尾兰、洒金桃叶珊瑚、金丝桃、杜鹃、花叶芦竹、木芙蓉、红花檵木、十大功劳、紫叶小檗、山茶、枸骨、垂丝海棠、金钟花	凤尾竹、云南黄馨、扶芳藤、紫藤、凌霄	美人蕉、酢浆草、麦冬、黑麦草、香菇草、狗牙根、鸢尾、葱兰、白三叶
农村地区	香樟、女贞、桂花、雪松	池杉、水杉、刺槐、桃树、榉树、枫杨、榔榆、桑树、白榆、垂柳、构树、枇杷树、泡桐、枫香、乌桕	木槿、夹竹桃、凤尾兰、木芙蓉、山茶、芦竹	凤尾竹、孝顺竹	高羊茅，黑麦草、狗牙根、鸢尾、美人蕉、沿阶草、白三叶

2. 水生态系统构建技术

水生态系统构建技术在生态河道建设中起着至关重要的作用，特别是水生态系统的生物要素，其发挥水质改善净化功能至关重要。水生植物配置和水生动物配置是构建水生态系统的两个关键方面。

(1) 水生植物配置。水生植物的配置按照河道沿岸向水体深处依次为挺水植物、浮叶植物和沉水植物的原则。漂浮植物的配置不受水体深度的影响。水生植物种植设计应根据河道水深、水质、透明度、流速、风浪等实际状况，结合水生植物的生长习性、生物节律，尽可能地构建近自然的、存活期长的稳定植物群落，体现挺水植物、浮叶植物、漂浮植物和沉水植物多种生态类型的交替变化过程，以提高水系净化系统的稳定性和群落的多样性。

(2) 水生动物配置。水生动物是水生态系统的重要组成部分，能够有效地摄取水体中的营养物质，降解水体中的污染物，从而改善河道水质。水生动物构建技术分为经典生物操纵技术和非经典生物操纵技术。在河道生态整治工程中，水生动物的配置和放流应遵循生物学和生态学规律，避免盲目进行。这一过程的科学性和合理性对于维护水体健康和生态平衡至关重要。

4.1.5 典型案例

崇明区万平河生态河道工程位于上海市崇明区北部，河道全长约10km，是穿越东平镇中心镇区的一条镇级重要景观河道，原状以土质边坡为主，河道岸线相对顺直，由于河道两岸冲刷，水土流失较严重；且河道水体透明度很低，不能提供水生植物适宜的生长环境，底栖动物多样性也较低，无法形成可以稳定发展的河流生态系统。

4.1.5.1 工程概况

崇明区万平河生态河道原状河底高程约为1.0～1.2m（上海吴淞高程系，下同），河口宽度约为20～32m。为了增强护岸稳定性，防治水土流失，改善河流两岸生态环境，保护河道水环境，对该河道进行生态整治。整治工程河段长度约为3.95km，工程内容包括疏拓河道、新建生态护岸、生态修复、景观绿化等。

4.1.5.2 生态河道建设总体思路

崇明万平河的生态建设从生态系统的两大基本组分着手，针对河道存在的生态受损、生物多样性低、水土流失严重及岸坡稳定性差等问题，从环境可持续发展的角度出发，在满足河道岸坡安全性、耐久性的前提下，以“自然、生态”为主要建设目标，通过工程措施重点改善河道生境，使之能为生物的生长繁殖提供适宜的环境，同时丰富河道生态系统的生物多样性，恢复河道健康稳定良性的生态系统，从而提高河道生态系统的服务功能，充分体现“尊重自然、以人为本、生态优先、人水和谐”的生态治水理念。

4.1.5.3 工程规模

对工程范围内的万平河进行全线护岸整治和生态修复，河岸岸线基本按照现状河道走向布置，河道整治轴线总长为3.95km，护岸总长度为7.81km。

4.1.5.4 生态护岸总体布置

根据万平河现状情况及周边区域的规划情况，工程分三段进行护岸设计。

第一段工程起点～黄河路桥段，长约1.89km，设计河底高程为1.0m，河底宽8～18m，河口宽度为26～36m。本段设计为自然保护段，采用生态膜袋格栅挡墙和生态混凝土两种护岸结构型式。

第二段黄河路桥～长江公路桥段，长约0.75km，设计河底高程为1.0m，河底宽12～14m，河口宽度为30～32m。因两岸居民和企事业单位较多，景观要求较高，设计为景观保护段，采用景观堆石挡墙生态护岸。

第三段长江公路桥～新河港段，长约1.31km，设计河底高程为1.0m，河底宽11～14m，河口宽度为26～32m。本河段也为自然保护段，采用开孔式混凝土砌块生态护岸。

4.1.5.5 生态护岸结构设计

1. 生态袋格栅挡墙护岸

生态袋格栅挡墙护岸总长约为2362m，主要位于工程第一段。设计河底高程为1.00m，以坡比1：2.5至标高2.30m处设置平台，平台宽2.0m，种植水生湿生植物，平台内侧设置生态袋格栅挡墙，墙顶标高3.00m，墙后南岸以1：2.5，北岸以1：4的植草护坡至堤顶高程4.00m，草皮选用沿阶草、早熟禾。堤顶以上采用乔灌草综合绿化，乔木以当地河岸两侧常用的水杉防护林为主，灌木选择防护效果和景观效果较好的木槿、栀子花、夹竹桃、黄馨等形成绿篱，在河岸与农田之间形成有效的分隔，灌木下方撒播草籽，草种选用沿阶草、早熟禾。

生态袋挡墙结构如下：墙底基础为300mm厚碎石垫层，宽2.0m，墙身为生态袋，由接连扣固定，墙身坡比为5：1；墙后设置两层土工格栅，栅间距为300mm，长度分别为1600mm和1800mm。

生态袋格栅挡墙护岸结构断面示意见图4-2。

2. 生态混凝土护岸

生态混凝土护岸总长约为1013m，同样位于工程第一段。设计河底高程为1.00m，以坡比1：2.5在标高2.30m处设置平台，平台宽1.0m，种植水生湿生植物，平台以上以1：2.5铺置生态混凝土至高程3.50m处，其后以1：2.5的植草护坡至堤顶高程4.20m处，草皮草种选用沿阶草、早熟禾。堤顶以上部分采用乔灌草综合绿化，配置

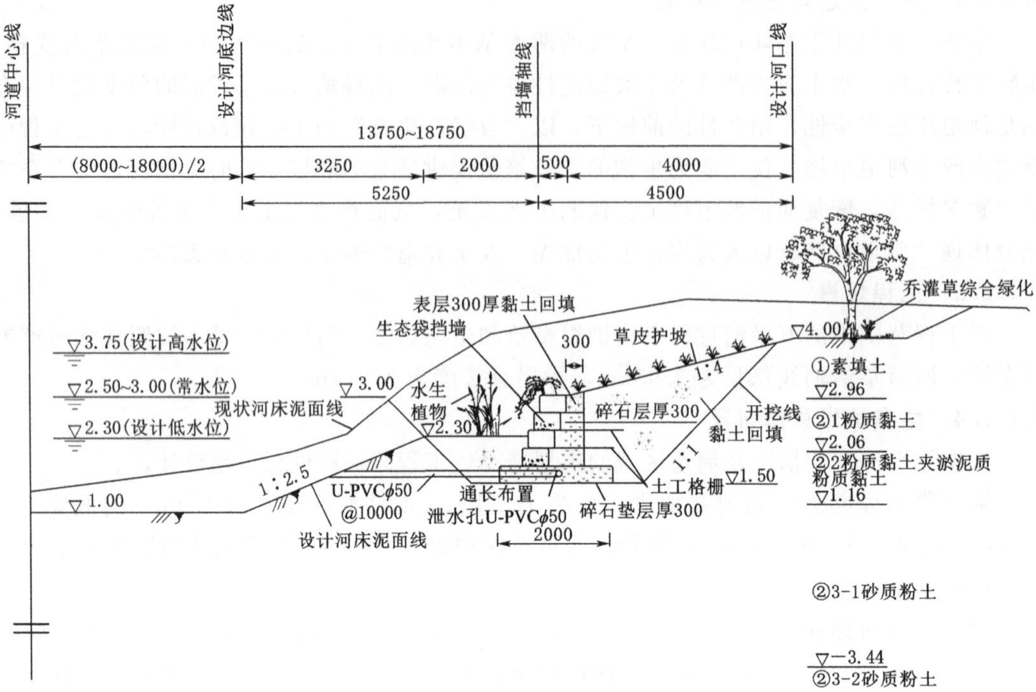

图4-2 生态袋格栅挡墙护岸结构断面图（高程单位：m；尺寸单位：mm）

同上。

生态混凝土结构如下：最下缘建素混凝土护脚，底部铺设土工布反滤层，反滤层上部铺设一层100mm厚碎石垫层，碎石垫层上部铺设一层生态混凝土，层厚为100mm，在生态混凝土孔状结构内、砌块之间铺设的腐殖土，辅以土壤菌、缓性肥料、保水剂，种植草本植物。

生态混凝土护岸结构断面图见图4-3。

3. 景观堆石挡墙护岸

景观堆石挡墙护岸总长约为1510m，主要位于工程第二段。设计河底高程1.00m，以坡比1∶2.5至标高2.30m处设置平台，平台宽2.0m，平台内侧采用景观堆石挡墙护岸，堆石墙顶高程≥3.00m，墙后南岸以1∶2.5，北岸以1∶4的植草护坡至堤顶高程4.00m，草皮选用沿阶草、早熟禾。堤顶以上部分采用乔灌草综合绿化，绿化种类与方式同上。

景观堆石挡墙结构如下：挡墙采用钢筋混凝土底板，宽1800mm，厚400mm，底板上部采用园艺堆石交错堆置，堆石水平面间以M15砂浆浆砌，竖直面间留有空隙，以利于水体交换。石材的耐久性和观赏性均较高，以堆石叠石的形式衬托沿岸郁郁葱葱的植物，植物与山石相得益彰地配置营造出丰富多彩、充满灵韵的景观，堆石顶高≥3.00m。

景观堆石护岸结构断面图见图4-4。

4. 开孔式混凝土砌块（舒布洛克连锁块）护岸

开孔式混凝土砌块（舒布洛克连锁块）护岸总长约为2925m，主要位于工程第三段。

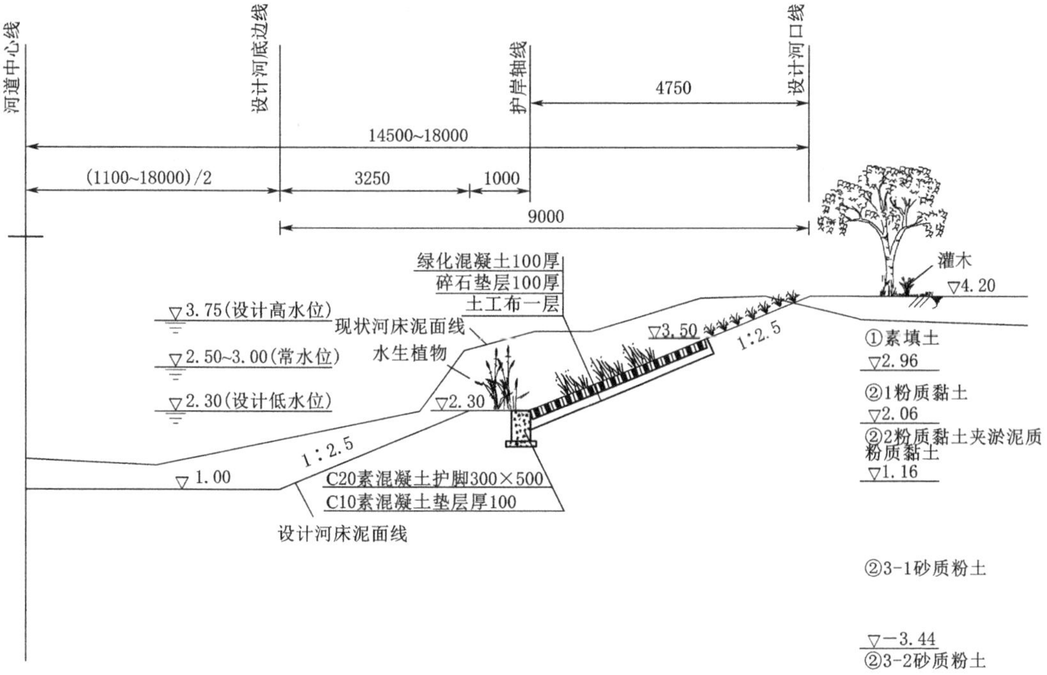

图 4-3　生态混凝土护岸结构断面图（高程单位：m；尺寸单位：mm）

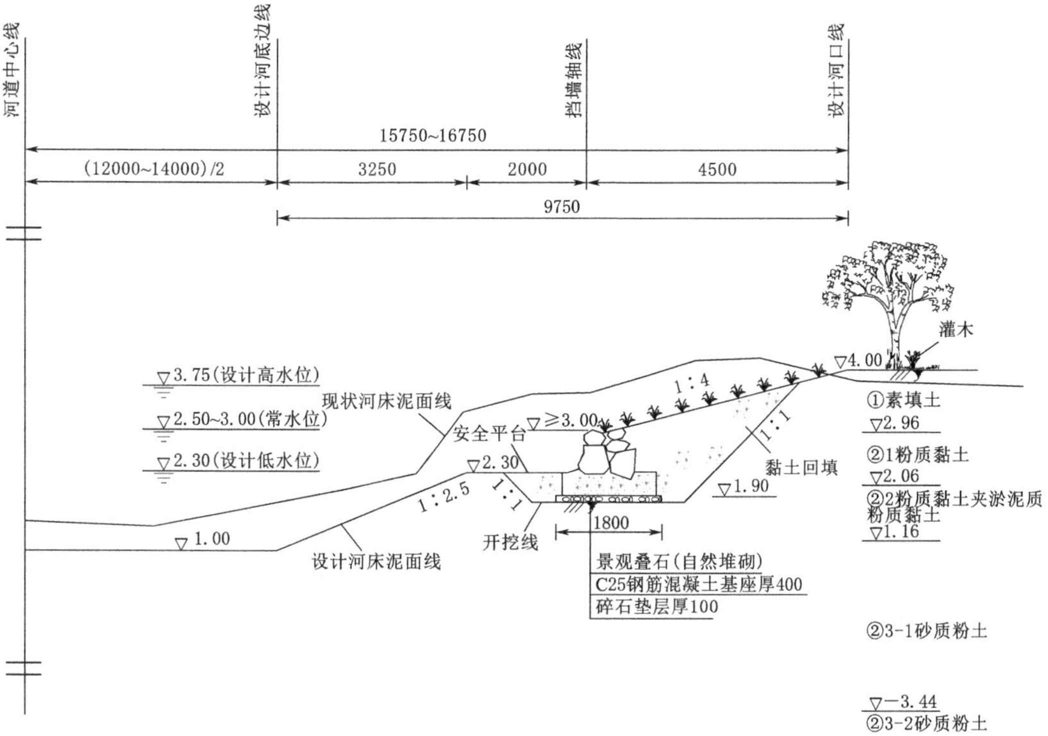

图 4-4　景观堆石护岸结构断面图（高程单位：m；尺寸单位：mm）

设计河底高程为 1.00m，以坡比 1：3 至标高 2.60m 处设置平台，平台宽为 0.60m，平台以上以 1：2.5 铺置开孔式混凝土砌块（舒布洛克连锁块）至高程 3.10m 处，其后以 1：2.5 的植草护坡至堤顶高程 4.00m 处，草皮草种选用沿阶草、早熟禾。堤顶以上部分采用乔灌草综合绿化，配置同上。

开孔式混凝土砌块（舒布洛克连锁块）护岸结构如下：斜坡结构下设 10mm 厚粗砂垫层和 300mm 厚碎石垫层，在砌块孔状结构内铺设腐殖土，辅以土壤菌、缓性肥料、保水剂，种植草本植物。

开孔式混凝土砌块护岸结构断面图见图 4-5。

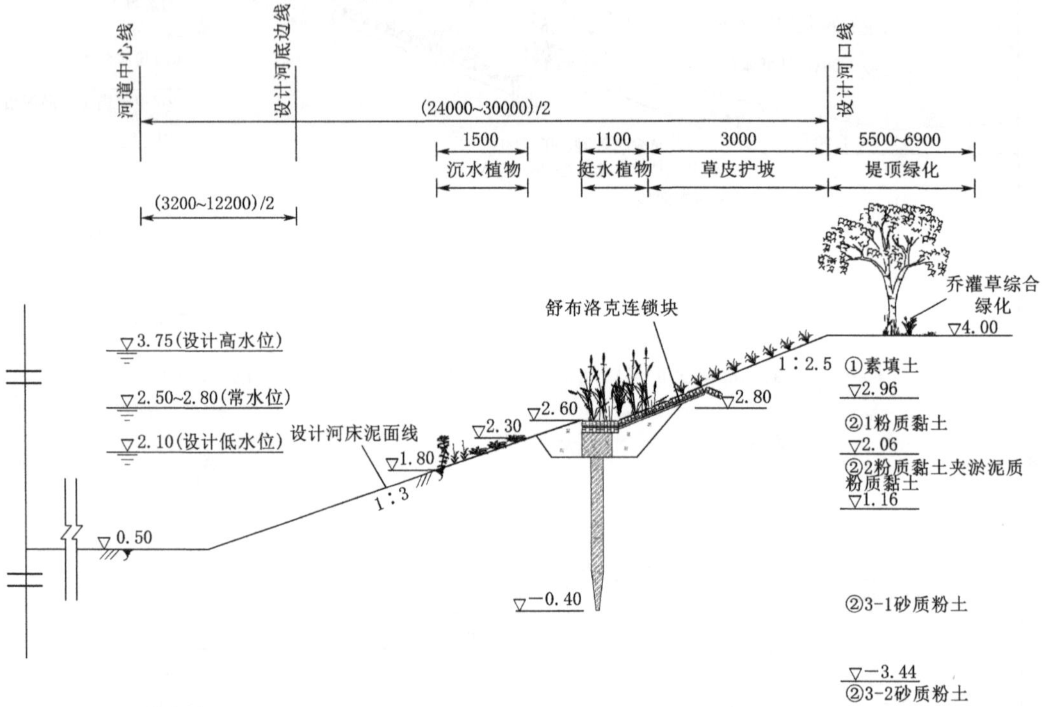

图 4-5　开孔式混凝土砌块护岸结构断面图（高程单位：m；尺寸单位：mm）

4.1.5.6　生态净化系统构建

1. 强化预处理系统

受区域骨干河道水流影响，万平河为往复流河道，在工程河段的两端设置强化预处理区，以去除、沉降和减少水中携带的漂浮物、大颗粒悬浮物及细颗粒悬浮物，初步净化水质。强化预处理区分别采用生态砾石床、渔网、浮动式多功能拦截净化床、多功能沉水净化浮床 4 道工艺。

（1）生态砾石床。生态砾石床由 0.5m×0.5m 的砾石滤箱堆置而成，具有拦截漂浮物，沉降大颗粒悬浮物的功能，砾石床强度高且不易堵塞，同时砾石表面可形成生物膜，可净化水体中的有机物及营养盐，吸附小颗粒的悬浮物。每个强化预处理区设置 3 级生态砾石床。

（2）渔网。在河道中设置两道可上下浮动的渔网，拦截经生态砾石床后剩余的漂浮物，渔网可在达到设计高水位时继续发挥拦截作用。

(3) 浮动式多功能拦截净化床。利用悬挂人工介质的浮动式多功能拦截净化床拦截和净化水质。每个净化床单体垂挂5道人工介质，分别为1道土工布及4道不同规格的组合填料，土工布主要起到拦截细悬浮颗粒、进一步提高水体透明度的作用，人工介质具有拦截和净化功能。

(4) 多功能沉水净化浮床。沉水净化浮床是采用沉水植物及人工介质共同拦截悬浮物及净化水质的多功能床。沉水植物选用具有一定耐盐性、抗污性、较强净化功能、本地种源的菹草、伊乐藻、轮叶黑藻和苦草等，人工介质采用生物绳，悬挂在沉水植物种植床的下部。

2. 植物种植净化系统

(1) 沉水植物悬床种植区。悬床设置升降式控制设施，可人工调节升降式悬床在水中的高度，确保沉水植物的正常生长。沿河岸布设在河道深水区中，利用沉水植物净化水体中的有机物及营养盐，构建水生态系统，为水生动物提供觅食、栖息及繁殖场所。沉水植物种植具有较强净化功能的伊乐藻、菹草、狐尾藻、金鱼藻、轮叶黑藻等。

(2) 沉水植物种植区。在工程河段水质相对较好的中部区域河底种植沉水植物，以期在水体透明度改善的情况下，构建生态系统重要环节，作为种质资源向外扩散，逐步形成健康稳定的生态系统。该区域主要种植菹草、竹叶眼子菜、狐尾藻、苦草、伊乐藻、轮叶黑藻及大茨藻等。

(3) 滨岸带水生植物种植区。滨岸带水生植物种植区分布于全工程河段，主要种植挺水植物及沉水植物，种植范围为岸坡2.3m高程、种植平台及2.3～2.0m高程的斜坡上。主要种植物种有狭叶香蒲、西伯利亚鸢尾、旱伞草、水生美人蕉及黄菖蒲等；沉水植物有伊乐藻、小茨藻、菹草、狐尾藻及轮叶黑藻等。

4.1.5.7 生态绿化工程

1. 工程河道沿线陆域绿化

根据万平河两岸的绿化现状，北侧岸坡绿化以保护现有水杉林为主，在水杉林下增加部分草本，提高岸坡的水土保持能力，减少岸坡的冲刷。由于工程河道北侧水杉林较密，故河道北岸仅自坡顶以下种植草皮护坡，主要以耐阴的沿阶草、早熟禾为主。

工程河道南侧设计河口线内现状基本无遮蔽，故河段南侧草皮护坡以喜光的狗牙根为主。考虑水土保持及景观美化需要，在坡面种植灌木丛，选择景观效果较好的洒金珊瑚、金叶女贞、红叶小檗等间植，形成防护绿篱，在灌木带中每隔一段距离种植小叶栀子、紫薇等景观绿化树种。

2. 局部绿化景观工程

现状为集镇区、规划为东平镇镇政府所在地的河段，在工程建设后将有较多人流会聚，需要较好的景观效果。故对该河段北岸进行局部景观节点的重点设计，布置滨水的小广场及景观亲水平台等，打造具有本土特色的滨河休闲带状绿地。

景观工程的设计一方面要达到植物生长与环境和谐统一的要求，以及植物群落的色彩、季节丰富性等特点，另一方面要提供特殊的阻隔、除尘、遮阴等防护性功能，与水面、台地、置石、小品、广场、道路等空间造景元素在时空间进行良好的协调，达到植物生态习性、景观审美要求和整体空间意境的有机结合。在绿化树种选择上依照长生树种与速生树种相结合的原则，可在短期内达到一定的景观效果，又能随着时间的延续形成自身的植物景观特色。景观节点绿化选用香樟、合欢、银杏等具有较高观赏价值的树种配以各色花灌木及草坪。

4.1.5.8　治理效果

万平河生态河道工程是上海市生态河道的样板工程，工程的建设有效地控制了河道水土流失，改善了河流两岸的生态环境，提升了河道水环境。治理后的万平河景观见图4－6。

图4－6　治理后的万平河景观

4.2　黑臭水体治理

4.2.1　黑臭水体治理的发展概述

2015年8月住房和城乡建设部编制的《城市黑臭水体整治工作指南》中，将城市黑臭水体定义为“以百姓的感官判断为主要依据，城市建成区内的具有令人不悦的颜色或散发令人不适气味的水体”。简而言之，黑臭水体的识别主要基于感官性指标，无需专业技术，只要水体颜色、气味异常致使周边居民感到不适即可初步判断。

随着城市化和工业化加速，城市承担了更大的企业生产和居民需求，导致水污染问题凸显。存在的黑臭水体问题严重损害了城市形象，对城市发展产生了显著的负面影响。同时，随着人民生活水平提升，对生存和发展环境的要求也在不断提高，对城市水体提出了更强烈的“美好生活”的需求。为了解决这个问题，国家推出了一系列黑臭水体治理政策和措施。

2015年，国务院发布《水污染防治行动计划》（简称“水十条”），提出加大黑臭水体治理力度，明确治理目标：至2015年年底前，完成水体排查并公布黑臭水体名称、责任人及达标年限；至2017年年底前，实现河面无大面积漂浮物、河岸无垃圾、无违法排污口；至2020年年底前，完成地级及以上城市建成区黑臭水体均控制在10%以内的治理目标。2015年9月11日，由住房和城乡建设部发布《城市黑臭水体整治工作指南》，对城市黑臭水体的排查与识别、整治方案的制定与实施、整治效果评估与考核、长效机制建立与政策保障等提出了具体要求。

之后，相继印发《水污染防治行动计划实施情况考核规定（试行）》《“十三五”生态环境保护规划》《关于全面推行河长制的意见》，修订《中华人民共和国水污染防治法》和发布《关于全面加强生态环境保护　坚决打好污染防治攻坚战的意见》，将城市黑臭水体整治作为重要内容，提出了对整治工作进展及整治成效的考核要求。

2018年，生态环境部联合住房和城乡建设部启动了城市黑臭水体环境保护专项行动，进一步加快城市黑臭水体整治工作；同年，住房和城乡建设部与生态环境部联合发布了《城市黑臭水体治理攻坚战实施方案》，提出至2020年年底，各省、自治区地级及以上城市建成区黑臭水体消除比例高于90%。

2020年10月，党的十九届五中全会通过《中共中央关于制定国民经济和社会发展第十四个五年规划和二〇三五年远景目标的建议》，提出“基本消除城市黑臭水体”的要求。2021年3月，第十三届全国人民代表大会第四次会议通过《中华人民共和国国民经济和社会发展第十四个五年规划和2035年远景目标纲要》，明确“基本消除城市黑臭水体”的任务。2021年11月，中共中央、国务院发布《关于深入打好污染防治攻坚战的意见》，要求持续打好城市黑臭水体治理攻坚战，将治理范围扩大到县级城市。

2022年7月，住房和城乡建设部、生态环境部、国家发展和改革委员会、水利部联合发布《深入打好城市黑臭水体治理攻坚战实施方案》，提出到2022年6月底前，县级城市政府完成建成区黑臭水体排查，制定城市黑臭水体治理方案。到2025年，县级城市建成区黑臭水体消除比例达到90%，京津冀、长三角和珠三角等区域力争提前1年完成。

以上一系列政策和要求凸显了国家扎实推进城市黑臭水体治理，加快补齐城市环境基础设施短板，消除黑臭水体产生根源，切实改善城市水环境质量的决心。2023年政府工作报告中指出，5年来，基本消除地级及以上城市黑臭水体。

4.2.2 城市黑臭水体治理的意义

城市黑臭水体治理具有多重意义，体现在改善水环境、满足人民美好生活需求、践行城市水土保持理念以及促进生态文明建设等方面。

一是改善水环境问题的重要举措。城市黑臭水体治理是应对水环境污染的关键手段。通过减少污染源、提高污水处理效率和加强环境监管，可以有效改善水体质量，减轻有机废弃物和异味的排放，为城市水环境注入新的生机。

二是人民美好生活的迫切需要。清洁、透明、无异味的水体是人们追求美好生活的基本要素之一。治理黑臭水体有助于提高水体观感和气味，提供更安全、卫生的生活用水，保障居民的生活品质，满足人们对健康、舒适生活环境的迫切需求。

三是践行城市水土保持理念的有效途径。城市水土保持是保护水资源和土壤资源的一项重要工作。治理黑臭水体可以减少废水对水体的直接排放，有效防止土壤侵蚀和水土流失，有助于保持城市的水土资源健康。

四是生态文明建设的基本要求。城市黑臭水体治理与生态文明建设密切相关。通过恢复水体的生态平衡、保护水生态系统，治理不仅改善水质，也有助于提升城市的生态环境质量，实现经济发展与生态保护的协调发展。

综合而言，城市黑臭水体治理不仅仅是一项技术工程，更是全面提升城市环境质量、促进可持续发展的战略性举措，有助于构建更加清洁、美丽、健康的城市生活环境。

4.2.3 上海市黑臭水体治理

上海市的发展始于20世纪20年代，如今已是中国经济最为发达的城市之一。随着经济社会的迅猛发展，大量生活污水和工业废水直接排入河道。然而由于早期尚未正式出台与水体综合整治相关的规定和政策文件，再加上公众对环境保护的认识相对较弱，导致河道逐渐出现黑臭现象。其中，上海市的苏州河表现得尤为典型。在20世纪80年代初至21世纪初的时期，苏州河及其十余条支流长期陷入黑臭困境，鱼虾消失，路人不得不掩鼻而过。上海市通过启动苏州河环境综合整治系列工程，成功实现了对苏州河的全面整治，成为我国最早实施黑臭河道治理的城市典范。

4.2.3.1　成因分析

上海市作为水系发达城市，其黑臭河道产生的原因具有一定的典型性和代表性，从实际情况看，上海市河道黑臭的原因主要有以下几种。

1. 外源污染

工业废水、生活污水和垃圾、畜禽粪便、农田化肥及各种重金属等大量外源性污染物直接进入河道是河道黑臭的主要原因之一。外源性污染物未经处理直接进入河道主要包括3个方面的原因：

（1）上游水源条件差。由于上海地处长江下游，污染程度越来越严重的上游来水加剧了河道的黑臭程度。

（2）雨污管道混接错接现象较多，易造成污水直排和雨季溢流。造成雨污混接的原因复杂，包括排水系统不完善、建筑设计标准制定和更新滞后、居民生活习惯、养护管理不到位以及违法乱接、错接等。上海市城市发展历史悠久，存在一定数量的管网建设遗留问题，特别是分流制地区雨污管道混接错接情况较为严重，已成为影响上海中心城区水环境质量的突出问题。

（3）污水收集能力不足，导致污水直排城市河道。随着上海市城市化进程的不断加快，部分地区（如城乡接合部与郊区）的环境基础设施建设尚有短板，一些区域人口密集，沿河违章建筑较多，无法将产生的污水全部纳入市政污水管道内，仍存在污水直排河道现象。

2. 内源污染

（1）污染物再释放。长期外源污染物流入，在微生物的共同作用下，积累的污染物质随着泥沙、各种垃圾及腐殖质沉积在河道内并逐步形成内源污染，时刻与上覆水进行交互作用。

（2）水生态系统被破坏。由于污染严重和环境条件恶劣，以致水体食物链中最重要最基础的一环（即底端腐食群落食物链）极度缺失，造成水体自身净化能力消失殆尽，导致进入水体的有机污染物无法得到及时有效的分解，加剧了水质的恶化。

3. 不利的水动力条件

水动力学条件不足也是引起河道水体黑臭的重要原因之一，例如水体流速缓慢、河道基流不足以及河道渠道化、硬质化等都有可能导致河道黑臭。河道水动力条件不足的原因主要有如下3个。

（1）感潮河网地区每天的潮涨潮落使污水受潮流顶托，长时间回荡、停留在河道中无法顺利地排出，容易发酵造成反复污染。

（2）水系结构不合理。由于城市发展、市政建设或其他历史原因，上海市还存在许多断头浜和淤塞河段，水系尚不能完全沟通。

（3）从上游及周围环境雨季溢流挟带的泥沙促使河床抬高，河床坡道比降降低，水动力不足。

4.2.3.2　常见措施

由于黑臭水体的成因复杂，需要根据水体的污染原因、污染历史、污染程度和治理阶段的不同以及环境、气候和水力条件，有针对性地选择适用技术和确定组合模式。基于国内外学者对城市黑臭水体治理的研究，归纳并总结出城市黑臭水体治理措施表，见表 4-6。

表 4-6　城市黑臭水体治理措施表

技术类型	技术方法	特点和适用性
外源减排技术	截污纳污	开挖管道，一次性投资较大，管道系统复杂，但是可以从源头上控制污染物的直接排放
	面源控制	通过生态护坡技术、初期雨水收集及截污沟等技术来消减雨水径流中含有的污染负荷。适用于雨污混流型黑臭水体
	直排污水原位处理	通过化学处理方法、物理处理方法及生物处理法对直接排放污水或轻度污染的地表水进行处理，避免污水直接排放对水体的污染
内源控制	清淤疏浚	显著且快速地降低水体内源污染负荷，有利于恢复防洪断面，但是施工作业有二次污染的风险，淤泥需要妥善处理
	水体植物残体清理	对于季节性落叶、水生植物和水华藻类等残体，进行打捞和清理，避免污染物累积
水质净化技术	水生植物塘	通过在水体中种植合适的水生植物来改善水质。一般适用于黑臭水体治理的水质改善和生态修复阶段
	人工湿地	通过建立基质一微生物一植物复合生态系统，通过过滤、吸附、共沉、离子交换、植物吸收和微生物分解等三重协同作用来净化水质。适用于半封闭性缓流型和滞流型黑臭水体的水质净化和生态恢复
	曝气富氧	通过安装曝气设备充氧，提高水体溶解氧浓度和氧化还原电位，防止厌氧分解和促进黑臭物质的氧化。适用于平原地区水力学条件不足的河道
	人工生态浮岛	通过人工搭建水生植物系统，消减水体中的污染负荷，实现水质净化。一般适用于黑臭水体治理的水质改善和生态修复阶段
	微生物降解	通过人工措施强化微生物的降解作用，加速污染物的分解和转化，提高水体的自净能力。投资较大，只能适用于小型封闭水体
	投加化学药剂净化	投加絮凝、混凝等化学药剂，使之与水体中的污染物形成沉淀或结合物而去除，在短时间内快速净化水质，常适用于总磷及重金属含量较高的水体
补水活水	区域调水	通过引流清洁的地表水及地下水对治理对象水体进行补水，加速其污染物输移、扩散实现水质改善。常适用于半封闭性缓流型和滞流型水体水质的长效保持
	中水回用	城市污水和雨水经过有效处理并达到再生水水质要求后，排入治理后的城市水体中，以增加水体流量和流速，适用于生态基流匮乏型黑臭水体治理后的水质长效保持
	水动力保持	通过工程措施提高水体流速，以提高水体复氧能力和自净能力，改善水体水质。适用于水体流速较缓的封闭型水体

续表

技术类型	技术方法	特点和适用性
生态修复技术	水华控制	黑臭水体水质改善后通常会遇到水华藻类暴发问题，所以控制水华藻类是必不可少的，需要采取综合措施进行控制
	水生生物恢复	利用水生植物及其共生生物体系，减少水体中的污染物、改善水体生态环境和景观。适用于小型浅水水体

城市黑臭水体治理技术的选择大方向应按照《城市黑臭水体整治工作指南》中“控源截污、内源治理；活水循环、清水补给；水质净化、生态修复”的基本路线。综合常见的城市黑臭水体治理的技术流程和技术措施体系，水利与水土保持工作是城市黑臭水体治理技术体系的重要组成部分，贯穿黑臭水体治理的全过程，在城市黑臭水体治理中具有举足轻重的作用。基于国内学者对城市黑臭水体治理的研究成果，结合城市黑臭水体治理的水利与水土保持需求，归纳总结提出城市黑臭水体治理的水利与水土保持措施体系，主要包括水域岸线内的岸坡修复、生态流量保障、河湖水系连通、河道整治等，具体见表 4-7。

表 4-7　城市黑臭水体治理水利与水土保持技术措施

技术类型	措　施	特　点	备注
岸坡修复	建立缓冲带	利用本地植物种植建立缓冲带，减少外源污染负荷，重建河滨带（河流廊道）	水质净化
	建立人工湿地	依靠岸边地形与地势，在城市河岸亲水区域建立人工湿地对污染物进行拦截及水质净化，适用于未完全截留型黑臭水体	
生态流量保障	闸坝群联合调度	调动闸坝可以在最短时间内初步治理水污染问题，闸坝调度问题是组合优化问题，适用于水量充沛的地区	水量保障
	初期雨水回用	要落实雨污分流，充分利用雨水等微污染水进行回用和生态植被进行截留等，适用于生态基流匮乏型河流	
	生活污水回用	对城市的生活污水进行深度处理，使其达标并满足河道生态补水的水质要求，从而维持城市河道生态基流的稳定	
	生态补水	利用地下水或跨区域调水，增加河流水量，用来稀释和降低营养物浓度，使其满足生态基流要求，使河道有一定的水环境容量，如果不能实现实时生态补水，应至少保障应急生态补水	
河湖水系连通性	水系连通性	通过采用疏拓河道、拆坝建桥、打通断头浜等措施沟通水系，增加水流流速，缩短滞留或缓流河段的水流停留时间，在一定程度上提高水体的复氧能力和水体自净能力，同时促进物种流、信息流、物质流的流动	水空间连通

续表

技术类型	措　施	特　点	备注
河湖水系连通性	河湖的连通性	通过拆除闸坝或改善闸坝调度，改善河湖的水文条件，缩短水体置换周期，打通河流“任督二脉”，恢复关联河流水系的互联互通，让滞留区或死水区的水流动起来	水空间连通
	河道侧向连通性	通过扩展堤坝的距离、恢复沿滩湿地、水塘，提高河流的水环境容量和水体的自净能力	
	恢复河流的蜿蜒性	利用深潭-浅滩序列和多级小型跌水序列增加水位差和增加水流流速，缩短滞留或缓流河段的水流停留时间	水生态修复
河道整治	河道疏浚措施	干式挖掘、湿式挖掘、水力绞吸等方式将污染河道进行清淤或者对覆盖底泥移除脱水，控制藻类的过度生长	水空间清理
	机械移除措施	机械打捞藻类和其他漂浮物、收割沉水植物、挺水植物和其他漂浮植物	

4.2.3.3 治理方案

上海市黑臭水体的治理最早可以追溯到20世纪80年代苏州河的水环境整治。2015年12月上海市提出《上海市水污染防治行动计划实施方案》，2016年12月提出《关于加快本市城乡中小河道综合整治的工作方案》，2018年上海市启动消除劣Ⅴ类水体的治理攻坚战。近十几年来，为彻底消除黑臭问题，上海市坚持“以治水为中心，全面规划，远近结合，突出重点，分步实施”的理念，开展了一系列河道整治工程。整治后的河道黑臭现象完全消除，河道水质和生态环境得到了较大的改善。

1. 治理思路

为了实现城市黑臭水体整治目标，上海市在总结苏州河治理经验的基础上，首先对建成区的河道进行了全面系统的排查，依靠技术专家组的科技支撑，遵循“水环境问题表象在水里，根子在岸上，截污是根本”的理念，结合每条河道的环境条件与控制目标，根据河道水质情况、水利工程现状和现有污染源分析结果，分别就纳入国家考核范围内的城市黑臭水体编制了“一河一策”整治方案，通过采用截污纳管、污水处理厂提标扩容改造、雨污分流改造、混接错接改造、河道疏浚和生态修复等工程措施，开展黑臭水体整治，以期最终达到“水清、岸绿、河畅、景美”的效果。

2. 治理方案

上海市确立了“水岸联动、截污治污，沟通水系、调活水体，改善水质、修复生态”的治水思路，形成了“拆、截、通、清、修、管”六字治理方案。

一是“拆”。紧盯岸上污染治理，实施“五违四必”区域环境综合整治，大力推进区域污染源减量化。“五违”即违法用地、违法建筑、违法经营、违法排放、违法居住；“四必”即安全隐患必须消除、违法无证建筑必须拆除、脏乱现象必须整治、违法经营必须取缔。自2018年起实施“无违村居（街镇）”创建，建立长效机制，防止污染回潮。

二是“截”。紧盯污染入河渠道，推进污水“应截尽截”。全面排查黑臭河道沿岸未纳管直排污染源单位与市政污水管网覆盖情况，全面实施污水管网完善工程和截污纳管工程。制定雨污混接综合整治三年行动计划，对全市雨污混接点启动分类整治，黑臭河道周边农村生活污水处理设施改造。

三是“通”。针对易引发河道黑臭或者水环境质量恶化的断头河，编制了《上海市断头河整治三年行动计划（2017—2019年）》，通过拆坝建桥、拓宽河道或实地开河等措施，对全市3188条断头河逐年组织实施水系沟通工程，打通河系堵点、断点，恢复河湖水系连通，增强水体自净能力，防止因河道断头引发新的河道黑臭或水环境恶化问题。

四是“清”。加强黑臭水体内源治理，做好河道底泥清淤疏浚、垃圾清理。对郊区面广、量大的镇村河道制定中小河道轮疏规划，按照每年疏浚2400km镇村河道的推进力度，整体规划、分步实施，提高中小河道的调蓄能力，从而提高水体自净能力。印发《关于规范中小河道整治疏浚底泥消纳处置的指导意见》《上海市妥善消纳利用河道疏浚底泥的指导意见》，对疏浚底泥实行全面检测、分类处置，有效地管控风险，做到安全处置。

五是“修”。制定《上海市黑臭/劣Ⅴ类水体治理技术指南》《上海市河道生态治理设计指南》，在外源控污、内源治污的基础上，根据河湖的生态禀赋和治理现状，有针对性地选取物理结构修复、水质生态净化、生物群落恢复等技术，改善水质，逐步修复河道水生态系统，提升河道生态环境质量和生态服务功能。

六是“管”。结合推行河长制，深入推进养护作业市场化改革，对所有河湖落实河长、养护责任单位，实现所有河湖“有人管”。制定《中小河道水质状况通报规则》《上海市河长制湖长制约谈办法》，对黑臭河道开展定期监测，对出现水质反复的河道及其河长进行通报，督查并落实控源截污长效措施；对整改不力的河长、河长办成员单位领导进行约谈。开通监督电话，畅通“12345”市民服务热线、政风行风等政民互通渠道，及时回应市民反映的问题。

4.2.3.4 主要经验

1. 实施源头截污治污工程，完善城市基础设施建设

对直接排入河道的生活污水和生产废水进行截流，铺设污水管道，逐步实现了建成区内直排污染源全部截污纳管。以集中处理外排及分散处理相结合，实施了已有污水处理厂的扩容及提标改造工程，新建了一批污水处理厂，从根本上解决了上海市的污水处理需求矛盾。此外，整顿或关停沿河的畜禽养殖企业，征地或拆迁沿河的违章建筑，从源头消减了污染源。

2. 创新实施雨污分流与混接点改造工程

为了全面改善雨污混流管线，上海市全面实施了雨污合流制管网改善工程及小区、事业单位的雨污分流工程。在雨污混接点改造工程中，上海市创造性地运用“旱流污水溢流管＋雨水井盖溢流墙组合新装置”，实现了不入户改管走线即可有效地解决雨污混接混排。

3. 融合海绵城市理念，实施初期雨水净化工程

在老旧小区改造中，一方面通过新建雨水立管，解决屋顶排雨水问题，避免雨污合流；另一方面通过对雨漏管进行断接，让雨水通过生态的非管道式的排水方式，得到初期的净化和削减后再进入雨水管道。例如，浦东新区一小区采用海绵化改造工程，通过对小

区楼管进行断接，让雨水通过植草沟等植物净化、鹅卵石护坡等介质过滤后，水质初步净化且水量削减后再接入市政管道；同时，通过景观改造下凹，帮助存储部分雨水，减少初期径流。新建小区则通过严控阳台污水管的改接，避免洗衣废水等接入雨水管。对于屋顶、车行道、广场等可产生雨水径流的硬化铺装，进行软化处理，如建设绿色屋顶，用透水混凝土、缝隙透水砖等对人行道进行透水铺装，保持一定的绿地率，以减少城市面源污染。

4. 积极推行泵站截流设施改造工程

对泵站实施截流设施改造，优化泵站运行管理，减少泵站放水对河道水环境的影响。通过黑臭河道沿线泵站外围污水管网的改造，将输送至泵站的雨污合流水统一截流至市政污水管网，送至污水处理厂进行处理，避免旱季污水入河。上海市 97 座市管雨水泵站已于 2020 年前完成改造。

5. 因河制宜开展综合整治

根据河流具体污染情况，结合黑臭原因，分别制定“一河一策”整治方案，加强顶层设计、统筹规划及系统治水。在机制上，突出市一区联动、部门联手、水岸同治；在措施上，强化控源截污、水系沟通、系统治理；在管理上，加强沟通协调，建立跨区沟通机制，定期会商跨区协调事项等，共同推进工作。通过截污治污、拆除违建、内源治理、河道整治、沟通水系、生态修复及长效管理等综合措施，推进完成黑臭水体治理工作。

4.2.3.5 治理成效

上海市是一个因水而生、因水而兴的城市，全市现有河道 4.64 万条，长 3.03 万 km，面积 579.70km^2，因此，水、河对上海市意义特别重大。为保水、治水，上海市共分 3 批排摸出 1864 条段有黑臭现象的河道和村沟宅河，将它们列为治理对象。在“十三五”期间，实现了 2017 年基本消除黑臭河道，2018 年全面消除黑臭，2020 年基本消除劣Ⅴ类水体目标。

根据 2014—2022 年上海市生态环境公报，依据 GB 3838—2002《地表水环境质量标准》对全市主要河流断面（共计 259 个）水质进行评价，对 2014 年来全市主要河流断面水质类别进行统计分析，其逐年变化情况如图 4－7～图 4－8 所示。

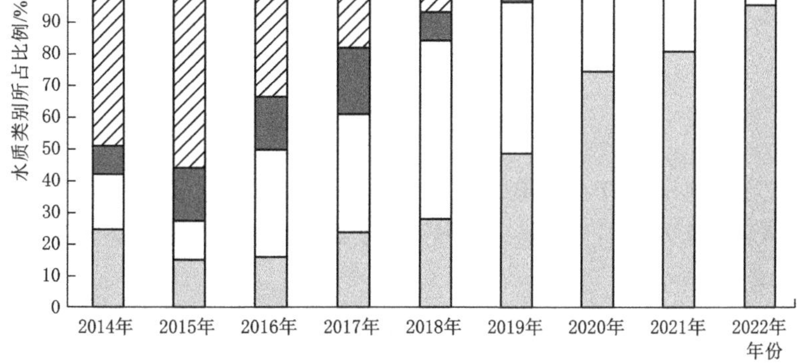

图 4－7 2014—2022 年上海市主要河流断面水质类别占比

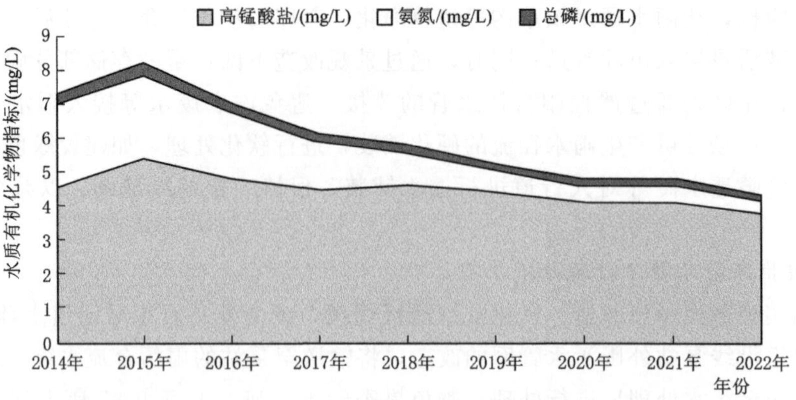

图 4-8　2014—2022 年上海市主要河流断面水质有机化学物指标

从图 4-7 中可以看出，自 2016 年开始，全市主要河流断面水质逐年向好，2020 年劣Ⅴ类水质断面占比为 0%，全市彻底消除了Ⅴ类水体；截至 2022 年，主要河湖断面优Ⅲ类占比 95.6%，无Ⅴ类和劣Ⅴ类断面。

图 4-8 分别为水质分析中的常用有机化学指标，包括高锰酸盐指数、总磷指数、氨氮指数。其中，高锰酸盐指数（COD_{Mn}），又称耗氧量，是反映水体中有机及无机可氧化物质污染的常用指标；总磷指数（TP）、氨氮指数（NH_3-N）为控制水体富营养化主要指标。根据图 4-8 的趋势变化，可以看出全市主要河流断面水质有机化学物指标逐年降低，水质稳步提升。

近十年，上海市地表水环境质量实现了跨越式提升。2017 年年底建成区河道消除黑臭，2018 年年底全市消除黑臭水体，2020 年年底全市基本消除劣Ⅴ类水体。2022 年全市 273 个地表水考核断面优Ⅲ类占比为 95.6%，较 2014 年上升了 85.6 个百分点。

自 2023 年以来，全市地表水环境质量继续保持改善态势，优Ⅲ类断面占比为 96.3%，同比上升 1.1 个百分点，无Ⅴ类和劣Ⅴ类断面。其中，40 个国控断面优Ⅲ类占比为 95.0%，在长三角 3 省 1 市中处于先进水平。自 2020 年以来，长江干流上海段（国控断面）水质始终保持Ⅱ类。全市四大集中式饮用水水源地自 2018 年以来每月水质达标率均为 100%。

4.2.4　典型案例

4.2.4.1　春申港

春申港位于上海市中心城区的徐汇区，属于区管河道，全长 2187m，上游经北杨河与淀浦河相接，下游与黄浦江连通，河道面宽 19～31m，常水位 2.5m，其中黑臭段河道长 1970m。

1. 存在问题

河道两岸部分工业企业存在偷排现象；沿线违章建筑较多，存在污水直排入河现象；河道底泥淤积，水动力不足，引排不畅；河道为轻度黑臭，水质为劣Ⅴ类，氮磷污染物超标。

2. 整治措施

河道综合治理主要采取“清淤疏浚＋控源截污＋环境提升＋生态修复”四步走的方式。具体措施如下。

（1）清淤疏浚。整治河道 2295.4m，河道疏浚土方 38194.75m^3，提高槽蓄容量和引排能力。

(2) 控源截污。清理防汛通道及水域岸线，按照“发现一处、封堵一处”的原则，累计封堵改造沿河遗留排污口21处。

(3) 环境提升。通过落低驳岸标高、建设亲水岸线、布置陆域绿化、搭建生态浮床，完成护岸绿化工程1117m。

(4) 生态修复。以“一虫一草一系统”为核心，生态治理水域面积18500m^2。通过投放“食藻虫”，快速提高水体透明度，为沉水植物成活创造有利条件；选择四季常绿矮型苦草作为主要建群种，构建终年常绿的水下森林；进一步投放鱼、虾、螺、贝等，完善食物链生态系统，提升水体环境容量，恢复水体自净功能。

3. *治理成效*

通过整治，目前水质持续稳定、水体清澈透明、河岸干净整洁，河道水体稳定在Ⅳ类，最佳时达到Ⅱ类水的效果。春申港（罗秀新村）综合整治成效见图4-9。

图4-9 春申港（罗秀新村）综合整治成效

4.2.4.2 夏长浦

夏长浦位于上海市中心城区的静安区，黑臭段长度为2629m，呈倒L形，东起彭越浦，向西约800m后再向南折约90°至灵石路，沪太路以南河段为宝山区和静安区的界河，河道西岸属宝山区，东岸属静安区。夏长浦河道底高程为0.5m，常规水位为2.5～2.8m，设计低水位为2.0m。

1. *存在的问题*

上游彭越浦水源水质较差；部分污水直排河道，局部墙后排污管破裂通过河道护岸上泄水孔以及浆砌块石墙身缝隙流入河道，导致夏长浦水质持续恶化；河道底泥淤积严重，尤其是夏季淤泥上浮现象普遍；河网水质处于劣Ⅴ类，氨氮和总磷指数超标严重，长期产生黑臭。

2. *整治措施*

夏长浦的综合整治主要采用清淤疏浚、控源截污、景观提升、生态修复等方式，具体措施如下。

(1) 清淤疏浚。对夏长浦南段进行全面疏浚。

(2) 生态修复。分别在河道的上、中、下层种植不同的水生植物，加上附着微生物的填料框，通过实施生态净化工程和绿化工程，达到净化河道水质，构建水生生态系统，改善水体流动性的目的。

(3) 其他治理措施。包括雨污分流改造、引水补给、泵闸维修工程、浮床及曝气装置安装、管线保护、垃圾清理等，特别是对宝山区一侧的11个排放口进行截污纳管，封堵沿线排污口，避免污水直排入河。

3. *治理成效*

2017年9月数据显示，夏长浦河道水质达到地表Ⅴ类水，整治后的两次公众测评满意度均达到90%以上，河道面貌有了很大改善。夏长浦综合整治成效见图4-10。夏长浦在2019年首届上海最美河道创评工作中被评定为“最美河道整治成果”。

图4-10 夏长浦综合整治成效

4.2.4.3 徐家宅河

徐家宅河（静安段）位于静安区的西北角，是东茭泾的一条支流。河道整体呈L形，主河北自上海市宝山区界，河水南流至国药集团地块后转弯向东至东茭泾，中间穿越康宁路桥；河道南端另有一段盲肠段支河，总长度约为1.06km。

1. *存在的问题*

河道两岸部分工业企业存在偷排现象；沿线违章建筑较多，存在污水直排入河现象；河道岸坡陡，难拓宽，岸坡经雨水冲刷水土流失几乎坍塌。两岸结构单一，项目北段3m斜坡仅建仿木桩结构；植被单一杂乱无章，已建绿化缺乏养护，而且经常有垃圾堆积；河道水体富营养化严重，变得又黑又臭。

2. *整治措施*

徐家宅河治理摒弃传统河道整治大开大挖的新建扩建方式，遵循自然生态的理念对河道进行园林设计，采用生态环保的手段治理水体，采用“保”与“治”相结合的园林设计手段，注重发挥植物造景的作用；针对河道黑臭水体，将多种水生态措施相结合，充分运用水生植物修复技术。主要措施如下。

（1）园林绿化工程。营造小地形并与两岸原有景观风格衔接和过渡，以仿木桩结构作为河道治理的主要结构型式，将狭窄的盲肠段地形改造为缓流人工湿地。

（2）生态修复措施。截断外部企业排污口，控制住污染物的源头；对河床进行清淤，疏挖掉部分受污染的底泥；植物修复技术构建缓流人工湿地，通过种植水生植物，去除黑臭水体中的富营养元素；利用生物调控技术，放养鱼类、底栖动物和控藻微生物，使用深水曝气技术，设置太阳能曝气机增加水中的溶解氧，以利于水中动植物的生长生活。

3. *治理成效*

为了进一步打造开放共享滨河水景，提升河道生态环境质量，更好地服务于河道周边园区企业及居民，河道管理人员努力推动各项治理举措，使徐家宅河完成了水质、水景的华丽转身，水质保持在Ⅳ类以上，分别在2018年、2020年被评为上海市“最佳河道整治成果”和上海市“最美河道”。如今的徐家宅河，河水汩汩流淌、水草随波舞动、鹭鸟休憩捕食，已成为一条名副其实的“生态河道”。治理成效见图4-11。

图4-11 徐家宅河综合治理成效

4.3 骨干河道整治

4.3.1 骨干河道的概述

骨干河道是指在一个流域中，水流主要集中并贯穿整个地区的主要河流或河流系统。这些河道在地理、水文和水资源管理上具有重要的地位，通常是整个流域水系的主要组成部分。骨干河道通常是水流最强劲、流量最大的河流，它们汇聚并收集了大部分流域内的降水，将水流向更低的地势。

骨干河道在流域内起着重要的引水和排水功能，对生态系统、农业和城市发展具有深远的影响。对于水资源规划和管理来说，了解骨干河道的特性和流向是至关重要的，因为它们直接影响着流域内其他次要河流和水体的水量供应。在我国，对骨干河道的保护和管理是水资源可持续利用的关键方面。

4.3.2 骨干河道整治的意义

骨干河道整治是保证水资源可持续利用的关键，主要体现在以下几个方面。

（1）水资源集中分布。骨干河道通常是整个流域水系的主要组成部分，负责收集和输送流域内的大部分水流。因此，对骨干河道的管理直接关系到流域内水资源的分配和利用。

（2）水质维护。骨干河道的水质直接影响流域内其他次要河流和水体的水质。通过对骨干河道的保护，可以减少污染源的输入，维护水体的清洁和健康，从而确保可持续的水资源供应。

（3）生态平衡。骨干河道是许多生态系统的关键组成部分，包括湿地、水域生态系统等。通过合理的保护和管理可以维护河道周边的生态平衡，保护濒危物种，维护生物多样性。

（4）防洪防灾。骨干河道的畅通和健康对于防洪和防灾具有重要作用。河道的合理管理可以降低洪水的危险性，减轻洪灾对人类和生态系统的影响，确保水资源的可持续供应。

（5）水土保持。骨干河道的保护与管理涉及河道底质和河岸的稳定性，对水土保持起到关键作用。通过防止水流侵蚀和土壤侵蚀，可以保持土壤的肥力，维护农田和自然生态系统的可持续性。

（6）社会经济发展。骨干河道的健康与否关系流域内各个领域的社会经济发展。良好的骨干河道管理有助于提供稳定的水资源供应，支持农业、工业和城市发展，促进整个流域的可持续繁荣。

4.3.3 上海市骨干河道整治

4.3.3.1 骨干河道概况

上海市骨干河道的概念和布局成型于“十二五”期间。在 2012 年 4 月上海市人民政府批准的《上海市骨干河道布局规划》中，构建了全市“1 张河网、14 个水利综合治理分片、226 条骨干河道”的总体布局。

226 条骨干河道，规划河道总长度约为 3687km，其中主干河道（流域骨干河道、湖泊或区域主要的引排水通道）71 条，规划河道总长度约为 1823km；次干河道（对主干河道在引排水、航运、生态景观等方面起重要联系作用的河道）155 条，规划河道总长度约为 1864km。

226 条骨干河道的最大调蓄库容占全市河道的 28.5%，闸门排涝量占 77.6%，闸门引水量占 90.5%，为城市“水安全”保驾护航；同时，骨干河道还承担着全市重要的生态景观功能，目前形成了一带（滨海景观河带）、三环（内环、郊区环和崇明环）、三湖（淀山湖、火泽荡一大葑漾、滴水湖）、多射（由中心城向外围发散的以射线状为主的生态景观河道）的生态景观水系。

4.3.3.2 治理总体情况

在“十二五”和“十三五”期间，上海市持续推进骨干河湖水系建设，开展了以苏州河、金汇港、潘泾、砖新河、中运河、环岛运河、淀浦河、浦东运河、浏河等为代表的骨干河道综合整治。随着上海“一江一河”岸线的贯通和开放，公众也对骨干河道的生态景观服务功能满怀期许，他们希望自己的“家门口”就有“最美河道”和“最美河畔会客厅”。上海骨干河道综合治理要实现的功能也逐渐多元化，开始统筹兼顾防洪达标、亲水休闲、景观提升、生态修复等目标。

然而截至 2020 年年底，全市尚有 60 余条骨干河道存在未打通的断点。针对这一情况，2021 年上海市水务局协调指导各区梳理骨干河道断点，完成 55km 骨干河道综合整治，实现骨干河道的连通，着力打通相应岸上断点，水清岸洁，大幅提升周边市民的幸福感。上海按照“一断点一方案”，分类推进骨干河道断点打通工作，2022 年年内完成 60km 骨干河道整治任务，打通 28 个骨干河道断点。

目前，上海市骨干河道仍有 118 处需要实施连通整治，主要分布在上海市除松江区外的 8 个郊区。按照“优先打通，兼顾达标”的原则，以淀山湖、元荡、四滧港、北横河、张泾河等骨干河道为重点，推动全市约 300km 骨干河湖综合整治，力争实现在“十四五”期间骨干河道全部连通。

4.3.3.3 骨干河道治理的水土保持功能

上海市大部分地区位于长江三角洲平原，土壤以渍潜型和淋溶-淀积型的水成和半水成系列土壤为主，具有土层深厚疏松、持水性低、抗蚀能力弱等特点，易受水力侵蚀；上海市属于季风气候区，区内降水的季节分配不均，夏季降雨集中，降雨量大，多暴雨，极易产生降雨侵蚀；上海市河道水位普遍较高，达到一定风速后产生了风浪，风浪将会对岸线频繁冲刷。此外，在上海市骨干河道中航道较多，船行波冲刷也极易造成水土流失。

骨干河道综合治理需要结合生态环境建设的需要，根据平原河网区河道的自身特点，以点（岸坡堤防局部侵蚀）、线（河流两岸）、面（河流及湖库淀等周边区域）结合的方法进行综合治理。对流速较大或骨干航道等易冲蚀河道（河段），其水土保持的核心内容是岸坡、河床的稳定性，要充分考虑船行波、高流速的影响。在确保结构工程抗冲蚀的前提下，采用合适的水土保持防护措施增加河道岸坡的稳定性，以生态为主要设计思路，选用较稳固的植被护坡，增强边坡的抗冲能力，有效地控制河岸的水土流失。

4.3.3.4 综合整治

1. 治理目标

骨干河道综合整治以“河畅水清、岸绿景美、水通路通”为整治总目标，秉持生态设计理念，统筹兼顾防洪达标、亲水休闲、景观提升、生态修复等目标，因地制宜地开展岸线治理，通过水岸同治，打造“以人为本”的幸福河湖。

2. 治理方案

按照“摸清底数、系统梳理、问题导向、方案落地、工作分解、重点突出、协调推进、强化考核”的总体工作思路，以卫星像片图、地形图、基础资料为基础，确定踏勘重点内容，通过现场踏勘详细复核，摸清河流现状基本情况，从水资源、水域岸线、水污染、水环境、水生态、河道管护和水土保持等方面系统地分析存在的主要问题并制定“一河一策”治理方案。根据国家和流域区域的要求，结合河道实际情况确定治理保护目标和任务，拟定措施清单，确定实施进度，落实整治方案。

“一河一策”方案技术路线见图 4-12。

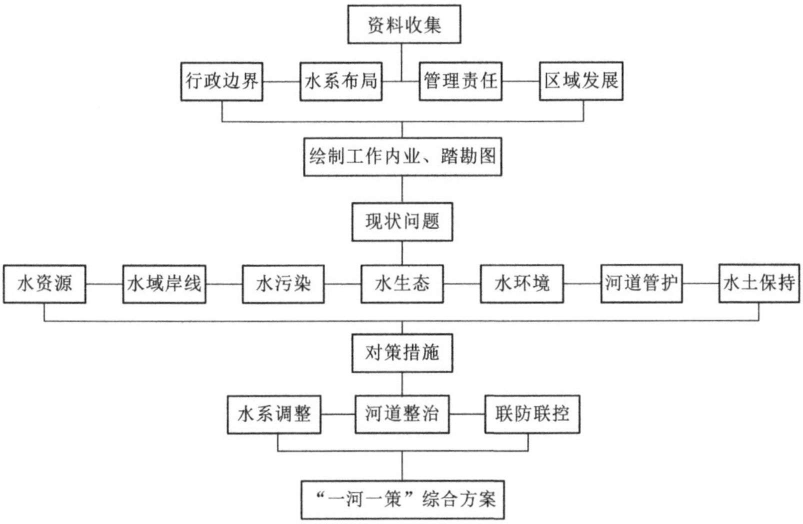

图 4-12 “一河一策”方案技术路线

3. 治理措施

结合骨干河道现状问题及河道治理的目标任务，分别从如下方面提出河道治理措施。

(1) 水资源保护对策措施。水资源的保护主要体现在恢复和保护河流面积，留足空间承载水资源。实行最严格水资源管理制度，明确用水总量控制、用水效率控制、限制纳污控制“三条红线”，形成有利于节水减排和水资源高效利用与有效保护的水资源管理体系。

(2) 水域岸线管理保护对策。水域岸线根据河道蓝线，明确河道管理范围，确权划界、设立界桩、管理标志；编制岸线利用管理规划，科学划分岸线功能分区，严格岸线管理保护，清理整治侵占河道的现象，限期整改。

(3) 水污染防治对策。外源污染控制：对现有排污口进行全过程监控管理，针对问题突出的排污（放）口进行封堵、改建；对沿河小区雨污混接进行改造，加强截污纳管工作，采取设立新的雨水立管、加装分流装置等措施，解决小区雨污混接问题；落实及摸清入河排放口信息，封堵企业污水排放口，企业污水纳入污水管网。

内源污染治理。清淤疏浚受污染的河道底泥，落实河道轮疏工程；农业面源污染治理：推行生态养殖，推广实施池塘循环水养殖技术，优化现有养殖池塘布局，构建养殖池塘-湿地系统，实现养殖小区内水的循环利用；实施化肥农药减施工程，持续推广使用有机肥、配方肥、缓释肥，继续推进绿色防控技术。

（4）水环境治理对策。以“七无”标准为目标开展综合治理，即水体无异味、颜色无异常；河面无成片漂浮废弃物、病死动物等；河中无影响水流畅通的障碍物、违规构筑物；河岸无垃圾堆放，无新建违法建筑物；河底无明显污泥或垃圾淤积；河道沿岸无非法排污口设置，河道沿岸排放口设置规范；河道沿岸没有企业、事业单位与个体工商户将未经处理的超标污水直接排放的情况。

定期对骨干河道水质断面进行监测，实施河道沿线护岸景观提升工程，发挥河道的景观、休闲、娱乐等综合功能，打造“水清、岸美、人欢畅”的和谐人居环境。

（5）水生态修复对策。开展水生生物资源保护、河湖生态清淤；消除断头、沟通水系、调和水体，为水生态修复提供承载空间，巩固水生态治理效果。

（6）河道管护对策。建立河道日常监管巡查制度和管护信息公开制度；加强执法机制建设、监管能力建设，建立环境污染举报、决策综合平台。

（7）水土流失防治对策。

1）工程措施。沿河流两岸及堤防采取防洪排水、护岸工程，防治沟蚀，减少泥沙淤积。工程措施主要适用于受水流冲刷、风浪淘蚀较为严重的临水侧边坡，可结合防洪工程设施建设，采取的防护措施类型有抛石护岸、直立式挡土墙、直立或斜坡式块石护坡、现浇混凝土护坡、钢筋混凝土多孔板护坡及组合护坡等。

2）植物措施。沿河流两岸及湖库周边进行植被绿化，在河岸坡面及河堤上植灌草防护，以削减雨滴动能、固结土壤、延续径流形成时间、提高土地的稳定性，从而防治水土流失。

河道两侧绿化根据河道的地形地貌、周边环境、坡度、土壤等，采取乔木、灌木与草种、常绿与落叶及不同树姿和色彩变化的树种搭配，做到乔木、灌木、草种的疏密交替空间配置，形成多层次的复合生态系统，恢复自然形态。

3）预防保护措施。河流两岸划定植物保护带，落实管护责任，禁止开垦、开发。加强取土、挖沙管理，严禁向河道内倾倒废弃物和建设妨害行洪、蓄水、造成污染的工程项目。

4.3.3.5　主要经验

骨干河道整治工程一般围绕水安全、水生态的要求。整治工程设计思路，以河道水循环多过程为主线，在确保城市安全底线的基础上，充分挖掘和发挥天然系统对水循环的调节作用，增加城市防洪排涝能力；形成路网、绿网、水网相互交织串联的生态网络。

1. 存在问题的调查与分析

（1）防洪除涝能力不足。实施水文水资源勘测，评估河道承载能力。借助水利模型，进行洪水模拟，明确防洪标准。制定防洪除涝工程，包括截流、调蓄、雨水花园等。

（2）护岸结构损坏。进行护岸结构详细检测，评估损坏程度。采用高强度混凝土、聚合物复合材料等加固和修复护岸。结合生态设计，提高护岸的抗冲刷和生态性。护岸结构存在破损和腐蚀，无法有效地保护河道周边地区。

（3）水质不达标。进行水质监测，分析主要污染源。制定水质改善计划，包括生态湿地、水生植物引入等。设计水质改善工程，整合先进水处理技术。

（4）生态性缺乏。进行生态环境评估，明确生态系统问题。制定生态网络构建方案，还原湿地、增添植被带等。融入景观设计，提升河道周边的生态景观。

2. 确定设计思路

（1）防洪除涝能力提升。

1）通过截流、调蓄等工程手段增加河道的防洪容量。例如，拓宽河道，通过地形测量，确定拓宽范围和程度；制定科学的拓宽方案，考虑土地利用和水动力学影响；采用机械疏浚、爆破等技术，实施河道拓宽工程。如河道疏浚：进行水深测量，确定需要疏浚的区域；采用挖掘机、吹填等技术，实施河道疏浚工程；清理淤泥和杂物，确保河道通畅。

2）设计雨水花园、湿地等绿色基础设施，减缓雨水径流，降低内涝风险。

（2）护岸结构的加固与修复。

1）采用高强度混凝土、抗腐蚀材料等，对护岸结构进行加固。

2）结合自然生态手段，引入植被和湿地，提高护岸的抗冲刷和生态性。

3）考虑未来水位变化，设计合理的护岸高度。

（3）水质改善工程。

1）制定全面的水质改善计划，治理污染源，减少排放。

2）引入生态湿地、水生植物，通过自然过滤方式提高水质。

（4）生态系统构建。

1）进行生态环境评估，制定全面的生态网络规划，确定生态修复的关键节点。

2）通过植被绿化、湿地恢复等手段，构建河道生态系统。

3）融入景观设计，打造具有自然美感的河道环境，提升城市生态环境品质。

3. 制定设计方案

（1）防洪除涝工程。设计截流和调蓄设施，提高河道的防洪能力。考虑城市雨污分流系统，降低排水系统负担。引入绿色基础设施，如雨水花园，促进雨水的自然渗透。

（2）水质改善工程。设计污水处理设施，减少污染物排放。引入生态修复手段，建设人工湿地和水生植物带。制定水质监测计划，确保水体长期保持良好的状态。

（3）护岸结构加固与修复。采用高强度、耐腐蚀的材料进行护岸加固。结合植被的引入，提高护岸的稳定性和生态性。实施定期巡检和维护计划，保障护岸结构的长期有效性。

（4）生态系统构建。制定生态修复计划，还原湿地、增添绿化带。引入本地植物，恢复生物多样性，改善河道生态系统。结合景观设计，打造宜人的城市生态景观。

由于骨干河道整治工程相关设计和施工技术均相对较为成熟，已有比较成熟的设计和施工方面的规范、规程和手册等，本书不再赘述。

4.3.4 典型案例

上海市松江区某骨干河道承担了区域行洪、水资源调度及改善水环境的重要任务，同时也是区域内的重要航道，河道中心线总长度为6.28km。

4.3.4.1　河道现状问题分析

部分岸段已建护岸坍塌；部分岸段为土坡，存在水土流失问题；部分岸段岸后堤顶高程不达标，存在防洪安全隐患；已建护岸结构均为硬质结构，生态景观性较差，与生态宜居总体目标不符。

4.3.4.2　工程建设的必要性

（1）提高区域防洪除涝及水资源调度能力的需要。现状堤防顶高程低于设防标高，部分岸段现状仍为土坡，局部存在违章建筑，需要通过河道综合整治消除防汛隐患。

（2）改善航运条件的需要。超标准船舶的船行波冲刷以及运输船只的不规范运行、停靠和冲撞致使局部岸段的防汛墙失稳、破损、塌落。工程建设具有稳定河势、固定航道的作用，也是为了满足高速发展的通航要求。

（3）适应新时期城市建设的需要。通过本骨干河道建设，推进水系综合整治等建设工程，增加区域水面面积，降低城市热岛效益。工程以河道综合整治为基础，以河流沿岸生态景观区打造为目标，营造人与自然和谐共生的生态河道。

（4）改善区域水环境，提升城市形象的需要。本骨干河道作为区域流域的重要组成部分，其水质的全面改善及水环境的全面提升对流域全面消除劣Ⅴ类水体、水质达到功能区要求具有重要意义。

4.3.4.3　工程任务

拆除破损护岸并新建护岸、在现状为土坡的岸段新建护岸、加高加固堤防、改造和柔化已建硬质护岸、河道疏浚、截污纳管、拆除废弃桥梁和码头、在两岸陆域控制范围内布置绿化等。

4.3.4.4　工程内容

1. 河道工程

工程骨干河道整治长度为6.28km，新建护岸3415m，改造护岸9145m；河道疏浚土方共计28.12万m^3，河道开挖4.32万m^3，回填土方0.58万m^3。整治前水面积为244350m^2，整治后水面积为254658m^2，增加水面积10308m^2。

2. 防汛道路

新建机动车道总长度为1607m；人行步道长6013m。

3. 绿化工程

绿化工程包括堤顶绿化和斜坡绿化。堤顶绿化主要为乔木，斜坡绿化主要为灌木与草皮。绿化总面积为49371m^2，其中陆域绿化32723m^2、斜坡绿化15322m^2、水生绿化1326m^2。

4. 附属设施

农田排水沟：部分岸段岸后为农田，布设农田排水管965m，采用一体式预制成品明沟，口宽1.0m。

沿河排放口规范化治理：对132个排放口进行分类处理，其中保留的排放口19个、封堵的排放口101个、标准化整治的排放口4个、截流方式整治的排放口3个、新建标准排放口5个。整治完成以后沿河共计31个排放口。

4.3.4.5 堤防工程设计

1. 护砌工程

根据《内河航道工程设计规范》及船行波计算结果，综合考虑河道护岸的生态性及船行波的影响确定。

硬质护岸护砌至常水位加波浪爬高暨 3.50m 高程，考虑在 3.50m 高程通航高水位的情况下，船行波较小，3.50m 高程以上采用草皮进行护坡。

2. 断面设计

本河道作为滨水景观轴，需建设河道滨水绿道，同时兼顾游憩活动功能。因此，工程选取生态景观效果好、日常管理方便、投资相对较节省的复合式结构型式，具体根据实际情况进行布置。典型河道断面设计如下。

（1）A 型断面（浆砌石挡墙结构＋混凝土连锁砌块护坡＋二级挡墙）。墙前 2.40m 高程处设 2.0m 宽的平台；2.34～3.80m 高程为浆砌块石挡墙；3.80～4.50m 采用混凝土连锁砌块护坡，铺设营养土，种植绿化；4.50m 高程以上为钢筋混凝土二级挡墙结构，墙后地面高程 4.50m。堤顶规划陆域范围内设置人行步道并种植绿化。

（2）B 型断面（箱型砌块）。适用于岸后较为空旷的新建护岸岸段。墙前 2.40m 高程处设 2m 宽的平台；2.40～3.50m 高程设箱型砌块，砌块内填充耕植土并种植绿化；3.50～4.00m 高程铺设客土或营养土种植草皮，4.00m 高程至堤顶采用绿化草皮护坡连接；堤顶规划陆域范围内设置防汛通道或人行步道并种植绿化。

4.3.4.6 河道疏浚设计

部分河段淤积较严重，最大疏浚厚度达 1.22m，过水断面较规划断面减小了 27%，作为主干河道和内河航道，承担着区域行洪、除涝及引调水等重要作用，过水断面的减小将影响河道的综合功能发挥，因此，对河道的疏浚十分必要。按规划达标进行疏浚，河道疏浚土方 27.8 万 m^3，河道开挖土方 3.42 万 m^3。

4.3.4.7 沿河排口规范化治理

（1）对沿河所有排污口采取封堵措施。

（2）对沿河雨水排口，根据不同区域，采取封堵、保留、标准化整治。为了管理方便，工程沿河考虑新建或改建一批雨水口，采用统一的标准，对可以合并的沿河布管进行封堵。

（3）对沿河混合排口根据所在区域不同，采取封堵、截流或标准化整治。将农田排口定义为混排口，进行标准化整治。村庄及居民区采取截流措施，污水纳入污水管网，雨水入河。

4.3.4.8 景观设计

绿化设计尽量保留河道两侧现状植物；优选本土具有观赏价值的植物品种，凸显河道的地域特色，考虑季相变化的丰富性，凸显水乡文化的内涵；合理确定常绿植物与落叶植物的种植比例；合理配置花卉类植物，增添景观丰富性和观赏性；注重抗污、抗旱、耐水、低维护的树种。绿化标准段设计如下。

（1）A 型绿化标准段。A 型护岸岸顶主要种植垂柳为特色树种，以成排的垂柳形成垂柳夹岸、杨柳依依的美景。乔木主要种植垂柳。灌木及地被有毛鹃、红叶石楠、常春藤、狗牙根等。

(2) B型绿化标准段。B型以乡土植物香樟搭配碧桃为特色，形成桃红樟绿的风光。乔木有香樟、碧桃。灌木及地被有金边黄杨、红叶石楠、葱兰、花叶蔓长春等。

4.3.4.9 治理成效

工程目前已实施完成，发挥了防洪治涝效益、生态环境效益以及多项改善社会环境、提升人民生活品质的巨大社会效益。主要体现在以下几个方面。

(1) 水环境改善。通过河道疏浚和景观绿化工程的实施，能够明显地改善河道水质，提升水河道景观效益。

(2) 防汛减灾效益。河道整治后增加了河道过水断面，提高了排水行洪能力，有助于减少灾害损失。

(3) 水资源保障效益。河道整治后，改善河道的水质，发挥水资源调度作用，为农业生产和人民生活提供了高质量的用水保障，由此带来效益。

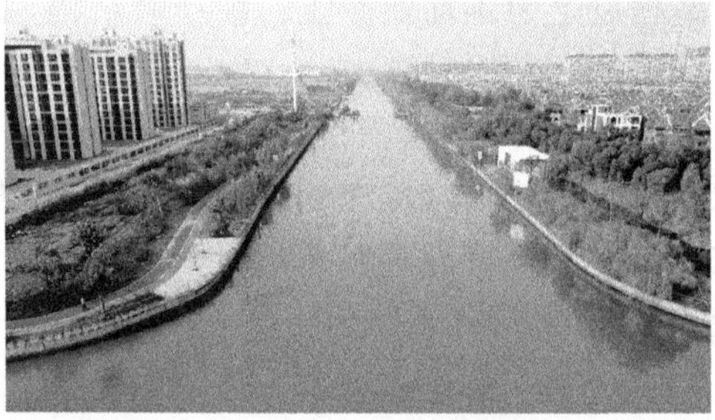

图4-13 工程治理成效

(4) 改善航运条件。河道整治后，稳定河势，固定航道，可以适应高速发展的通航要求。

(5) 水土保持与生态效益。河道整治后，岸坡稳定，减少水土流失的发生，增加生态绿化布置，改善河道水质，美化河道环境。

工程治理成效见图4-13。

4.4 海绵城市建设

4.4.1 海绵城市概述

在传统城市建设理念的影响下，城市开发建设带来的城市下垫面过度硬化，割裂了山水林田湖草的生态系统，改变了原有的自然生态本底和水文特征，切断了水的自然循环过程，破坏了城市水文径流特征的原真性（图4-14）；同时，城市建设高强度开发、填湖（塘）造地、伐林减绿，忽略或任意调整竖向关系等粗放做法，在加快降水产汇流的同时，也加大了降雨径流量和汇流峰值。

在城市开发建设前，在自然地形地貌的下垫面状况下，大部分降雨可以通过自然下垫面滞渗到地下，涵养了本地的水资源和生态，只有少量雨水形成径流外排。而城市开发建设后，由于屋面、道路、广场等设施建设导致的下垫面硬化，大部分降雨形成了地表快速径流，仅有少量的雨水能够入渗地下，呈现了与自然相反的水文现象，不仅破坏了自然生态本底，也使自然海绵体丧失了“海绵效应”，导致所谓的“逢雨必涝、雨后即旱”；同时也带来了水生态恶化、水资源紧缺、水环境污染、水涝灾害频发等一系列问题。

4.4.1.1 内涵

建设海绵城市就要有“海绵体”。城市“海绵体”既包括河、湖、池、塘等水系，又包括植被草沟、绿色屋顶、可渗透路面等。因此，对海绵城市的理解可以分为广义的和狭

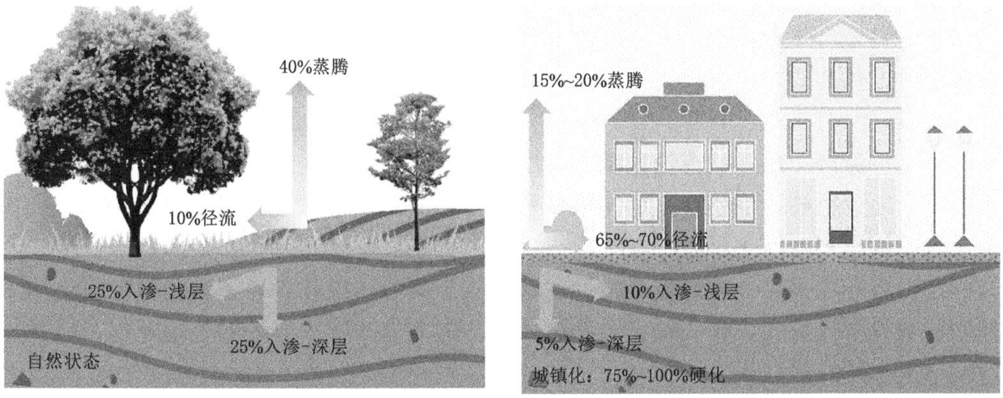

（a）城镇化前　　（b）城镇化后

图 4－14　城镇化前后城市水文特征变化

义的两个层面。

广义讲，海绵城市是指山、水、林、田、湖、草这一生命共同体，这些大海绵具有良好的生态机能，能够实现城市的自然循环、自然平衡和有序发展。这就要求城市开发建设要以保护自然生态环境为前提，尊重自然、顺应自然，保护城市生态格局。海绵城市建设首先要对城市原有的生态系统进行保护，尤其是河流、湖泊、湿地、坑塘、沟渠等水敏感地区的保护，最大限度地保护“山水林田湖草”；其次对已经受到破坏的水体和其他自然环境进行生态恢复和修复，维持城市一定比例的生态空间；最后是在城市进行新的开发建设的过程中要遵循低影响开发的原则，合理控制开发强度，在城市中保留足够的生态用地，遵循生态优先的原则，将自然途径与人工措施相结合，控制城市不透水面积比例，最大限度地减少对原有水生态环境的破坏，增加水域面积，促进雨水的积存、渗透和净化。在确保城市排水防涝安全的前提下，充分利用雨水资源，保护生态环境。

狭义讲，海绵城市是指分散的、小规模的、源头的初期雨水控制机制与技术，又叫低影响开发雨水系统。雨水进入市政管网前先要通过植被草沟、雨水花园、透水铺装等雨水调蓄净化设施对雨水进行过滤和流量控制，有效地降低雨水径流，达到对雨水径流总量、峰值流量和径流污染进行控制的目的，使城市开发建设后的自然水文状态尽量接近于开发前。

4.4.1.2　主要意义

海绵城市是一种注重城市可持续发展和抗灾能力的城市规划和建设理念。这个概念的提出源于对在城市化过程中常见问题的关注，例如城市内涝、水污染、城市热岛效应等。以下是海绵城市建设的一些主要意义。

（1）抗洪能力提升。海绵城市通过合理规划城市水系、设置雨水花园、湿地等自然水文系统，能够更好地吸纳和延缓雨水流失，提高城市的抗洪能力。这有助于减少洪水对城市的破坏，提高城市的灾害韧性。

（2）水资源管理。海绵城市的设计理念旨在最大限度地减缓雨水径流速度，增加雨水的渗透和储存，以提高水资源的利用效率。通过雨水收集、处理和再利用，城市能够减少对传统供水系统的依赖，实现水资源的可持续利用。

（3）缓解城市热岛效应。海绵城市的绿地、湿地等自然要素有助于降低城市表面温度，减缓城市热岛效应的形成。这对改善城市气候、提高居民舒适度和减少能源消耗具有积极的作用。

（4）水土保持。海绵城市通过绿化、湿地、雨水花园等生态措施保护土壤结构，减少水土流失。通过植被覆盖率和土壤保水性的提高，有助于维护城市周边土地的生态平衡，减缓土地的退化和沙漠化过程。

（5）生态环境改善。海绵城市建设注重自然与城市的融合，通过增加城市绿化、建设湿地和公园等绿色空间，提高城市的生态质量。这不仅改善了居民的生活环境，还有助于促进城市生态系统的健康发展。

综合而言，海绵城市建设的意义在于通过科学合理的城市规划和建设，促进水资源的可持续利用，降低水灾风险，改善城市生态环境，实现水土保持，从而构建更加可持续、宜居的城市环境。

4.4.1.3　建设理念与方法

国务院办公厅于 2015 年 10 月印发的《关于推进海绵城市建设的指导意见》（国办发〔2015〕75 号）明确提出了我国海绵城市建设的工作目标和时间表，以及关于海绵城市建设的概念与要求，即："综合采取渗、滞、蓄、净、用、排等措施，最大限度地减少城市开发建设对生态环境的影响，将 70％的降雨就地消纳和利用。到 2020 年，城市建成区 20％以上的面积达到目标要求；到 2030 年，城市建成区 80％以上的面积达到目标要求。统筹发挥自然生态功能和人工干预功能，实施源头减排、过程控制、系统治理，切实提高城市排水、防涝、防洪和防灾减灾能力""要将雨水年径流总量控制率作为其刚性控制指标建立区域雨水排放管理制度，明确区域排放总量，不得违规超排""保持雨水径流特征在城市开发建设前后大体一致"等。

通过城市规划、建设的管控，从"源头减排、过程控制、系统治理"着手，综合采用"渗、滞、蓄、净、用、排"等技术措施，统筹协调水量与水质、生态与安全、分布与集中、绿色与灰色、景观与功能、岸上与岸下、地上与地下等关系。控制城市雨水径流，最大限度地减少由于城市开发建设行为对原有自然水文特征和水生态环境造成破坏，将城市建设成"自然积存、自然渗透、自然净化"的"海绵体"，使城市能够像海绵一样，在适应环境变化、抵御自然灾害等方面具有良好的"弹性"，实现"修复城市水生态、涵养城市水资源、改善城市水环境、保障城市水安全、复兴城市水文化"的多重目标。

1. 源头减排

最大限度地减少或切碎硬化面积，充分利用自然下垫面的滞渗作用，减缓地表径流的产生，控制雨水径流污染、涵养生态环境、积存水资源。从降雨产汇流形成的源头改变过去简单地收集快排的做法，通过微地形设计、竖向控制、景观园林等技术措施控制地表径流，发挥"渗、滞、蓄、净、用、排"耦合效应。当场地下垫面对雨水径流达到一定的饱和程度或设计要求后，使其自然溢流排放至城市的市政排水系统中，以此维系和修复自然水循环，实现雨水径流及面源污染源头减控的要求，也有利于从源头解决雨污分流、错接混接等问题。源头减排做法示意见图 4－15。

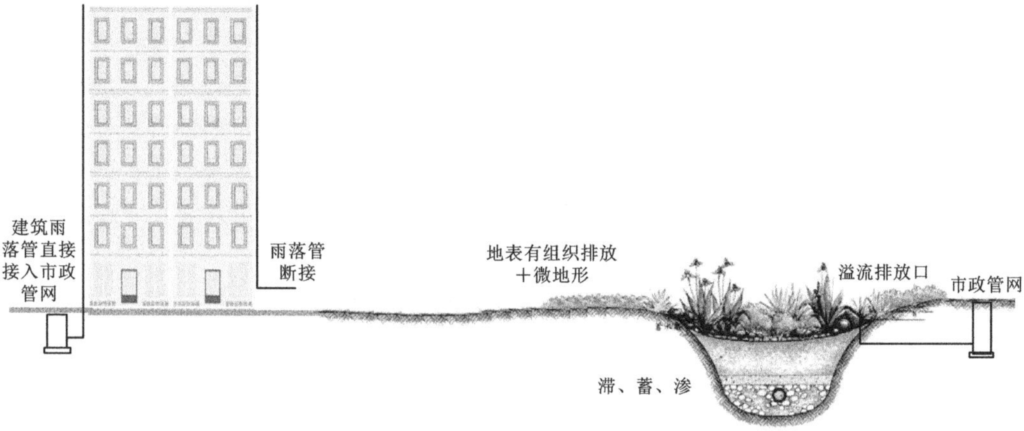

图 4－15 源头减排做法示意

2. 过程控制

充分发挥绿色设施渗、滞、蓄对雨水产汇流的滞峰、错峰、削峰的综合作用，减缓雨水共排效应。使从不同区域汇集到城市排水管网中的径流雨水不同步集中泄流，而是有先有后、参差不齐、“细水长流”地汇流到排水系统中，从而降低排水系统的收排压力，也提高了排水系统的利用效率。过程控制就是要通过优化绿、灰设施系统设计与运行管控对雨水径流汇集方式进行控制与调节，延缓或者降低径流峰值，避免雨水产汇流的“齐步走”（图 4－16）；依靠大数据、物联网、云计算等智慧管控手段，实现系统运行效能的最大化。

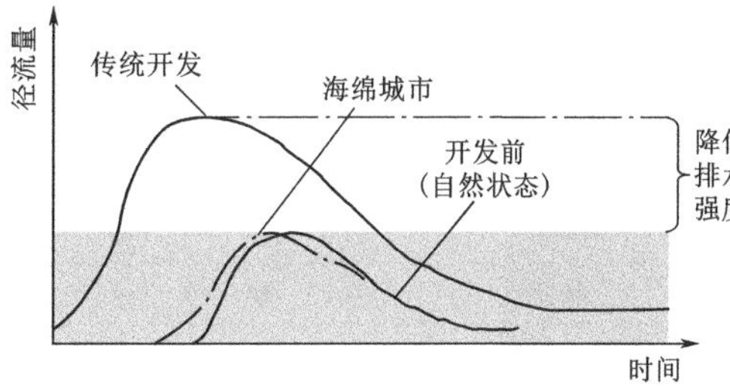

图 4－16 海绵城市建设措施前后雨水径流变化示意

3. 系统治理

水的外部性很强，几乎无所不及。水又是重要的生态环境的载体，治水绝不能“就水论水”。首先，要从生态系统的完整性上来考虑，避免生态系统的碎片化，牢固树立“山水林田湖草”生命共同体的思想，充分发挥山、水、林、田、湖、草等自然地理下垫面对降雨径流的积存、渗透、净化作用。其次，要建立完整的水系统。水环境问题的表象在水上，但是问题的根源主要在岸上。应充分考虑水体的岸上岸下、上下游、左右岸水环境治理和维护的联动效应。再次，要以水环境目标为导向建立完整的污染治理设施系统。构建从产汇流源头及污染物排口，到管网、处理厂（站）、受纳水体的完整系统。最后，构建完整的治理体系，控源截污、内源治理、生态修复、活水保质、长治久清。俗话说“三分建、七分管”。要建立一套科学的、完善的运维管理制度。如管网清疏、河道清淤、水草打理和漂浮垃圾处置、智慧管控等。

4.4.1.4 常见海绵城市建设技术

海绵城市建设应统筹低影响开发雨水系统、城市雨水管渠系统及超标雨水径流排放系统，既重视绿色基础设施，又不忽视灰色基础设施。海绵城市建设技术设施主要功能一般可分为渗透、储存、调节、转输、截污净化等几类，主要包括透水铺装、绿色屋顶、下凹式绿地、生物滞留设施、渗透塘、渗井、湿塘、雨水湿地、蓄水池等设施。一般来说，某单项设施会包含“渗、滞、蓄、净、用、排”多种功能，如下凹式绿地除渗透补充地下水外，还可以削减峰值流量、净化雨水，实现径流总量、径流峰值和径流污染控制等多重目标等。表 4-8 为 2014 年 10 月住房和城乡建设部颁布的《海绵城市建设技术指南——低影响开发雨水系统构建（试行）》中推荐的海绵城市建设技术类型。

表 4-8　各类用地中低影响开发设施选用一览表

单项设施	功能					控制目标		
	集蓄利用雨水	补充地下水	削减峰值流量	净化雨水	转输	径流总量	径流峰值	径流污染
透水砖铺装	○	●	◎	◎	○	●	◎	◎
透水水泥混凝土	○	○	◎	◎	○	◎	◎	◎
透水沥青混凝土	○	○	◎	◎	○	◎	◎	◎
绿色屋顶	○	○	◎	◎	○	●	◎	◎
下沉式绿地	○	●	◎	◎	○	●	◎	◎
简易型生物滞留设施	○	●	◎	◎	○	●	◎	◎
复杂型生物滞留设施	○	●	◎	●	○	●	◎	●
渗透塘	○	●	◎	◎	○	●	◎	◎
渗井	○	●	◎	◎	○	●	◎	◎
湿塘	●	○	●	◎	○	●	●	◎
雨水湿地	●	○	●	○	○	●	●	●
蓄水池	●	○	◎	◎	○	●	◎	◎
雨水罐	●	○	◎	◎	○	●	◎	◎
调节塘	○	○	●	◎	○	○	●	◎
调节池	○	○	●	○	○	○	●	○
传输型植草沟	◎	○	○	◎	●	◎	○	◎
干式植草沟	○	●	○	◎	●	●	○	◎
湿式植草沟	○	○	○	●	●	○	○	●
渗管/渠	○	◎	○	○	●	◎	○	◎
植被缓冲带	○	○	○	●	—	○	○	●
初期雨水弃流设施	◎	○	○	●	—	○	○	●
人工土壤渗滤	●	○	○	●	—	○	○	◎

注　●—强 ◎—较强 ○—弱或很小

4.4.2　上海市海绵城市建设

4.4.2.1　区域特点

1. 地下水位高

上海市全市地势平坦，地面高程（吴淞零点）大都在 2.2～4.8m，境内地表水系发达，河面率为9%～10%，江、河、湖、海水位较高，导致上海市地下水位较高，潜水位埋深一般在0.5～1.5m。

2. 土地利用率高、不透水面积比例高

目前，上海市建设用地总规模接近规划限值，新增用地空间非常狭小。上海市建成区面积为3124km^2，超过市域陆地面积的45%，现状土地利用率极高。同时根据相关资料，城区土地不透水面积比例高达70%～80%，不透水面积比例极高。

3. 土壤入渗率低

上海市地处长江三角洲前缘河口和杭州湾之间，除表层土壤或人工填土层外，土壤质地主要属于黏壤土、砂质黏壤土和壤质黏土。根据相关研究成果，上海市大部分绿地土壤的入渗率都偏低，稳定入渗率在1.0×10^{-5}m/s以下。

4.4.2.2 建设概况

在《上海市城市总体规划（2016—2035）》中提出，“努力把上海建设成为创新之城、人文之城、生态之城，卓越的全球城市和社会主义现代化国际大都市”。其中在“生态之城”中提出在资源环境紧约束条件下睿智发展、建设绿色低碳的生态环境、提高城市安全保障能力等要求。但是上海市现状雨水排水系统在设施建设与管理方面均与国内外先进水平尚有差距，城市生态、环境保护及水资源利用等考虑不足，单纯在原有市政雨水排水系统基础上进行提标改造等工作，投资量巨大，且难以适应新形势下的发展要求，对降雨径流管理理念和管理方式的优化亟待进行，对于城市水环境质量、水安全体系等方面均提出了较高的要求。上海市在推进海绵城市建设方面采取了以下措施。

1. 建立体制，完善机制

2015年11月，上海市政府办公厅出台《贯彻落实国务院办公厅〈关于推进海绵城市建设的指导意见〉的实施意见》（沪府办〔2015〕111号），明确了上海市海绵建设推进工作机构、政策措施、工作任务等。目前16个区政府和临港、虹桥商务区、国际旅游度假区、长兴岛等管委会都已建立了海绵城市建设推进工作机制，明确了区建委（建交委）为牵头部门，积极推进海绵城市建设。

2. 规划引领，全域覆盖

目前上海市已建立了宏观、中观、微观层面三级海绵城市规划体系。在宏观层面2018年3月上海市政府批复了《上海市海绵城市专项规划（2016—2035年）》，明确了全市海绵城市建设目标，确定了生态保护、生态修复、低影响开发海绵城市整体格局，划定15个水利分片管控分区，确定各分区控制目标和指标要求。在中观层面，编制了16个区和有关管委会海绵城市建设规划（2018—2035年），将全市海绵城市各项规划指标落实到片区。目前16区已编制完成海绵城市建设规划并获批复。在微观层面，围绕集中成片绿化建设改造、中心城区雨水提标改造、建成区黑臭河道治理、低影响海绵地块建设、“五违四必”拆除等区域，编制区块海绵城市建设规划（实施方案），实现了本市三级海绵城市规划全覆盖。

3. 标准引领，强化支撑

2019年11月1日DG/TJ 08—2298—2019《海绵城市建设技术标准》正式实施。2020年6月1日DBJT 08—128—2019《海绵城市建设技术标准图集》正式实施。同时出台了《上海市海绵城市建设工程投资估算指标（SHZO—12—2018)》，为上海市海绵城市建设工程投资估算提供依据。印发《上海市建设项目设计文件海绵专篇（章）编制深度(试行)》，进一步规范和提高上海市建设项目海绵城市建设设计文件质量。此外，《上海市海绵城市设施运行维护规范》和《上海市海绵城市设施运维估算指标》正在编制，为海绵设施的后期运行维护提供依据。

4. 强化管控，落实理念

2018年6月，上海市政府办公厅出台了《上海市海绵城市规划建设管理办法》（沪府办〔2018〕42号)，进一步明确了适用范围、管理体制等，将海绵城市建设理念体现在规划、立项、土地、设计、建设验收移交、运营管理等各个环节，体现了海绵城市建设的全生命周期管理，为上海市开展海绵城市建设提供了重要的管理依据。为体现海绵城市建设的源头管理，在土地出让环节，将建设管理部门提供的海绵城市建设管理要求（年径流总量控制率、年污染径流控制率等指标）纳入土地出让条件。此外在立法工作方面，上海市人民代表大会常务委员会出台《上海市排水与污水处理条例》，对海绵城市建设提出了明确的要求。

5. 国家试点，先试先行

推动浦东新区临港地区79km^{2}国家海绵试点区建设。临港地区围绕建设“生态之城、品质之城、未来之城”的总体目标，以海绵城市建设为抓手，打造中国新时代“未来城市CASE of Future最佳实践区”，海绵城市建设取得了积极的成效。在试点过程中，临港海绵城市建设的制度体系不断健全，编制了专项规划，形成了“1+1+N”的管理制度框架(1个试点实施意见、1个试点管理办法和若干个管理文件)。技术管控不断完善，制定了三年行动计划、指标管控实施细则、施工图审查和海绵设施运行维护要点等。

6. 以点带面，系统治理

到2020年，上海市建成区20%的区域达到海绵城市建设要求，在临港国家海绵试点的基础上，进一步扩大试点范围，确定了16个市级海绵城市建设试点区，总面积约为72km^2。通过一区一试点，各区结合实际，以点带面，推进全市海绵城市建设。通过实施“海绵+”项目，对老旧小区、道路广场、河道水体、公园绿化等不同项目进行改造提升。

4.4.2.3　下一步建设目标

根据上海市人民政府办公厅关于印发《本市系统化全域推进海绵城市建设的实施意见》的通知，上海市海绵城市建设坚持安全为重、生态优先，强化规划引领、分类施策，系统化全域推进海绵城市建设，统筹区域流域生态环境治理和城市建设，统筹城市水资源利用和防灾减灾，统筹城市防洪和内涝治理，以缓解城市内涝为重点，兼顾削减雨水径流污染，实现水安全韧性增强、水环境质量提升、水生态系统健康、水资源利用高效的目标。

到2025年年底，本市建成区40%以上的面积达到海绵城市建设目标要求，松江、青浦、嘉定、奉贤等4个新城建设用地面积50%以上达到海绵城市建设目标要求，南汇新城建设用地面积60%以上达到海绵城市建设目标要求；到2030年年底，上海市建成区80%以上的面积达到海绵城市建设目标要求。

4.4.2.4 上海常见的海绵城市建设技术

1. 源头控制海绵城市建设技术

(1) 绿色屋顶。建筑屋顶作为不透水面可达到城市不透水总面积的40%～50%，如果能充分利用绿色屋顶，那么将会对雨水资源的管理和利用产生非常显著的效果。绿色屋顶对径流的削减量可达30%～50%，对污染物的去除率可达70%～80%，且种植土采用改良土壤，在上海市的适用性好，图4－17为绿化屋顶建设实景。

2003年，上海市政府就屋顶绿化实施方法进行相关调研及计划制订，成为我国第一个以立法形式对屋顶绿化进行规范的城市。2006年10月，上海市绿化部门在《上海市绿化管理条例》中增加屋顶绿化的要求，为屋顶绿化的推广提供法律层面的支持。根据《上海市海绵城市指标体系（试行）》的规定，绿色屋顶面积占宜建屋顶绿化的屋顶面积的比例不应低于30%。

图4－17 绿化屋顶建设实景

(2) 透水铺装。城市道路和广场约占城市用地总面积的10%～25%。采用透水铺装即可从源头上削减雨水径流量，对径流污染物的去除率也可达80%，此外，市政道路采用透水铺装后可以减少积水、反光、噪声，提升行车舒适性和安全性，缓和热岛现象。考虑到实施效果和维护问题，透水铺装可以用在人行道、专用非机动车道、高架道路、步行街、广场等处。图4－18为透水铺装建设实景。

图4－18 透水铺装建设实景

结合上海市已有的工程经验和国外发达城市的相关指标，《上海市海绵城市指标体系（试行）》在国内首次将高架道路透水铺装率列为鼓励性指标，有条件的地区新建高架道路透水铺装率应不低于70%，改建则不低于50%。另外，在上海市铺设透水铺装应注意地下水位的高程，保证其透水性能。对于全透式路面的土基应具有一定的透水性能，土壤透水系数不应小于10^{-6}m/s，且土基顶面距离季节性最高地下水位应大于1m。当土基、土壤透水系数和地下水位高程等条件不满足要求时，应增加路面排水设施。

（3）下凹式绿地。下凹式绿地为适用于建筑与小区、绿地、道路与广场的海绵城市建设技术措施，可以削减雨水量和降雨洪峰、增加设施的雨水缓冲能力、有效缓解初期雨水的污染问题和补充地下水等，但是会存在绿化带内或雨水口附近聚集落叶、垃圾等情况，需要加强维护。图4-19为下凹式绿地建设实景。

图4-19　下凹式绿地建设实景

《上海市海绵城市指标体系（试行）》规定，新建绿地下凹率不低于10%，改建不低于7%。另外，考虑到上海市人均绿地面积少、地下水位高、安全性等多方面因素，下凹式绿地的下凹深度一般为100～200mm，且应注意控制调整好绿地与周边道路和雨水口的高程关系，溢流雨水口顶部标高宜高于绿地50～100mm。为了防止地下水渗漏，应在下凹式绿地种植土层下方设置滤水层、排水层和厚度不小于1.2mm的防水膜；当下凹式绿地边缘距离建筑物基础小于3.0m（水平距离）时，应在其边缘设置厚度不小于1.20mm的防水膜。另外，下凹式绿地对其种植土要求较高，应设置在土壤排水性良好的场地，土壤渗透能力应不低于3×10^{-6} m/s，同时种植土组分要满足一定要求以保证植物生长的需要，如氨氮与硝氮比例应小于4，碳氮比应小于12，pH范围在6.0～8.4，等等。如果原始土壤不符合相关要求，那么必须进行土壤改良。下凹式绿地植物品种应选择当地适生的耐水湿植物和耐污染的观赏性植物，优先选用根系发达、生物量大、净化能力强的植物。

为了保证下凹式绿地功能的发挥，应做好绿地日常土壤管理工作，减少对土壤的机械压实，定期中耕松土，保证雨水入渗速度和入渗量。一般每年检修两次（在雨季之前和雨季中），植物也需要常年维护。

（4）浅层蓄渗。浅层蓄渗是在地下水位以上用多孔空隙材料堆彻成大小、形状不同的可供短暂贮存的雨水连通空间。在多空隙材料底部用渗水材料以提高下渗速率，当暴雨来临时，屋面等相对干净的雨水通过初期弃流和简单预处理后，通过管道或沟渠方式导流进入高孔隙材料空间内短暂贮蓄，暴雨过后雨水继续下渗，超过贮蓄容量的雨水外排。

考虑到上海市的土壤入渗率较低、地下水位高，可采用浅层蓄渗技术增加雨水的入渗量和贮蓄量。浅层蓄渗一般设在绿化、人行道及广场下面，在地下水位较高的情况下，应尽可能降低绿化种植土的高度，或适当提高绿化地的相对高程，使下部孔隙材料的高度增加，从而增加雨水贮蓄量。

2. 中途转输海绵城市建设技术

（1）生态植草沟。生态植草沟可收集、输送和排放径流雨水，对径流总量和径流污染控制均有一定作用，适用于建筑与小区内道路、广场、停车场等不透水面的周边以及城市道路及城市绿地等区域。植草沟也可与雨水管渠联合应用，在场地竖向允许且不影响安全的情况下也可以代替雨水管渠。《上海市海绵城市指标体系（试行）》中对建筑与小区系统提出了生态植草沟用作硬地雨水排放和生态雨水设施有效衔接的技术规定。图 4-20 为生态植草沟建设实景。

图 4-20　生态植草沟建设实景

针对上海市地下水位较高、沟底土壤的入渗率较低的特点，应用于上海市的生态植草沟设计宜在沟底铺设卵石层等滤料层，卵石层中设置多孔渗透管，收集经过植草沟过滤的初期雨水，排至市政排水管道等。此外，生态植草沟对场地有一定要求，边坡坡度不宜大于 1∶3。由于占地较大，生态植草沟在已建城区及开发强度较大的新建城区等区域应用时易受场地条件的制约。

（2）调蓄设施。雨水调蓄设施的形式包含调蓄池、调蓄管涵、水景调蓄设施等。根据在系统中设置位置的不同，雨水调蓄池又可以分为末端调蓄池和中间调蓄池，末端调蓄池主要用于初期雨水污染的控制，对管网优化运行作用不大；中间调蓄池用于雨水收集利用，可以改善系统管网的运行状况。《上海市海绵城市指标体系（试行）》中对建筑与小区系统提出了“单位硬化面积蓄水量”这一约束性指标，要求在硬化面积达 $1hm^2$ 及以上的新建项目中要有不低于 $250m^3/hm^2$ 的硬化面积，以满足建筑与小区年径流总量控制目标的要求。

目前，上海市已建成都路、新昌平、梦清园（图 4-21）等 11 座雨水调蓄池，多集中在苏州河和世博区域，主要截流储存初期雨水，系统截流倍数可从 3.87 倍提高到 6.90～9.92 倍，有效控制溢流污染，为上海市水环境质量的提升作出了较大的贡献。考虑到上海市中心城区城市化水平高、已建城市区域改造难度大等现状因素，中心城区实现年径流总量控制和年径流污染控制目标仍然更多地需要依靠调蓄设施，包括深层调蓄隧道等。

3. 末端排放海绵城市建设技术

（1）湿塘与雨水湿地。湿塘与雨水湿地的构造相似，一般由进水口、前置塘、沼泽

图 4-21　上海苏州河沿岸市政泵站雨水调蓄池（梦清园）工程

区、出水池、溢流出水口、护坡及驳岸、维护通道等构成，常合并设计，具有雨水调蓄、净化多重功能，其占地面积较大，对场地的要求较高。

考虑到上海市的特点，湿塘与雨水湿地的应用范围包括具有一定空间条件的高档建筑与小区、城市绿地、滨水带等区域。湿塘与雨水湿地建设实景如图 4-22 所示。

图 4-22　湿塘与雨水湿地建设实景

（2）生态护岸。生态护岸利用植物或者植物与土木工程相结合，对河道坡面进行防护的一种河道护坡形式，其集防洪效应、生态效应、景观效应和自净效应于一体，可以削减雨水径流进入河道的污染负荷。目前，上海市河道生态护岸比例较低，仅为 40%左右，《上海市海绵城市指标体系（试行）》水务系统中规定河湖水系生态防护比例作为约束性指标，其指标值应不低于 75%。

对于上海市河道硬质护岸的生态化改造，在河道狭窄、河道两岸建筑密集、拓宽河道有限的中心城区，可以采用直立式挡墙护岸生态改造，在护岸临水侧河底设置种植槽，墙顶有绿化空间的，可以在绿化空间内布置藤本类或者具有垂悬效果的灌木类植被，无绿化空间的，可以在挡墙外沿墙面设置种植槽；也可以在直立挡墙顶悬挂长条形生态植生袋，遮挡直立式挡墙。在周边用地宽裕的郊区，可以采用斜坡式护坡改造，护坡表面采用框格填充生态袋、框格填充耕植土草皮等护面结构等。

关于生态护岸相关内容详见 4.1。

4.4.3　典型案例

4.4.3.1　临港海绵城市建设

临港新片区海绵城市建设以保护滴水湖水质为核心，通过强化新区规划管控，从自然本底保护、竖向控制、绿地系统管控、蓝线绿线范围、径流总量控制等规划管控要求着手，统筹开展滴水湖流域水环境保护、水生态治理与水安全保障工作，改善滴水湖水质。在试点期间，建成环湖 82.3hm^2 的景观绿带以及 36km 透水铺装海绵型道路，在充分发挥净化、渗蓄功能的同时，为居民开放大量滨水公共空间，还湖于民；新开河道 20km 以上，新增调蓄湖面约 40hm^2，区域河面率达到 12.06%，调蓄空间大幅上升，水安全调度得到有效保障，成功经受住超强台风“利奇马”的考验。修复环湖湿地，野生动物栖息有地，鱼游浅底生态灵动。试点区通过将“治涝”与“除黑”系统结合，让滴水湖水质在保持稳定的基础上逐年好转，湖区主要污染指标均接近地表水Ⅲ类标准。图 4-23 为临港海绵城市建设实景。

(a) 滴水湖岸

(b) 生态陶瓷透水砖

(c) 碎石路面

(d) 滨河湿地

(e) 人工表流湿地

图 4-23　临港海绵城市建设实景

4.4.3.2 长宁精品小区建设

长宁区制定了《长宁区国际精品城区精细化管理三年行动计划》，将精品小区建设作为重点任务，提出“每年100万m^2”计划，明确指出以24个必备项、5个选择性项与1个民生项的菜单式项目表为改造内容，将小区海绵化改造列为必备项之一同步实施。华山花苑位于长宁区新华街道，改造面积约为1200m^2，海绵化改造试点工程结合精品小区建设同步进行，采用的海绵技术主要有：生态陶瓷透水砖铺装、光伏能源收集系统、绿化微喷灌系统、垂直绿化、雨水回用系统、雨水花园等，长宁精品小区建设实景见图4-24。通过区域性试点，利用这些技术对雨水进行吸纳和净化，缓解广场及小区主干道排水设施的压力，达到自然积存、自然渗透、自然净化的海绵城市效果，得到了居民的一致好评。

(a) 透水铺装

(b) 雨水花园

图4-24 长宁精品小区建设实景

4.4.3.3 虹口区虹湾绿地

虹湾绿地位于虹口区江湾社区地块。项目占地面积为16351m^2。该项目运用海绵城市建设理念，结合地块实际，建设了生态雨水花园。该项目在整体形态上，依托线性景观元素串联起环状竖向空间的公园绿道系统。钻石形态的静态水面与生态绿链形成蓝绿相映的生态空间。设计结合亲水茶室、艺术雕塑、景墙、墙面喷绘涂鸦等景观元素，共同构成虹湾绿地核心的海绵景观空间。项目以绿化种植为主体，在生态优先原则指导下，实现生态防护、休闲游憩、雨水收集、科普示范、公共服务、景观观赏等融合。虹口区虹湾绿地公园建设实景见图 4－25。

图 4－25　虹口区虹湾绿地公园建设实景

4.4.3.4　杨浦南段滨江公共空间和综合环境改造一期

杨浦南段滨江公共空间和综合环境改造一期滨江岸线全长 493m，工程占地面积 26825m^2。项目建设内容包括公共绿化、广场、道路、防汛墙、岸线、配套设施等，杨浦南段滨江公共空间实景见图 4－26。该项目通过微地形调节，因地制宜利用现状地形，建设雨水花园，用于雨水收集、滞留。雨水花园常水位为 3.10m，最高水位为 3.90m，可调蓄雨水量约为 738m^3，基本可以满足绿地浇灌用水量，通过"渗、蓄、滞、净、用、排"等方式，使雨水就地消纳和吸收利用，合理控制雨水径流，节约水资源，从而保护场地水文现状，缓解区域内涝，调节城市微气候。该项目在慢行道路系统建设中，结合现状及实际情况在道路、人行道、慢行道路及绿地采用透水铺装，面积约达 2800m^2。透水铺装的应用有效增加雨水自然下渗，减少地表径流，减少土壤和水体污染。从而实现雨水自然渗透和自然净化。

图 4－26　杨浦南段滨江公共空间实景

4.4.3.5　彩色透水人行道

普陀区枣阳路（金沙江路至光复西路）长 1.256km，东西两侧铺设了黄色胶黏石铺面的林间绿化步道，花溪路 1km 人行道也改建成红色橡胶沥青混凝土铺面的健身步道，彩色透水人行步道实景见图 4－27。普陀区丹巴路，人行道改用透水型钢渣板砖，以废弃钢渣为原材料，废物利用，成本较低，还具有强透水性，遇到下大雨，路上不容易积水，可减轻城市排水压力，砖块表面呈微小凹凸，摩擦系数大，防止路面反光，还能吸收部分噪声。浦东新区临港新片区海港大道、临港大道、申港大道等路段修建了蓝色骑行道、黑色人行道、红色健身步道，均采用透水结构。在世纪公园周边，有锦绣路、花木路、芳甸路等3条长达5km环公园健身透水步道。此外，目前上海市多个街区正在开展健身步道、人行步道系统建设，均采用透水海绵结构，新建住宅小区也多采用人车分流，人行步道采用透水结构等，起到了很好的生态和水土保持效果。

图4-27　彩色透水人行步道实景

4.5 “农林水”联动建设

“农林水”联动建设是一种综合性的城乡规划和发展理念，旨在协调农业、林业和水利资源的利用，促进农村经济的可持续发展。这种联动建设强调不同领域之间的协同作用，以实现农村社区的全面发展。

4.5.1 建设背景

在“十三五”之前，上海市设施农业、农田水利、农田防护林建设等存在一些薄弱环节和突出问题：一是地势低洼易涝，抗灾能力较弱；二是灌排设施老化，养护管理不善；三是村沟宅河淤积，环境面貌较差；四是部分河道污染和水土流失严重，水体质量较差；五是田块零碎分散，影响规模效益；六是农田防护林普遍缺失，存在水土流失隐患。相关问题不仅制约了上海市国家现代农业示范区和美丽乡村建设的目标，也不利于全市水土保持工作的持续推进。

为了全面推进上海市农业、林业和水利现代化，上海市水务局会同市农委、市林业局等单位共同研究，先后于2015年、2018年制定印发《上海市2015—2017年农林水三年行动计划》和《上海市第二轮农林水三年行动计划（2018—2020年）》，计划围绕全市200万亩永久基本农田，坚持“农业和农村基础设施建设要以规划为先导，农林水联动、田宅路统筹、区域化推进”的思路，通过“工作项目化、项目目标化、目标责任化、责任考评化”来促进农业、林业和水利协调发展，以期基本实现“田成方、林成行、渠成网、路通畅”的目标。

4.5.2 建设内容及成效

4.5.2.1 第一轮农林水三年行动计划

一是围绕上海市粮食生产功能区、设施菜田和特色果品产业园区建设，重点配套农机库房、大棚以及粮食烘干设施等。二是结合新型城镇化建设、美丽乡村、农村环境治理，以及设施粮田、设施菜田建设，进一步加大农村地区农田林网和"四旁林"建设力度，增加森林资源，有效提高森林覆盖率。结合新建河道整治工程，配套河道防护林建设，实现水、岸、绿同步，新增农田林网和河道防护林面积 2.85 万亩。三是以 16 个农业乡镇为重点，聚焦 50 个片区，建设都市现代农业示范片 12 万亩，同时开展面上粮田、菜田、经济作物水利设施配套 33 万亩；持续推进松江、金山、青浦等区低洼圩区达标建设，改造低洼圩区 70 个，改善排涝面积 35 万亩；整治设施菜田机口引水河、重点污染河道以及断头浜 600km；加快推进河道养护作业市场化，全面提高河道维修养护作业水平，计划轮疏镇村级中小河道 6000km、土方 4500 万 m^3；全面推进农田排涝设施的规范化管理，探索农田灌溉设施长效管理机制。

4.5.2.2 第二轮农林水三年行动计划

聚焦全市 9 个郊区、20 个乡镇、60 个片区，以粮食功能区和蔬菜保护区为重点，到 2020 年新建完善都市现代农业示范片 15 万亩。实施 10 万亩农田水利配套，进一步提升农田灌排能力；实施农村生活污水处理 6.7 万户，整治和疏浚 1246km 中小河道，进一步提升农村水环境面貌；新建 1.4 万亩农田林网和河道防护林，进一步提高本市森林覆盖率；建设 8020m^2 仓库、4300m^2 晒场，进一步提升农业生产保障能力。

4.5.2.3 成效

农林水联动建设是一种工作方式和模式的创新，在工作推进中强调统筹协调，形成合力，区域化有序推进，避免了多头管理的弊端。通过两轮农林水联动建设，至 2020 年新建完善粮田 117.8 万亩，其中高标准粮田 17.8 万亩、都市现代农业示范片粮田 27 万亩、设施配套粮田 73 万亩；新建完善设施菜田 22 万亩，其中保护地设施菜田 10 万亩、露地设施菜田 12 万亩等。通过整合资金、整合项目，实现农业、林业和水利协调发展，基本建成了"农田成方、绿树成荫、水系畅通、水质洁净、灌排高效"的农田设施，打造了与上海国际大都市相匹配的都市现代绿色农业。

4.5.3 对水土流失防治的作用和意义

4.5.3.1 降低农业耕作过程中的土壤流失

农业耕作过程对地表扰动强度大，特别是上海市汛期雨量大且集中，在强降雨的情况下，农田极易产生冲刷侵蚀，不良的排水条件则又加剧了土壤流失。实施农林水联动建设、发展设施农业，实现规模化、机械化和集约化生产，具有以下水土保持功效。

(1) 改变微地形。通过设施农业建设改变了农田微地形，增加了地面粗糙度，强化降水就地入渗，拦蓄、削减或制止冲刷土体。

(2) 增加地面被覆。通过设施农业建设，实施轮作、间作、套种、带状间作、休闲地种绿肥、秸秆还田、地膜覆盖、温室大棚建设、零碎分散地块规整化等，可改善和增强地面抗蚀性能。

(3) 提高土壤蓄水容量。通过设施农业建设，对土壤深松、深耕、增施有机肥等，可提高土壤持水能力和土壤抗蚀性能。

(4) 少耕或免耕。通过设施农业建设，有计划地采用留茬播种、少耕法、免耕法等，可减少土壤水分蒸发和水土流失。

(5) 完善田间排水沟渠和灌溉系统。通过完善田间排水沟渠，可以快速排出汛期农田积水，减少了水流冲刷；通过灌溉系统和节水农业建设，可以有效地降低灌溉水量，也避免了大水漫灌造成的土壤冲刷。

4.5.3.2 降低风蚀水蚀发生的可能

上海市农田土壤总体偏砂，特别是长江口的崇明、长兴、横沙等岛屿土壤砂性明显、结构松散，表层土壤易产生风蚀。此外上海地处东南沿海，受季风影响明显，大风天气多，进一步增加了土壤风蚀的可能。风蚀不仅造成土壤流失，还会产生大气粉尘污染，对局部区域生态环境造成不良影响。通过营造农田防护林和河道防护林，具有以下水土保持功效。

(1) 可改善区域小气候，降低风速20%～30%，也减少了土壤蒸发，使土壤保持湿润状态，从而降低风蚀的产生。

(2) 通过防护林的建设，在一定程度上防止雨滴直接打击地表，削弱雨滴对土壤的溅蚀作用。

(3) 防护林根系具有固持土壤的作用，也改善了土壤物理、化学性质，提高了土壤的透水性和蓄水能力，保持水土并提高土地生产力。

特别是对于崇明岛，在全国水土保持三级区划中属“江淮下游平原农田防护和水质维护区”，农田防护是水土保持的首要功能，发展农田防护林和河道防护林建设，也充分契合了这一理念。

4.5.3.3 控制河道水土流失

农林水联动建设的重要内容之一是整治和疏浚农村中小河道，这不仅能提升农村水环境面貌，也控制了区域水土流失。

4.5.4 设计和施工

农林水联动建设主要是工作机制和体制的一种创新，但是相关设计和施工均相对较为常规，相关内容已分散在4.1、4.2等章节中细化介绍，本节不再赘述。

4.5.5 典型案例

4.5.5.1 项目区原始情况

1. 农业生产情况

松江区叶榭镇位于黄浦江南岸，是该区重要的农业生产基地。项目区位于叶榭镇的南部和东部，东至千步泾与奉贤区毗邻，南至镇界临金山区、奉贤区，西临泖港镇，北至叶新公路、卫星港、辕门路、红先港、黄浦江，规划面积5.8万亩，其中粮田面积3.7万亩。整个区域涵盖井凌桥、大庙、东勤、兴达、东石、八字桥、马桥、同建、金家8个行政村。

在农业结构布局上，叶榭镇确立了“多种粮、精种菜、优瓜果”的发展定位。在农业生产模式上，按照“依法、自愿、有偿”的原则推进土地流转。农业生产模式主要有3种：一是以家庭农场模式组织粮食生产，到2014年年底，全镇共有粮食生产家庭农场

300户，承包粮食面积3.6万亩，占全镇粮食面积的96.2%。其中机农一体家庭农场133户，经营面积1.5万多亩。二是以规模化基地模式组织蔬菜生产，本地蔬菜承包大户共7家，年地产蔬菜3.9万t。三是以"种养结合"模式组织生猪养殖业，主要依托从事规模化养猪的松林公司，发展"种养结合"家庭农场的共10户、蔬菜种植结合户1户。

2. 农田水利设施原始情况

(1) 设施老化，灌溉效率偏低。个别灌区泵站建设年代较早，土建结构破损，水泵老化严重，处于超期运行状态，故障频发，维修费用逐年增高，致使水资源浪费严重，灌溉水利用率低，灌溉效益大幅度衰减。由于退果园为粮田、灌溉区域调整等原因，泵站设计流量无法满足灌水率要求，需要新建灌溉泵站及配套渠系。

(2) 种植结构调整，设施无法使用。由于新复垦土地以前多为果园，当时建设渠系功能为满足果园排水要求，渠道压顶较低，无法满足粮田灌溉需求。同时复垦后地面存在高差，给农田灌溉、耕作带来很大的困难，需要进行土地平整。

(3) 田间道路缺失，不能满足生产和生活的需求。田间土路不仅给农机耕作、农民出行带来不便，还造成了水土流失和空气扬尘污染。较差的农业生产条件无法满足高标准农田生产、运输、生态环境保护的要求。

(4) 引排水河道淤积，灌溉排水困难。区域部分河段为自然土坡，土壤流失和河道淤积严重，水环境质量较差。

4.5.5.2 工程规划设计

实施农林水联动建设，在尊重自然、因地制宜的原则下，对现有空间进行改造，着力提升空间品质，充分提升居民的生活水平，形成"田成方、林成带、路成环、河成网、沟（渠）成系、宅成园"的总体布局，打造可持续、可复制、可推广的都市现代农业示范区。

1. 区域灌区规划调整

依据农业功能的区分，建成"井凌桥-大庙示范片区""东勤-东石-兴达示范片区""八字桥-马桥-同建-金家示范片区"等3个现代农业示范片区。农业示范片区内灌区较多且较为分散，通过实施郊野公园规划、土地减量化项目将成片农田内零星村落实施搬移，确保土地规整性。同时对位于村域边界的不规整灌区，以提高灌溉效率和节省能源消耗为目的，打破村域界限重新进行规划。

2. 水网路网林网重新布局

示范区内河道水系丰富，但是断头河较多，水系不畅，灌溉水质难以提高。在充分考虑和利用现状地形、地质等自然条件的基础上，按照"满足水利规划、少占地、少动迁"的原则，重新梳理现状水系，新开河道，打通阻水瓶颈，做到布置合理、协调美观。规划基本保持现有道路的形态，将部分对外交通道路取直，实施新开。对不满足规划要求的路段实施拓宽和延伸。利用现有田间道路，基本保持现有道路的形态，对部分不满足规划要求的路段，实施改建或新建，将道路连接成环，构筑四通八达的交通体系。

农田林网沿规划主干道路、河道镇界及零星三角地布置。布置范围为主干道路单侧3m、东西向道路南侧3m、南北向道路西侧3m，以及河道两侧各6～15m、镇域边界内15m。

3. 农田格子化划分

将区域内零星村落搬移至镇区或河道侧集中村落范围，确保田块的规整性，提高土地利用率，使其成为示范片区一大亮点。农田格子化后，基本形成两种类型：一是小田块，规划田块长度为80～100m，宽度为18～25m，以此为基础布置明渠、明沟和支路；二是大田块，规划田块长度增加至160m左右、宽度40m左右，以此为基础布置灌排明渠和支路。

4.5.5.3 实施效果分析

（1）农田灌排能力明显提升。叶榭镇通过农林水联动建设，灌排体系更加完善，提升了农田水利设施标准。通过高效节水技术的推广应用，进一步促进了农业节水、节地、节能、节工。

（2）农村人居环境明显改善。拆坝建桥、水系沟通等工程的实施有效地增加了河道水面积和河道调蓄容量，增强了河道内水体的流动性和自净能力，极大地改善了水环境。通过沿河布置绿化景观、休闲步道、亲水平台等设施，提升和改善农村地区人居环境。

（3）农业生产能力明显增强。农机库房、田间机耕路的建设方便了大型农机操作，改善了分散经营的农业种植模式，调整了农业种植结构，促进了农业生产方式的规模化、机械化、集约化。

（4）水土流失情况明显缓解。设施农业、农田林网、河道防护林、水系整治的建设和实施降低了地表扰动、冲刷和风力侵蚀，保持了土壤并提高了土地生产力。

农林水建设成效见图4-28。

说明：本案例引自上海市水利管理处李瑜、邓继军所著的《对推动上海农林水联动建设的思考》一文。

图4-28 农林水建设成效

4.6 生态清洁小流域建设

4.6.1 定义与内涵

4.6.1.1 定义

小流域是指面积小于$50km^2$的集水单元，通常以地表水分水线所包围的集水或汇水范围确定为小流域边界。因此，小流域可以理解为面积小于$50km^2$的地表水分水线所包围的集水或汇水区域。以小流域为单元开展水土流失综合治理是我国水土保持工作的主要做法与经验。

生态清洁小流域是指在传统小流域综合治理的基础上，将水资源保护、面源污染防治、农村垃圾及污水处理等结合到一起的一种新型综合治理模式。

4.6.1.2 内涵

随着经济社会的发展和人民生活水平的提高，人们越来越重视与期盼山青、水绿、景美、洁净的人居环境。根据各地实践经验，生态清洁型小流域建设基本内涵可概括为：以小流域为单元，针对地形地貌、自然生态环境、土地利用方式等特点和水土流失、农业面源污染、水环境与生态环境破坏等突出问题，遵循小流域水土保持生态环境建设基本规律，因地制宜，因害设防，坚持工程、植物、农业技术措施相结合，坚持生态修复、生态治理、生态保护相结合，坚持水土保持与环境保护、景观建设相结合，开展山、水、田、林、湖、路系统整治，达到保持水土、涵养水源、控制污染、净化水质、畅通河道、美化环境的目的。

4.6.2　建设背景与发展历程

我国小流域综合治理起步于20世纪80年代初，此后以小流域为单元进行水土流失综合治理逐渐成为水土保持工作的基本方略。经过40多年的发展，小流域水土流失治理经历了初期的以水土保持工程建设为主的“工程型”小流域治理，到中期的人工治理与自然生态修复相结合的“结合型”小流域治理，再到目前人工治理、生态修复、清洁保护并重的“生态清洁型”小流域治理3个阶段。

2011年3月1日实施的《中华人民共和国水土保持法》第三十五条明确指出，“在水力侵蚀地区，地方各级人民政府及其有关部门应当组织单位和个人，以天然沟壑及其两侧山坡地形成的小流域为单元，因地制宜地采取工程措施、植物措施和保护耕作等措施，进行坡耕地和沟道水土流失治理综合治理”。

2011年中央一号文件《中共中央　国务院关于加快水利改革发展的决定》第十三条提出，“搞好水土保持和水生态保护。实施国家水土保持重点工程，采取小流域综合治理、淤地坝建设、坡耕地整治、造林绿化、生态修复等措施，有效防治水土流失”。

2016年中央一号文件《中共中央　国务院关于落实发展新理念加快农业现代目标的若干意见》提出，“实施新一轮退耕还林还草工程，扩大重金属污染耕地修复、地下水超采区综合治理、退耕还湿试点范围，推进重要水源地生态清洁小流域等水土保持重点工程建设”。

中共中央办公厅、国务院办公厅发布的《关于加强新时代水土保持工作的意见》中提出，“全面推动小流域综合治理提质增效。统筹生产生活生态，在大江大河上中游、东北黑土区、西南岩溶区、南水北调水源区、三峡库区等水土流失重点区域全面开展小流域综合治理。各地要将小流域综合治理纳入经济社会发展规划和乡村振兴规划，建立统筹协调机制，以流域水系为单元，整沟、整村、整乡、整县一体化推进。以山青、水净、村美、民富为目标，以水系、村庄和城镇周边为重点，大力推进生态清洁小流域建设，推动小流域综合治理与提高农业综合生产能力、发展特色产业、改善农村人居环境等有机结合，提供更多更优蕴含水土保持功能的生态产品”。

因此，生态清洁型小流域建设是新时期水土保持工作的重点任务。

4.6.3　基本要求

4.6.3.1　建设目标

小流域内水土流失得到控制，固体废弃物、垃圾或其他污染物得到有效处理，农田中化肥、农药及重金属残留物的含量符合相关规定，推广有机农业，水土资源得到有效保护与合理利用，实现人与自然和谐发展。

4.6.3.2　建设原则

以小流域为单元，以水源保护为中心，以控制水土流失和面源污染为重点，坚持山、水、田、林、路、村、固体废弃物和污水排放统一规划，预防保护、生态自然修复与综合治理并重。

4.6.3.3　建设内容

生态清洁小流域建设内容主要包括综合治理、生态自然修复、面源污染防治、垃圾处置、村庄人居环境改善及沟（河）道及湖库周边整治等，各项措施的布局应做到因地制宜、因害设防、与周边景观相协调。

4.6.4　典型措施配置

《关于加快太湖流域片生态清洁小流域建设的指导意见》中指出，开展生态清洁小流域建设，应分区布局、配置各项措施，实施好生态修复、综合治理、面源污染防治、人居环境改善、河湖周边整治等，因地制宜、因害设防，与周边景观相协调。生态清洁小流域建设主要措施配置要求如下。

1. 生态修复区

生态修复区一般位于山高坡陡、远离村庄的集水区上部地带，要实施封育保护，禁止滥砍滥伐、开垦、炼山等活动，退耕还林，加强林草植被保护，充分依靠大自然的力量进行生态修复，在自然植被较差的地方辅以人工治理，实施抚育与补植、建设水源涵养林和生态保护林、生态移民等措施，促进林草植被恢复，改善生态环境，涵养水源，保护水土资源。

2. 综合治理区

综合治理区一般位于生活、生产活动集中的集水区中部地带，需采取综合治理措施。一是做好水土保持工程和植物措施，包括坡耕地治理、经济林治理、荒坡地治理、裸露面（遗留矿山裸露面）治理、沟壑治理、建设小型蓄排引水工程和植树种草等。二是做好面源污染防治，包括发展生态农业，调整和优化农业用肥结构，鼓励和引导增施有机肥、农家肥，实施测土配方施肥，减少化肥用量；禁止使用高毒高残留农药，推广高效低毒、生物农药；加快转变水稻田漫灌方式，改造排灌渠系，发展高效节水灌溉，提高灌溉水利用率；山坡梯田建设生态沟渠，蓄存农田径流、降低氮磷营养物负荷等。三是做好人居环境整治，包括达标排放生活污水，做好农村生活污水收集、处理设施建设，提高生活污水纳管率；建立生活垃圾运行管理机制，做好收集、运输和集中处置；加强畜禽养殖整治；建设沼气池、集污池、化粪池等设施，集中处理和利用人畜粪便；做好绿化美化，加强农村“四旁”绿化建设，以及道路整治、农居改造等，同时加强宣传以提高村民的文明意识。

3. 河湖周边整治区

河湖周边整治区位于沟道、河道、水库、湖泊、塘坝周边一定范围内，一般分布在小流域下部地带，需要采取沟道防护、护坡护岸、河道疏浚、加固堤防水闸、建设缓冲过滤带、绿化美化等措施，防治水土流失、治理水环境、改善水质，平原河网区还应推进河湖水系连通，促进水循环；加强日常管理与执法的巡查检查，及时发现和处置违法侵占水域岸线、未批先建水工程与涉河项目、非法采砂与排污、随意弃土弃渣等违法行为。通过实施工程与管理措施，实现“水清、岸绿、河畅、景美”的优美水生态环境。

4.6.5　上海市生态清洁小流域建设

4.6.5.1　建设背景

近几年上海市水环境治理经历了补短板的两个阶段：一是消除黑臭水体阶段，集中治理全市黑臭水体；二是整治面广量大的劣Ⅴ类水体阶段，经过持续加大投入和治理力度，目前全市黑臭水体和劣Ⅴ类水体已基本消除，水环境治理工作取得显著成效。

但是受到各种因素的限制，也存在以下“四多四少”的问题：一是单独治水多，系统谋划少；二是单河治理多，联片治理少；三是硬质工程多，生态修复少；四是单项功能治理多，综合功能提升少。上述问题也制约了全市水环境、生态环境的进一步提升。

基于此，上海市提出要以生态清洁小流域建设为契机，将水源保护、水质改善、面源污染防治、人居环境改善等有机地结合和统一规划，开展水林田湖草系统治理，协同推进生态环境建设，在《上海市水土保持“十四五”规划》和《上海市水系统治理“十四五”规划》中提出了具体建设要求。

4.6.5.2　建设目标

到 2025 年，上海市将建成“42＋X”个“河湖通畅、生态健康、清洁美丽、人水和谐”的高品质生态清洁小流域（单元），小流域内各类污染源得到有效控制和治理，水质提升至Ⅳ类及以上，水系生态良好，人居环境优美，为建设幸福河湖水系和深入实施河长制湖长制提供示范引领。

到 2035 年，计划建成与流域片基本实现现代化相适应的生态清洁小流域体系，促进人与自然和谐共生。

4.6.5.3　分类

根据《上海市生态清洁小流域建设总体方案》，上海市生态清洁小流域分为如下四类：一是在江河源头、重要水源地保护区，统筹区域保护和流域治理，以涵养水源、水源地周边河道水质保护为重点的水源保护型生态清洁小流域；二是在长三角绿色生态示范区、虹桥商务区、自贸区新片区、崇明生态岛等地区，统筹经济发展与河湖保护，以大力发展绿色产业为重点的绿色发展型生态清洁小流域；三是在中心城区以及郊区新城，统筹防汛安全与河湖保护，以水环境改善与水景观建设为重点的都市宜居型生态清洁小流域；四是在城郊及具有江南水乡、民俗旅游资源优势的地区，统筹乡村发展与河湖保护，以保护原生态、水环境提升与乡村振兴为重点的美丽乡村型生态清洁小流域。

4.6.5.4　建设总体布局

上海市是典型的平原河网地区，全市范围内没有山区和丘陵区，也不存在传统意义上的“小流域”，传统生态清洁小流域划分方式和治理模式不能在上海市生搬硬套。

基于此，上海市创新性地提出以行政区划为基础划分“小流域”，便于充分发挥河长制、湖长制平台作用。中心城区以区为单元，郊区一般以街镇（乡）为单元，全市共划分为 150 个小流域，其中水源保护型 15 个，绿色发展型 34 个，都市宜居型 41 个，美丽乡村型 60 个。上海市生态清洁小流域分类统计表见表 4 - 9。中心城区规划生态清洁小流域合计 7 个，包括黄浦区、静安区、虹口区、杨浦区、徐汇区、长宁区、普陀区。郊区规划生态小流域合计 143 个，其中闵行区 14 个，嘉定区 12 个，宝山区 12 个，金山区 11 个，青浦区11个，松江区18个，浦东新区36个，奉贤区11个，崇明区18个。

表4-9　　上海市生态清洁小流域分类统计表　　单位：个

序号	行政区名称	水源保护型	绿色发展型	都市宜居型	美丽乡村型	合计
1	闵行区	2	3	2	7	14
2	嘉定区	0	2	3	7	12
3	宝山区	1	0	7	4	12
4	金山区	0	2	0	9	11
5	青浦区	3	5	3	0	11
6	松江区	5	1	4	8	18
7	浦东新区	0	5	12	19	36
8	奉贤区	2	1	2	6	11
9	崇明区	2	15	1	0	18
10	中心城区	0	0	7	0	7
合计		15	34	41	60	150

小流域下的治理单元划分以水系的自然特性为主，以便于系统联片治理，中心城区一般以骨干水系为治理单元（表4-10），共划分为11个，郊区一般以村落水系为治理单元，共划分约1563个，全市治理单元共1574个。

表4-10　　中心城区骨干水系治理单元一览表

序号	行政区	骨干水系单元	包含主要河道
1	杨浦区	新江湾城水系	小吉浦、新江湾城水系、随塘河
2		杨浦浦港—虬江水系	杨树浦港—东走马塘—虬江
3	虹口区	虹口港水系	俞泾浦、沙泾港、虹口港、南泗塘、西泗塘等
4	静安区	彭越浦—东茭泾水系	彭越浦、东茭泾、走马塘、夏长浦
5	普陀区	桃浦河水系	桃浦河、桃浦工业区水系、真如水系、外浜水系
6		新槎浦水系	新槎浦、西虬江、桃浦镇水系
7	长宁区	新泾港水系	新泾港、新渔浦、周家浜、午潮港等
8		外环西河水系	外环西河、临空水系、许渔浦等
9	徐汇区	龙华港-蒲汇塘水系	龙华港、漕河泾港、蒲汇塘、上澳塘、机场河等
10		张家塘港水系	张家塘港、梅陇港、北潮港、春申港等
11		华泾水系	华泾港、东新港、西新港、关港水系

4.6.5.5 主要评价指标

生态清洁小流域评价指标是规划、建设和管理的重要指引和依据。参照国内省市的先进做法和上海市的实际情况，上海市生态清洁小流域评价指标分为4类共11项指标，根据小流域类型的不同，各项指标及指标值有所差异，见表4-11。

表4-11　　上海市生态清洁小流域主要评价指标

序号	指标类型	指标名称	指标值			
			水源保护型	绿色发展型	都市宜居型	美丽乡村型
1	水质评价指标	小流域区域水质	Ⅱ～Ⅲ类	Ⅳ类及以上	Ⅳ类及以上	Ⅳ类及以上
2	水土流失治理评价指标	土壤侵蚀强度	<轻度	<轻度	<轻度	<轻度
3		林草面积占比/%	>90	>85	>80	>85
4		水土流失综合治理程度/%	>95	>90	>85	>90
5	污染控制和治理评价指标	每年化肥使用量/(kg/hm^2)	<250	<250	/	<250
6		生活污水处理率(城乡)/%	≥95	≥95	≥95	≥95
7		工业废水达标排放率/%	100	100	100	100
8		规模化养殖污水处理率/%	畜禽养殖粪污资源化综合利用率100%，水产养殖尾水达标排放率100	畜禽养殖粪污资源化综合利用率≥96%，水产养殖尾水达标排放率≥80	/	畜禽养殖粪污资源化综合利用率≥96%，水产养殖尾水达标排放率≥80
9		生活垃圾无公害化处理率/%	100	100	100	100
10	水系治理评价指标	河湖面积达标率/%	100	100	100	100
11		河湖水系生态防护比例/%	≥80	≥75	≥65（中心城区可按≥60）	≥75

1. 水质评价指标

小流域区域水质：生态清洁小流域以治水为核心，水又是生态中的关键要素，因此，将小流域的水质作为核心指标。

2. 水土流失治理评价指标

土壤侵蚀强度：水土流失状况是反映流域生态环境的主要方面，土壤侵蚀强度作为衡量水土流失的主要指标，是流域综合评价和规划治理的基本依据。

林草面积占比：指林草保存面积占宜林宜草面积的比例，植被覆盖率是考察流域生物资源和生态环境的基本项目，被广泛应用于区域和流域的生态评价中。

水土流失综合治理程度：水土流失治理达标面积占水土流失总面积的比例，是反映水土综合治理成效的指标。

3. 污染控制和治理评价指标

每年化肥施用量：化肥施用是引发面源污染的重要因素，化肥施用强度是判断是否发生污染及其程度的基本指标。

生活污水处理率（城乡）：城乡生活污水量大，其处理率直接影响到受纳水体水质。

工业废水达标排放率：工业废水达标排放率指的是达标排放的工业污水占工业污水总量的比例，是考察流域水污染控制水平的主要依据。

规模化养殖污水处理率：规模化养殖是本市乡村面源污染的重要因子，对小流域的污染负荷的贡献率不容忽视。结合上海市的实际，采用畜禽养殖粪污资源化综合利用率和水产养殖尾水达标排放率两项指标予以评价。

生活垃圾无公害化处理率：指的是经过收集并采取无公害化方式处置的生活垃圾占流域内生活垃圾的总量，是反映城乡控制污染和改善民居面貌的一个重要指标。

4. 水系治理指标

河湖面积达标率：河湖面积是保障流域防汛安全、维持生态健康及营造环境的重要指标。

河湖水系生态防护比例：指的是采用生态护岸长度占总护岸长度的比例，对于河道生态系统的维护和改善具有重要意义。

4.6.5.6　主要建设内容

针对不同类型生态清洁小流域，统筹规划、分区布局，问题导向、因害设防，因地制宜实施河湖水系治理、面源污染治理、水土流失综合防治、生态修复及人居环境改善等建设任务。

1. 河湖水系治理

（1）水域岸线管理与保护。保护河湖生态空间，实施严格管控，禁止随意侵占河湖空间。加强河湖水域保洁、打捞水上漂浮物。以淀山湖、元荡、太浦河等骨干河湖为重点，加强河湖蓝线用地规划管控，通过划界工作切实加强河湖和水利工程管理与保护，充分发挥水利工程效益，维护河湖综合功能和可持续利用。

（2）河湖水系生态治理。通过河湖水系生态治理，进一步稳定提升中小河湖水质。结合地区规划开展河湖水系综合整治，通过新开、疏拓整治等，完善河网整体功能，提升区域河湖面积率；以“水清、岸绿、河畅、景美”的江南水乡风貌为目标，强化生态治理理念，通过实施生态护坡护岸、清淤清障、人工湿地、建设缓冲过滤带、绿化美化等措施，集中连片开展河湖水系生态治理，进一步改善水环境质量和陆域景观面貌。

实施活水畅流建设，增强中小河湖连通性。通过拆坝建桥、新开河道等措施实施断头河连通工程，增强河湖的连通性，使水系连通畅活。因地制宜，充分利用潮汐动力条件和水利工程，实施活水畅流调度，促进水体有序流动，为河湖自身的生态修复创造条件。

完善水利基础设施，提高防汛保安能力。按规划实施泵闸工程和堤防工程，增强防汛保安能力；对现有泵闸工程进行评估鉴定，提出永久拆除、加固维修、拆除重建、改建扩建、景观提升等分类处理处置方案。

2. 面源污染治理

（1）城市面源污染治理。加强污水处理系统建设、完善城市市政泵站及排水管网建设，减少泵站放江污染物的产生，加强泵站污染物放江考核及监管；推进海绵城市建设，减少城市地表径流；加强管网调度管理，发挥设施最大的效益；开展初期雨水收集、调蓄和治理。

（2）农村面源污染治理。加快农业发展方式转变，控制农业面源污染，促进绿色农业发展。在农业生产活动集中的区域，发展有机农业、林果业等绿色产业，实施化肥农药减施增效工程，减少化肥农药流失。实施粮田轮作休耕，继续扩大绿肥、深耕等季节性轮作休耕面积。推广绿色生产技术，大力推广科学施肥用药，提高用肥用药的精准性和利用率，以水稻、蔬菜等作物为重点，推进有机肥替代化肥、测土配方肥、缓释肥、绿色防控技术等化肥农药减量技术的落实，推广果菜水肥一体化、机械侧深施肥等技术；推进水产绿色养殖方式，减少养殖环境污染。落实《上海市养殖水域滩涂规划（2018—2035年）》，确保长江经济带生态环境禁养区内和饮用水水源地一级保护区、自然保护区内上海无水产养殖场。加强水产健康养殖示范场建设，推广池塘循环水养殖和池塘生态健康养殖模式，开展水产养殖场尾水治理设施建设和改造，达到循环水再利用和达标排放；推进畜禽养殖废弃物资源化利用。规模化畜禽养殖场全部采用干湿分离、雨污分流生产工艺，全面配套畜禽养殖废弃物资源化利用设施设备，实现资源化利用或达标排放。

3. 水土流失综合防治

（1）重要水源保护区和自然保护区水土保持。运用小流域治理的方法开展水源保护区管理，采取林草生物缓冲带工程措施与生物措施相结合，抓好水源防护林和护岸护坡建设，促进植被自然恢复。

以自然保护区管理建设为重点，持续加大保护区建设力度，动态调整保护区边界，通过湿地建设及退化湿地修复，维持湿地的生态特征和生态服务功能，维护城市生态安全。加强外来入侵生物的控制与管理。

（2）河湖水系水土保持。对流速较大或骨干航道等易冲蚀河道，重点是增加岸坡及河床的稳定性。充分考虑船行波的影响，在确保结构工程抗冲蚀前提下，采用合适的水土防护措施，增加岸坡稳定性，选用较稳固的护坡措施，有效控制河岸的水土流失。

对未列入重点治理区的一般性河道，基本以土质护坡为主，不采用特别的护坡、护底工程。但是由于降雨径流会引起河道的水土流失现象，应结合景观生态要求实施沿岸的植树绿化。如果需要设置护坡工程，推荐采用生态性能较好的护坡材料。

河道疏浚底泥消纳处置应遵循“精细化管理、规范化处置”的指导思想，明确检测标准，科学编制方案，完善处置程序，加强过程监管，建立协调机制，消除风险隐患，实现疏浚底泥的资源化利用。

（3）生产建设项目水土保持监管。在上海市水土保持规划确定的水土流失易发区开办可能造成水土流失的生产建设项目，生产建设单位应当编制水土保持方案，报市水务局或区水务局审批，按照经批准的水土保持方案，采取水土流失预防和治理措施。依托遥感和信息技术，实现生产建设项目监管全覆盖，发现“未批先建”“未批先弃”等违法违规生产建设项目，及时查处水土保持违法违规行为，管住人为水土流失。

4. 生态修复

大力实施乡村绿化造林。聚焦市级重点生态廊道、崇明世界级生态岛、重点环境综合整治区域，推进落实造林计划。结合林业专项规划，推进生态廊道、农田林网和“四旁林”建设。充分利用闲置土地和宅前屋后等零星土地开展植树造林等活动，推进村庄绿化。对现有森林资源特别是公益林，强化管理和养护，实施抚育、改造等措施，促进生态功能提升。

加强生态湿地资源维护。做好重要滩涂湿地和野生动物栖息地保护修复，强化生态保护红线区域的保护和管理。积极推进市级湿地公园、野生动物重要栖息地建设。

持续推进郊野公园建设。将郊野公园打造成拥有良好的田园风光、提供都市休闲游憩和感受乡村文明的郊野开发空间。

5. 人居环境改善

(1) 农村生活污水治理。推进农村生活污水处理全覆盖。推动城镇污水管网向周边村庄延伸覆盖，因地制宜推广污水处理新技术，做到农村生活污水全覆盖。加快农村公共厕所提档升级，300户以上的村庄至少建设一座三类以上公共厕所。

(2) 农村生活垃圾治理。推进农村生活垃圾治理全覆盖。在保持生活垃圾全收集处理的基础上，加快就近就地湿垃圾处理站和可回收点、场、站建设，完善和提升农村环境卫生设施水平，推进农村湿垃圾就近就地资源化利用和“两网融合”。加强对各涉农区生活垃圾治理成效的测评工作。继续开展农村生活垃圾分类示范村创建，推广创建成果。

4.6.6 典型案例

4.6.6.1 现状调查及存在的主要问题和需求分析

1. 河湖水系

上海市某小流域（镇）近年来河道水质整体向好，但是各月水质不稳定达标。2020年水质监测资料显示，大部分河道水质基本达到Ⅱ～Ⅲ类，达标率为56%，部分河道水质不达标原因主要是农业面源污染及生活污水排放。从2020年逐月水质数据来看，5—11月水质明显差于其他月份，其他月份水质相对较好。

该小流域（镇）内部分河道两岸硬质化较为严重，生物缓冲带缺乏，景观不佳，部分河道断头或者流通不畅。还有一部分河道土坡冲刷严重，存在河岸坍塌情况，水土流失情况时有发生，水生态环境不佳。

2. 面源污染

该小流域（镇）基本农田量大，化肥施用量高（约为770kg/hm^2），春夏季降雨期与农田施肥期重合，大量的土壤氮磷钾养分通过农田排水径流入河湖沟渠，造成水体富营养化。

另据调查，该镇范围内水产养殖也有一定的规模，约1/3的养殖场尾水未经处理或处理不达标就直接排入河道，造成水体富营养化、水体溶解氧含量降低、水质恶化等。

3. 水土流失

该小流域（镇）内骨干河道已基本整治完毕，但是部分村沟宅河因未整治、养护不及时、水位变动区河水冲刷等原因，造成河道周边岸坡裸露，存在一定水土流失的风险。

4. 生态修复

该小流域（镇）森林资源和湿地资源较为丰富，占全区森林和湿地总面积的一半以上，生态基础总体较好，但是质量特色需要进一步提升。

5. 人居环境

该小流域（镇）内农村生活污水处理已经基本全面覆盖，但是标准相对较低且损坏严重，存在漏水、冒水等问题。此外，农村村貌和环境，特别是沿河村庄的环境不佳，需要进一步提升。

6. 主要评价指标现状分析

根据分析，主要评价指标达标情况见表 4-12。

表 4-12　　××小流域（镇）现状主要评价指标分析表

序号	指标类型	指标名称	指标值	现状水平	是否达标
1	水质评价指标	小流域区域水质	Ⅱ～Ⅲ类	Ⅱ～Ⅲ类为主，达标率为56%	×
2	水土流失治理评价指标	土壤侵蚀强度	<轻度	微度	√
3		林草面积占比/%	>90	97	√
4		水土流失综合治理程度/%	>95	97	√
5	污染控制和治理评价指标	每年化肥使用量/(kg/hm^2)	<250	约 770	×
6		生活污水处理率（城乡）/%	≥95	≥99，但部分设施需进一步改造	√
7		工业废水达标排放率/%	100	100	√
8		规模化养殖污水处理率/%	畜禽养殖粪污资源化综合利用率 100	无畜禽养殖	√
			水产养殖尾水达标排放率 100	约 67	×
9		生活垃圾无公害化处理率/%	100	100	√
10	水系治理评价指标	河湖面积达标率/%	100	100	√
11		河湖水系生态防护比例/%	≥80	73	×

4.6.6.2 建设目标、任务与规模

1. 治理单元划分

该小流域属于水源保护型生态清洁小流域，以行政村、居委为单元，将该小流域划分成 32 个治理单元。

2. 建设目标

表 4-13 为该小流域（镇）生态清洁小流域建设目标。

表 4-13　　××小流域（镇）生态清洁小流域建设目标

序号	指标类型	指标名称	指标值
1	水质评价指标	小流域区域水质	Ⅱ～Ⅲ类
2	水土流失治理评价指标	土壤侵蚀强度	<轻度
3		林草面积占比/%	>90
4		水土流失综合治理程度/%	>95

续表

序号	指标类型	指标名称	指标值
5	污染控制和治理评价指标	每年化肥使用量/(kg/hm²)	<250
6		生活污水处理率（城乡）/%	≥95
7		工业废水达标排放率/%	100
8		规模化养殖污水处理率/%	畜禽养殖粪污资源化综合利用率100
			水产养殖尾水达标排放率100
9		生活垃圾无公害化处理率/%	100
10	水系治理评价指标	河湖面积达标率/%	100
11		河湖水系生态防护比例/%	≥80

3. 建设任务

（1）河湖水系治理。对未整治河道进行整治，提升生态性和景观，加强河道清淤。

（2）面源污染治理。推进海绵城市建设，转变农业发展方式，减少化肥使用量，减少养殖环境污染。

（3）水土流失综合治理。对冲刷严重的河道及时进行治理，对区域内的生产建设项目加强监管。

（4）农村人居环境改善与生态修复。推进农村村容村貌提升，加强森林资源和湿地资源保护。

4. 建设规模

（1）河湖水系治理。中小河道整治150km，河道疏浚220万m^3，新建生态护岸150km，新建绿化130hm^2，对水土流失严重的河段开展水土保持工作。

（2）面源污染治理。对区域内2座污水处理厂进行改造，修复受损污水管道60km，退养5000亩小型规模的水产养殖场，对于保留的水产养殖区加强尾水达标排放，建设生态农业区4000亩，降低农田化肥使用量。

（3）生态修复。建设各类绿地和湿地约5000亩，动态对区域内100hm^2河湖水面开展生态修复。

（4）人居环境。对约30处农村生活污水设施进行提升改造，建设湿垃圾处理设施3座。

4.6.6.3 总体方案布局

对小流域内32个治理单元，以水环境提升为核心，集中连片开展河道水系生态治理，控制水土流失和面源污染，生态修复，改善人居环境，实现清洁小流域目标。

4.6.6.4 总体方案措施设计

1. 河湖水系治理

对镇域内沿河区域开展违章建筑拆除，加强岸线管控；对需治理的河道开展生态治理和清淤；沟通区域内河湖水系，按规划拓宽整治河道；加强河道边岸的水土流失防治。

2. 面源污染治理

推广绿色种植技术，推进高标准良田建设，加强农业废弃物的综合利用，避免产生新的污染源。

采用新标准、新技术加快养殖水内循环处理系统建设，确保达标排放。

3. 生态修复

在路旁、水旁、村旁、宅旁等“四旁”建设相应的防护林，推进区内村级湿地生态修复工程和湿地公园工程建设。

4. 人居环境改善

推进城镇污水管网向周边村庄延伸覆盖，加快就近就地湿垃圾处理站和可回收点、场、站建设，加快农村公共厕所提档升级。

4.6.6.5　工程监测、评价与管理

1. 监测

(1) 监测内容。主要包括水土流失监测、污染源监测、水质监测、治理效果监测等 4 个部分。

(2) 监测方法。水土流失监测以定位观测为主；污染源监测以调查监测为主；水质监测以建设卡口站实施点位观测监测为主；治理效果监测以典型调查为主。

(3) 监测频次。

定位监测频次：雨季前、后各 1 次，雨季每月进行 1 次，遇日降雨大于 50mm 加测。

调查监测：至少每 3 个月监测记录 1 次。

水质监测：汛期每月中旬采样 1 次，大雨每日降水 50mm 以后加采 1 次；非汛期 5 月中旬和 10 月中旬各采样 1 次。

在治理完成后 1 年内，对小流域治理效果进行监测。

(4) 监测点位布设。

监测点位主要布设在水土流失、面源污染、水质水量、水务工程等重点地段。

治理效果监测：对反映生产清洁小流域建设效益有代表性的区域布点。

(5) 监测成果。包括生态清洁小流域建设监测年报及有关报表、生态清洁小流域建设监测总结报告、区域内生产建设项目监测报告等。

2. 评价

评价主要从水土流失综合治理、面源污染治理、人居环境改善、区域河湖水质等方面进行，共 11 项指标，详见 4.6.5.5。

3. 管理

主要包括建设管理和运行管理，本处不再赘述。

4.6.6.6　投资匡算

该生态清洁小流域建设投资匡算约 8.98 亿元，详见表 4 - 14。

表 4 - 14　　生态清洁小流域建设投资匡算

序号	项目类型		主要建设内容	工程量	总投资/亿元
一	河湖治理	1	骨干河道整治/km	2	0.40
		2	中小河道整治/km	150	3.8

续表

序号	项 目 类 型		主要建设内容	工程量	总投资/亿元
二	生态修复和水土流失治理	1	绿地建设/hm^2	130	1.30
		2	水生态修复/hm^2	100	0.76
		3	湿地（绿地）建设/亩	5000	0.60
		4	生产建设项目水土流失防治与监管/项	100	0.10
三	面源污染治理项目	1	污水处理设施改造	受损污水管道60km，污水厂提升2座	1.10
		2	农村生活污水处理提标改造/处	30	0.30
		3	水厂养殖场改造/亩	5000	0.20
		4	生态农业改造/亩	4000	0.40
四	人居环境改善项目	1	湿垃圾处理/处	3	0.01
		2	公厕提升/个	30	0.01
合计					8.98

4.6.6.7　效益分析

经分析，该生态清洁小流域建设完成后，具有较高的生态效益、经济效益和社会效益。在生态效益方面，每年可削减 COD_{Mn}68t/a、氨氮 10.5 万 t/a、总磷 1.50 万 t/a，确保小流域内水质各项达标，区内水土流失程度降低到微度以下。在经济效益方面，主要通过提升区域土地价值和投资环境方面的间接经济效益。在社会效益方面，主要是提升了小流域内居民生活环境，有利于促进社会稳定。

4.7　水源涵养林建设

水源涵养林泛指河川、水库、湖泊上游集水区内大面积的原有林和人工林，具有涵养水源、改善水文状况、调节水分循环及保持水土等功能，对于水资源的保护具有重要意义，同时会影响陆地生态系统的平衡与稳定。

4.7.1　水源涵养林建设价值

4.7.1.1　水土保持

如果某地降水强度超过土壤渗透速度，水分渗透不及时，则会引发超渗坡面径流问题，继而引发严重的洪涝灾害和水土流失。在应对坡面径流问题时，水源涵养林具有明显的优势，其作用机理是森林覆盖的土壤结构良好，植物腐根易形成大小不一的孔洞，方便雨水渗透，同时有着更理想的蓄水能力，可避免出现超渗坡面径流和过饱和坡面径流问题。即便出现特大暴雨的情况，水源涵养林也能实现快速蓄水，保持水土，减少洪涝灾害。

4.7.1.2　滞洪蓄洪

水源涵养林可以有效地减少径流泥沙量，避免泥沙淤积在水库、湖泊底部而导致河床提升。河川径流中泥沙含量与水土流失密切相关，通过水源涵养林建设发挥其对坡面径流分散、阻滞和过滤等作用，同时利用植被根系层对土壤的网结、固持作用，可以有效地减少径流泥沙含量，避免泥沙在水库或湖泊底部大量淤积。出现降水时，林冠层、枯枝落叶层和森林土壤中的各种生物同时发力，能做到对雨水的有效截留、吸收渗入、蒸发，减少雨水的地表径流量，降低径流速度，起到滞洪和削减洪峰流量的积极作用。

4.7.1.3 水源调节

水源涵养林建设的价值还体现在对水源的有效调节方面。我国受亚洲-太平洋季风影响明显，雨季与旱季降水量差异较大，河川径流呈现明显的丰水期和枯水期，部分河流在丰水期洪涝灾害频繁，在枯水期则出现断流等极端情况。而通过水源涵养林建设，完成降水的截留和下渗，从而在时空上完成降水再分配，减少无效水，增加有效水，起到水源生态调节的作用。水源涵养林还能有效地吸收水分并将其贮存，在枯水期可对河川水量进行补给，将丰水期与枯水期水量差异降到合理的范围。

4.7.1.4 净化水质

近年来，我国水体污染问题十分突出。水体污染的主要特点是非点源污染，意味着在降水径流淋洗、冲刷的作用下，泥沙及其所携带的有害物质会随径流迁移到水库、湖泊或江河中，引发水质恶化。而水源涵养林建设能净化水质，减少水资源的物理、化学和生物污染，降低水体中的泥沙含量。特别是树冠下的枯枝落叶层，能对水中污染物进行过滤与净化，改变水体的化学成分，达到净化水质的目的。

4.7.1.5 调节气候

水源涵养林能有效地调节气候，通过植物的光合作用吸收二氧化碳，释放氧气，吸收有害气体，清洁空气，达到调节气候、增加空气湿度的目的。水源涵养林也能够为生物群落生长繁衍提供良好的条件，保护生物多样性，以生物多样性的保护带动气候的调节和生态环境的改善。

4.7.2 上海市水源涵养林建设

4.7.2.1 水源涵养林建设历程

自2003年黄浦江水源涵养林建设工程启动以来，上海市水源涵养林规模迅速扩大。据2009年森林资源规划设计调查和2014年森林资源动态监测成果，2009年全市水源涵养林面积为10306hm^2，2014年水源涵养林面积增加至11495hm^2，呈现持续、高速增长的态势。水源涵养林建设蓬勃发展，面积不断扩大，对保护全市主要水系的水质，保障饮用水源地安全发挥了重要作用。

1. 确立水源涵养林的重要地位

水源涵养林是公益林的重要组成部分，它不仅有森林普遍具有的生态效益、经济效益和社会效益，还在调节河川径流时空分布、净化水质、有效应对上海市水质性缺水状况等方面具有特殊意义。上海市各级政府从政策、资金、技术和人才队伍建设等方面给予大力支持，促进全市水源涵养林建设规模不断扩大、建设质量不断提高。

2. 不断优化水源涵养林空间布局

全市以各重要江河、湖泊、水库等分布情况为基础，结合各区域森林资源特点和主体功能差异，重点围绕淀山湖、元荡等大型湖泊周围，宝钢水库、陈行水库、青草沙水库、东风西沙水库等饮用水源地周边，以及重点河道两岸，新建和完善宽度适宜、分布连续、结构完善的水源涵养林带，同时加强对全市郊野公园建设规划的引导和管理，突出湿地特色，形成点线结合、特色鲜明、功能完善的水源涵养林体系。

3. 加强水源涵养林抚育管理

选择合理的抚育方式和强度，以改变生境条件、增加生境异质性，调控森林群落结构和动态变化过程，逐步形成以完整的群落结构和多树种合理混交为特色的复层异龄林，增强森林生态系统的稳定性和生态服务功能。

4. 重视水源涵养林的综合利用

(1) 以森林的水源涵养功能为核心，结合水源涵养林建设区域内森林资源和土地利用结构差异，以及社会经济发展对森林的多重需求，划定水源涵养林功能区。将饮用水源地一级和二级保护区、重要水库、湖泊周围及市级以上骨干河流两岸划为水源涵养林核心发展区，不断挖掘造林绿化潜力，扩大水源涵养林面积；核心发展区外围配套建设适当比例的名特优经济林、珍贵树种的林苗一体化林地等，兼顾森林的生态效益和经济效益。

(2) 结合水源涵养林的空间分布和各区域在城市总体规划中的功能定位，合理划分水源涵养林建设类型区。青浦、松江、金山、奉贤、崇明等远郊区域以水源涵养和生物多样性保护为核心，建设成近自然的水源涵养林体系；闵行、宝山、嘉定和浦东等近郊区域，在突出水源涵养功能的前提下，兼顾生态景观和休闲游憩功能，结合道路绿化和公共绿地建设等，构建滨河绿道；中心城区以公共绿地建设为主体，将水源涵养林的建设理念融入公共绿地建设方案。

(3) 以重点生态区位为中心，按照由近及远、由易及难的顺序，开展水源涵养林林地改造、滨水生态驳岸建设、局部水系调整、生态步道建设等基础设施建设项目，将全市水源涵养林建设成为以涵养水源、保持水土、保护生物多样性等为主体，生态休闲、生态文化、生态经济等多种功能协调发展的森林生态系统。

4.7.2.2　水源涵养林造林技术体系

1. 造林设计原则

(1) 功能性原则。水源地防护林以固堤护坡、隔离污染等为主导功能，应尽量选择干型通直、冠幅饱满、根系发育、抗性较强的速生性树种，根据不同立地条件成带状布置，以达到水土保持、净化地下水质、阻滞污染物、改善环境等目的。

(2) 安全性原则。以保证水源地保护区安全性为原则，营林区位的选择和布置不能影响水源地工程设施安全，满足《城市道路绿化规划与设计规范》等相关要求，不宜种植影响地下水质、存在生物毒性的植物，土壤改良应避免采用大范围深开挖的工程措施以避免对堤防造成破坏。

(3) 经济性原则。在保证项目设计符合国家相关标准且技术成熟可靠的前提下，尽量选择当地适生的常见树种以及对维护管理要求较低的树种，土壤改良应选择经济实用的工艺措施，尽量减少工程投资，同时尽可能减少后期的养护管理技术难度。

(4) 自然性原则。尽量减少整地规模，优化整地方法，减轻对原生地表扰动。现状已有成规模的岸坡绿化植物应尽量保留，适当进行择伐和补种，体现自然景观特色。

(5) 因地制宜原则。应该充分利用规划的地形、地貌及防护林树种生长存活的立地条件，因地制宜地进行林分配置，优先选择本地区适生、病虫害少、管护简便的乡土树种，尤其要根据工期，结合不同乔木的特性、规格，提出加强运输管理、缩短移栽时间等有针对性的措施，提高植物的成活率和后期生长保障。

(6) 景观性原则。防护林构建在树种选择上应尽量选取树形优美、具有景观特性的树种，合理布置，以达到优化库区及周边景观环境，构建库区生态服务功能，满足人们日益增长的生态需求和文化需求，兼顾公众参与性和社会性。

2. 树种选择及搭配

复层混交林是水源涵养林的理想林型。乔木林地和灌木林地坡面产流产沙量最小，有利于发挥水源涵养林的效益，通过建构多树种、多层次、多功能、地方景观特色明显及生态功能优良的新型森林生态系统，提高森林植被覆盖率，改善水土流失的情况，净化水质，同时丰富森林产品资源，提高当地经济效益。

基于适地适树原则合理选择树种，以实现水源涵养林多元化、科学化的布置。选择造林树种时，应优选生长能力强、根系发达、水源涵养优势突出且具备良好景观效果的乡土阔叶树种，积极营造针阔混交林，使其不仅林冠层郁闭度高，而且林内枯枝落叶丰富。可配合栽植一定比例的深耕性树种，以提升土壤固植能力。

选择随机自然混交方式种植，减少种间竞争，增强树种之间的依存关系，真正营造出生长稳定、抗自然灾害能力强的森林系统。对于立地条件较差、水土流失严重的地区，可选择针叶树种为先锋树种，混交耐旱树种形成混交林以保持水土。

3. 营林模式及造林技术措施

水源涵养林营造的成功离不开科学的树种选择及搭配、合理的整地方式、适宜的栽植措施、及时的抚育措施等多方面的综合作用，在此基础上才能充分发挥水源涵养林的综合效益。

造林整地可以增加土壤孔隙度、加强入渗性能、改变土壤的物理性质等。水源涵养林整地应以小规格、减少大规模破土及土地扰动为主，从而避免造成新的水土流失，减少人力物力。

(1) 造林整地。按小班设计的造林密度（株行距）和种植穴规格，品字形开挖种植穴，改善土壤理化性状，利于苗木生长。

人工穴状整地，采用圆形或方形坑穴。挖穴表土堆放在种植穴顶部上坡位，心土环状堆放在种植穴外围，拍实处理，防止水土流失。

(2) 种植方式及造林密度。

种植时间：在造林年份前的冬季，一般在 11—12 月进行清带砍杂；在造林当年的早春，在 1—2 月进行整地、挖穴、回土放基肥；春季 3—4 月气温回升，在春梢尚未萌动或刚萌动时，选择阴雨天定植，成活率可达 95%以上。

造林密度：视立地条件而定，水肥条件很好的地方为 3m×3m；土地不太肥沃的地块采用 4m×4m 的规格种植。

(3) 种植方法。

苗木的种植步骤如下：挖穴—穴底回填细土（黏性土）20cm 厚—放苗—回填细土表面施基肥（500g)—施肥后回填土至穴顶距离 20cm—浇水待填土自然沉降—提苗（使苗木

垂直)—再覆土至穴缘—二次浇水。

施肥及养分要求：按株行距挖穴，乔木、灌木种植穴的规格根据苗高确定。挖好植穴后，先回填表土，这时要配合投放基底肥（有机复合肥）。另外，在林地清理期间，必须对地表枯落物和腐殖质保留，可用于种植穴回填土利用。乔木每穴施肥量500g，灌木每穴施肥量250g。

4.7.3 典型案例

4.7.3.1 建设背景

青草沙水库作为上海人民的生命之库，自建库以来，为提高城市供水水质、确保城市供水安全作出了重要贡献。近年来对青草沙水库的监测结果表明，长江原水中氮磷浓度较高，影响到库内水质，已达到中营养化水平，在夏季存在局部发生“水华”等生态污染的风险。同时，由于青草沙库区及周边地区动植物种类较为单一，生物多样性水平不高，生态系统稳定性存在一定不足，水源地工程设施管理防护体系也有待进一步的完善。

为确保水库运行安全，工程建设管理单位在已有工程设施的基础上增加有关水库运行安全、供水水质保障及水库生态系统构建的保护措施，水源地防护林的建设是其中的重要保护措施之一。通过多年建设，库区内及周边区域共建设水源涵养林共计4047亩，其中长兴岛老海塘建设面积为634亩，青草沙垦区建设面积为3413亩。

4.7.3.2 自然条件

1. 地形地貌

青草沙是长江口北港的一块新近淤积的沙洲，滩面高程为1～2m，与长兴岛北沿相隔上口封闭的北小泓涨潮沟，其0m等高线上滩地与中央沙大致连成一片，最低江底高程为−9～−10.5m。

2. 气象

工程区域年平均气温（陆上）为16.9℃。项目区全年雨日为89～146d，平均123d，年平均降雨量为1169.6mm；水库附近10月—次年4月平均蒸发量为60.4mm，与同期平均降雨量基本相当；多年平均风速以NW～NNW～N向较大，均在6.0m/s以上，为强风向，ESE向平均风速也达到6.0 m/s；区多年平均雾日数为12d/a。

3. 水文

青草沙水库位于长江口三角洲的前缘地带南支水域，长江径流在南、北支分流口作第一次分流，在南、北港分流口作第二次分流，在南、北槽分流口作第三次分流。南支是长江入海的主流通道，约93%的长江径流量经南支下泄。地下水受季节、潮汐等因素影响明显，水位波动变化较大，稳定水位埋深为0.23～5.47m，相应的高程为1.90～3.52m。

4. 泥沙

大通站平均每年向下游输沙3.93亿t（统计年份1951—2009年），多年平均含沙量为0.442kg/m^3；输沙量年内分配不均，5—10月输沙量占全年的87.24%，12月—次年3月份仅占4.74%；7月平均输沙率达34.5t/s，1月仅为1.10t/s。

5. 工程地质

项目区大地构造分区位于扬子断块区江南断块北部上缘，北侧紧邻下扬子断块，为新生代大型凹陷区，处于长江入海口，第四系全新统松散堆积物厚度很大，土层层位在平面方向和深度方向上变化较大。项目区地基土共划分为7个工程地质层，其中第①、②、⑤层等土层又可依据物理力学性质的差异划分为若干个亚层。工程区堤基土以粉质黏土、砂质粉土及淤泥质黏土为主。

工程区属华中地震区长江中下游一南黄海地震带，工程区未发现有影响区域稳定的全新活动断裂，根据GB 18306—2001《中国地震动参数区划图》，工程区属Ⅳ类场地，区域50年超越概率10%地震动峰值加速度为0.10g，相应的地震基本烈度为7度。

6. 土壤

项目区土壤主要以黄泥土和壤质盐土等为主。项目区两端为吹填区，存在盐渍化现象，根据青草沙水库及取输水工程环保验收工作调查数据，吹填土有机质含量仅为0.54%，pH值达7.86，极易板结，而且土壤内大量盐分的积累导致土壤结构黏滞，通气性差，土壤中好气性微生物活动差，养分释放慢，渗透系数低，此类土壤容易引起植物的生理干旱、危害植物组织，甚至导致植物死亡。而堤岸管理范围东西两侧均为吹填区，土层较薄，土壤多为砂质，有机物含量低，营养物质不足，不耐瘠薄的植物很难在该土壤中存活。

7. 植被

工程建设区位于长江河口中心区，区域现有植被分布面积约11.3km^2，植物主要有10科22种，现状植被主要以芦苇等草本植物为主，几种灌木零星分布。在中央沙、青草沙近岸区域，芦苇具有成带分布特征，在青草沙区域中也基本以芦苇为主，在芦苇带中有零星的旱柳分布，此外还有部分青蒿、菰、水莎草、水蓼等草本植物。

在近岸及大堤沿线，通常分布有线叶旋复花、钻形紫菀，以及加拿大一枝黄花等植物，有零星的桃、苦楝等植物分布，其他草本如臭荠、荔枝草、马兰、野艾蒿、小鱼仙草、剪刀股等，通常是单株或丛状零星分布在芦苇扩散带，以及芦苇密度较低、高程相对较高的区域。青草沙路东南侧部分路段内人工种植了一排乔木，主要为柏、杉等常绿落叶乔木。

4.7.3.3 设计原则

针对库区及周边区域的地形特点、立地条件、生态系统及水土流失现状等，结合库区管理范围内的土地功能定位，遵循“功能性、安全性、经济性、自然性、因地制宜及景观性”等设计原则，使青草沙水源地防护林在满足隔离污染、改善水质等功能的前提下，充分发挥生态系统的服务功能，突出人与自然的和谐，实现水源地保护与生态构建、自然环境与人工景观、生态功能与社会功能的有机结合，达到水源地生态建设的目标。

4.7.3.4 设计目标

（1）营造库岸防护林带，在青草沙水库南侧全长15.8km大堤外青坎范围内的狭长地带进行局部整地，选择防护林树种，分区段种植，面积达到712.18亩，杉类树种栽植密度不少于110株/亩，其他乔木栽植密度不少于80株/亩。其中，在水库管理区至东侧起始岸段范围内营造种植基地示范林10余亩。

（2）在防护林范围内设立警示标牌，工程建设后期实施封禁治理，设置专人养护，定期进行病虫害防护和幼林抚育；建立生态公益林建设档案。

4.7.3.5 立地调查和土壤检测

立地调查：调查原有植被或栽植情况、土壤类型、土壤质地等。

土壤检测：检测土壤 pH 值、有机质含量、EC 值、容重等 4 项指标。

根据现场调查和土壤检测结果，原地貌以草本覆盖为主，六区存在一枝黄花有害物种。土壤质地为砂性土、呈碱性、有机质含量极低，造林前需要进行土壤改良。

4.7.3.6 土壤改良

本项目是生态公益林项目，位于水源地堤防保护范围内，现场排水条件较好，土壤改良方案选择时充分考虑水源地堤防安全管理及经济性等要求。

二区至五区采用穴状整地，树穴开挖规格为面直径×底直径×深：50cm×50cm×50cm；树穴内回填土为有机肥与表层耕植土的混合土，有机肥 3kg/树穴。

一区、六区和三角区除表层 30cm 为耕植土，下层为盐碱化严重的吹填土，采用“挖大改良树穴＋种植绿肥”相结合的综合型土壤改良设计方案。树穴开挖规格为面直径×底直径×深：60cm×60cm×60cm；树穴内回填土为有机肥与表层耕植土的混合土，有机肥 5kg/树穴。为减少水分蒸腾，降低土壤反盐，改良土壤结构，在一区、六区林下撒播紫花苜蓿草籽，每亩播撒草籽 3kg。

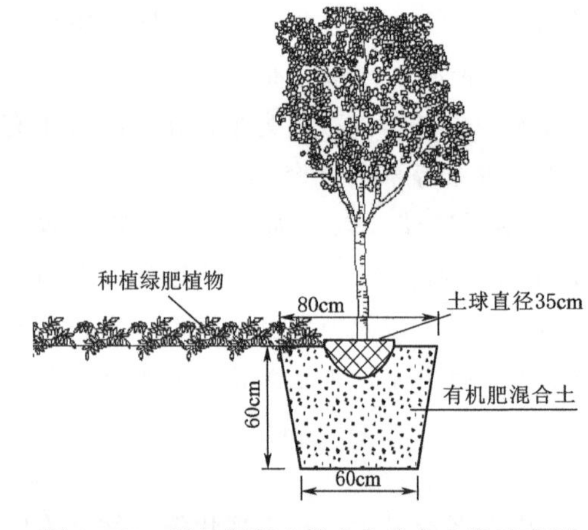

图 4－29 种植绿肥＋挖大穴改良方案示意图

种植绿肥＋挖大穴改良方案：种植绿肥植物可以减少蒸发返盐，增加土壤有机质和营养物质，降低土壤盐分含量。由于绿肥改良效果相对较慢，在种植绿肥的同时，采用扩大乔木树穴，进行树穴改良，规格为面直径×底直径×深：80cm×60cm×60cm，需开挖土方 0.25m^3/树穴；树穴内回填土为有机肥与表层耕植土的混合土，需 30kg/树穴。绿肥植物选用紫花苜蓿，播撒种子 1.5kg/(亩・a)，在花荚期、秸秆开始纤维化时，割倒就地翻压。种植灌木的区域施加 2000kg/亩有机肥改良土壤性质。

4.7.3.7 造林工程

1. 树种选择原则

遵循适地适树原则，满足水源地相关规范要求，以乡土树种为主，选择耐瘠薄、耐盐碱、抗性强、杀菌力强及抗风滞尘能力强的树种，有利于水源保护、人体健康，选择易养护、易成活的树种，有利于种群的形成及后期维护。

2. 种植配置

植物的配置方式以造林的成片状混交林为主，采用阳性快长树和中、阴性常绿树混交；以针叶常绿纯林、阔叶落叶纯林、针叶阔叶混交林、针叶落叶纯林为主要林相，以初夏景和秋景为主要季相，按照功能分区的景观特点配置，营造林相和季相变化丰富的景观。植物配置时，绿化景观要与地形结合，避免直线式僵硬的林缘线与几何的块状、带状混交林；密度不宜过大，具有不同林分密度的变化。

在植物种植模式上，遵循适地适树的原则，靠近岛内侧种植落叶杉类植物，沿着靠近大堤方向依次为常绿阔叶、落叶阔叶等类型。乔木带土球，带树冠，杉类和隔断带乔木栽植株行距为3m×2m；其他乔木栽植株行距为4m×2m。因地形狭长，株距（垂直大堤方向）可根据实际情况进行调整，但是不小于2.5m，同时满足造林的最低密度要求。

3. 分区植物配置

一区：位于青草沙水库管理区东侧，面积约为21.2亩。该区域除表层0.3m范围内为耕植土外，浅层2～3m范围内均为盐碱化程度较高的吹填土。该区土壤质地和肥力较差，土壤为砂性土。布置乔木品种为红叶石楠和落羽杉，红叶石楠株行距采用2m×4m，按每亩种植80株计算；落羽杉株行距采用2m×3m，按每亩种植110株计算。

二区：位于青草沙水库管理区至西侧裁弯取直段之间，面积约为60.9亩。该区域堤身外坡的土质相对较好，除浅表层1.50m范围内分布有0.30m厚的耕植土和1.20m厚吹填土外，底部均为原老海塘堤身的原状土。乔木选用池杉、水杉和中山杉，株行距采用2m×3m，按每亩种植110株计算。

三区：位于长兴岛老海塘裁弯取直段至规划小洪桥路之间，面积约为89.10亩。该区域堤身外坡的土质也较好，与二区相同。乔木选用中山杉、栾树和乌桕，栾树和乌桕株行距采用2m×4m，按每亩种植80株计算。中山杉株行距采用2m×3m，按每亩种植110株计算。

四区：位于长兴岛规划小洪桥路至青草沙路之间，面积约为159.3亩。该区域堤身外坡的土质也较好，与二区相同。该区域考虑保留5.30m平台至堤顶间斜坡坡面水杉林，在堤后护堤地造林，选用落羽杉、乌桕和栾树。栾树和乌桕株行距采用2m×4m，按每亩种植80株计算。落羽杉株行距采用2m×3m，按每亩种植110株计算。

五区：位于长兴岛青草沙路西侧1.38km范围内，面积约为40.7亩。该区域堤身外坡的土质也较好，与二区相同。该区域考虑保留5.30m平台至堤顶间斜坡坡面水杉林，在堤后护堤地造林，选用中山杉、无患子和栾树。无患子和栾树株行距采用2m×4m，按每亩种植80株计算。中山杉株行距采用2m×3m，按每亩种植110株计算。

六区：位于原长兴岛老海塘的专用岸段范围内，面积约为265.97亩。该区域堤坝结构同一区，区域堤身外坡的土质也相对较差，除表层0.3m范围内为耕植土外，浅层2～3m范围内均为盐碱化程度较高的吹填土。土壤质地和肥力较差，土壤为砂性土，选用落羽杉、无患子和红叶石楠。无患子和红叶石楠株行距采用2m×4m，按每亩种植80株计算。落羽杉株行距采用2m×3m，按每亩种植110株计算。

三角区：位于二区和三区之间三角区域，造林面积为75亩。土壤质地和肥力较差，土壤为砂性土，选用池杉、水杉、落羽杉、栾树、乌桕、无患子和红叶石楠。栾树、乌桕、无患子和红叶石楠株行距采用2m×4m，按每亩种植80株计算。池杉、水杉和落羽杉株行距采用2m×3m，按每亩种植110株计算。

4.7.3.8　给排水工程

1. 给水设计

本工程紧邻青草沙水库以及长兴岛北环河，地下水位较高，土壤含水率较大。另外，防护林的绿化灌溉可以直接从水库取水，水库运行管理单位已经配备相关的设备。因此，本项目不再另设给水设备。

2. 排水设计

二区至五区位于青草沙水库大堤与北环河之间，现状高程4.00～5.50m，地形呈斜坡状地形，自然排水条件较好，且堤身青坎内均布置有垂直于堤轴线方向的排水盲沟，排水盲沟间距17.4m，截面尺寸为300mm×300mm，排水盲沟顶面尺寸为3.00～4.00m，采用380g/m^2 复合土工布包裹碎石，与长兴岛侧和在建长兴岛北环河护岸相连。因此，二区至五区不存在积水问题，因此不再布设排水设施。三角区周边现状有2m宽的排水沟，也不再重复设计。

一区和六区位于青草沙水库大堤与原海塘之间，地形较为平坦，现状高程约为7.00m，区内未布置排水结构，为了避免防护林工程实施完成后出现积水现象，影响林木的生长，拟在防护林的一区和六区增设排水沟。在垂直堤身方向每间隔4m布设截面尺寸为200mm×200mm的排水垄沟，在靠近长兴岛一侧平行堤身方向布设截面尺寸为400mm×400mm的排水主沟，采用砖砌结构，总长约为3710m。排水沟与工程区内已有的窨井相连接，窨井直径为800mm，井深为1.20m，间距为20m。

4.7.3.9 施工要求

1. 林地平整、构筑与清理

按相关规范规定，对造林地进行平整，同时清除现场碎石及杂草、杂物。施工根据实际现状，利用现有地形，确保水能排到指定的排水系统内。

2. 树穴要求

若栽植时土壤干燥，应在种植前浸泡树穴。树穴应根据苗木根系，土球直径和土壤情况而定，树穴应垂直下挖，上口和下底的规格应符合设计要求及相关的规范。由于要对树穴内的土壤进行改良，根据不同区域土壤理化性质，二区至五区为50cm×50cm×50cm（面直径×底直径×深），一区、六区及三角区为60cm×60cm×60cm（面直径×底直径×深）。

3. 苗木种植

（1）苗木是造林的物质基础，优质苗木是实现优良工程的条件，出圃苗木应符合国家的行业标准，具备生长健壮、枝繁叶茂、冠形整齐、色泽正常、根系成熟、无病虫害和机械损伤等基本条件。

（2）种植时首先检查各种植点的土质是否符合设计要求，有无足够的基肥、基肥是否与泥土充分拌匀等。种植时接触部分应铺放一层约10cm厚、没有拌肥的干净种植土。

（3）按造林常规方法施工，要求基肥应与碎土充分混匀；成列的乔木应成一条直线，按种植苗木的自然高依次排列；自然点植的花草树木应自然种植，高低错落有致。种植土应捣碎，使植物根系与土壤充分接触，最后用木棍插实起土圈、浇足定根水，扶正并固定树木。乔木移植应注意新种植点树木的东西南北朝向最好能与原苗木培植点的朝向相同，以保证大树移植成活率。

（4）苗木初植后需要辅助支撑，保留顶梢，采用三脚桩支撑的方法进行固定，应对沿海地区大风对初植苗木的影响。

（5）考虑每种树的生长特点如萌芽期、花期等，乔木一般在叶芽和花芽分化前进行修剪，避免把叶芽和花芽剪掉，主侧枝分布均匀和数量适宜，内膛不空又通风透光。修剪时按操作规程进行，尽量减小伤口，剪口要平，不能留有树钉；荫枝、下垂枝、下缘线下的萌蘖枝和干枯枝叶要及时剪除。

4.7.3.10 防护林养护

在一般情况下，养护期应从第一株植物运到基地时开始，持续到最后审查批准时为止。在养护期内，应及时更新复壮受损苗木等，能按设计意图和植物生态特性如：喜阳、喜阴、耐旱、耐湿等分别养护，根据植物生长不同阶段及时调整，保持丰富的层次和群落结构。植物养护管理的标准是生长健康、枝叶健壮、树形美观、修剪适度、干直冠美、无死树缺株、无枯枝残叶、景观效果优良。

在养护期内负责清理杂物、浇水保持土壤湿润、追肥、修剪整形、抹不定芽、防风、防治病虫害（选择农药需提交甲方和设计师认可）、除杂草、排渍除涝等，新植苗木应浇足、浇透水，保持土壤湿润。同时应做好排水的预防工作。

4.7.3.11 防护林栽植效果

1. 植被恢复效果

通过现场调查，青草沙水库库区内和水源地防护林中栽植乔木以落羽杉、大叶女贞、池杉、水杉、红豆杉、乌桕、栾树、无患子等为主，灌木以海桐、红叶石楠、柽柳、海滨木槿、大叶黄杨、金叶女贞、红叶小檗、金银花、假连翘等当地适生的乡土和适生树种为主，具有很好的抗盐抗渍功能，苗木植被长势良好，起到了景观绿化、水源涵养、保水固土的功效；在运行期间，通过实施养护管理和植被的进一步自然演替，项目区实施的林草植被恢复措施营造的苗木植被生长状况良好，与建设期间相比，项目区小气候特征明显，项目区域内的生物多样性和郁闭度等得到了良好的恢复和提升。

青草沙水库植被恢复效果评价指标一览表见表 4－15。

表 4－15　　青草沙水库植被恢复效果评价指标一览表

评价内容	评价指标	值
青草沙水库植被恢复效果	林草植被覆盖率/%	20.4
	植物多样性指数	26
	乡土树种比例/%	80
	单位面积枯枝落叶量/cm	1.8
	郁闭度/%	0.55

2. 水土保持效果

通过水源涵养林的建设实施，目前青草沙库区土壤侵蚀模数为 $260t/(km^2 \cdot a)$，使项目建设区的原有水土流失基本得到治理，达到了固土保水的目的。项目区平均表土层厚度约为60cm，经过运行期的进一步自然演替，项目区小气候特征明显，使项目区生物多样性和土壤有机质含量得以不同程度地改善和提升；经试验分析，土壤有机质含量约为2.4%。

3. 景观提升效果

结合水源涵养林建设，还在库区进出入口处、管理区周边、上游水闸区、实验基地、施工平台等区域进行植被恢复的同时考虑后期绿化的景观效果，采取了乔灌草相结合的园林式立体绿化方式，苗木种类选择时选用景观效果比较好的树草种，如落羽杉、大叶女贞、池杉、水杉、红豆杉、乌桕、栾树、无患子、海桐、红叶石楠、柽柳、海滨木槿、大叶黄杨、金叶女贞、红叶小檗、金银花、假连翘等，常绿树种与落叶树种混合选用种植（约7：3）；同时根据各树种季相变化的特性，各种植物的枝、叶、花、果、色彩、姿态等的不同观赏性状进行植物的群落搭配和点缀，使区域内一年四季均有美景可欣赏，以提高项目区域的可观赏性效果，也起到了很好的水土保持效果。

景观提升效果评价指标一览表见表4-16。

表4-16　　景观提升效果评价指标一览表

评价内容	评价指标	值
景观提升效果	美景度	7.5
	常落树种比例/%	75
	观赏植物季相多样性	0.5

4. 环境改善效果

植物是天然的清道夫，青草沙水源地涵养林的实施有效地清除了空气中的NO_x、SO_2、甲醛、漂浮微粒及烟尘等有害物质。通过植被恢复、园林式绿化、养护管理等植物措施的实施，项目区内林草植被覆盖情况得以大幅度改善，植物通过在光合作用时释放负氧离子，使周边环境中的负氧离子浓度达到约1600个/cm^3，使区域内人们的生活环境得以改善。环境改善效果评价指标见表4-17。

表4-17　　环境改善效果评价指标一览表

评价内容	评价指标	值
环境改善效果	负氧离子浓度/(个/cm^3)	1600

青草沙水源地涵养林建设成效见图4-30。

图4-30　青草沙水源地涵养林建设成效

4.8　城市造林绿化

城市造林绿化是指在城市地区进行植树造林、建设绿化带、规划公园等活动，以提升城市环境质量、改善生态景观、促进居民健康，同时实现城市可持续发展的目标。

4.8.1 背景及意义

城市造林绿化建设的背景及意义涉及多方面的因素，主要包括城市化进程、环境污染问题、气候变化、生态平衡与居民需求等。

（1）城市化进程。随着城市化进程的加速，城市土地被大量用于建设房屋、交通和工业区域，导致自然绿地的减少。城市化的快速推进使城市面临了许多环境挑战，如空气污染、水土流失等。

（2）环境污染问题。工业化和交通活动引发的空气、水、土壤污染对城市居民的健康产生负面的影响。城市造林绿化可以帮助净化空气、改善水质，降低环境污染对居民的影响。

（3）气候变化。全球气候变化导致了极端天气事件的增加，如高温、暴雨等。城市造林绿化有助于缓解热岛效应，提高城市的抗灾能力，减轻气候变化对城市的不利影响。

（4）生态平衡。大规模的城市发展往往破坏了原有的生态平衡，影响了生物多样性和生态系统的稳定性。城市造林绿化可以帮助维护城市周边的生态平衡，保护野生动植物的栖息地。

（5）居民需求。随着居民对宜居城市环境的期望提高，城市居民对绿色空间的需求逐渐增加。城市造林绿化不仅提供了休闲娱乐的场所，还改善了居住环境，促进了社区互动。

（6）社会意识的觉醒。社会对环境问题的关注度逐渐提高，可持续发展理念逐渐深入人心。城市造林绿化是一种积极响应可持续发展呼声的方式，得到了社会的广泛支持。

综合考虑这些因素，城市造林绿化建设表明对于改善城市环境、促进居民健康、应对气候变化等方面存在迫切的需求，因而成为城市规划和可持续发展的重要组成部分。

4.8.2 造林绿化在水土保持中的功能

造林绿化在水土保持中具有重要的功能，在减缓水流速度、防止水土流失、保持土壤结构等方面起到积极作用。

（1）减缓水流速度。林木的树冠和植被覆盖可以有效地减缓雨水的冲击力，降低水流速度。这有助于减轻雨水冲刷土壤的程度，减少土壤侵蚀和水流对地表的侵蚀。

（2）防止水土流失。树木的根系和植被可以将土壤紧密地保持在地表，防止土壤被雨水冲刷、剥蚀和流失。这对于减少水土流失、维护土地的肥力和结构具有重要意义。

（3）保持土壤结构。树木的根系有助于保持土壤的结构稳定性，减少土壤的侵蚀和剥离。这有助于提高土壤的保水性和抗冲性，促进土壤质量的提升。

（4）增加土壤有机质。林木的叶片、树皮等有机物质的降解可以为土壤提供丰富的有机质，改善土壤的肥力。有机质对土壤结构、保水能力和植物生长都起到了积极作用。

（5）维护水体水质。林木可以过滤雨水中的污染物质，减少土壤中的营养流失，有助于保持附近水体的水质。这对于防止水源地的污染具有重要意义。

(6) 提高水源涵养能力。林木的根系有助于增强土壤的渗透性，提高水源涵养能力。这意味着雨水更容易渗入土壤，补充地下水，减缓水体的水位下降。

(7) 缓解洪水风险。通过减缓水流速度、增加土壤保水性，造林绿化可以有效地减缓雨水径流，降低洪水的发生概率，提高城市区域的洪水抗性。

总体而言，造林绿化在水土保持中的功能主要通过植被的保护、土壤结构的稳定和水源涵养能力的提高来实现，为维护生态平衡和可持续发展提供了有力的支持。这对于保护水资源、防止自然灾害以及改善环境质量都具有重要的意义。

4.8.3　上海造林绿化建设

4.8.3.1　总体情况

水源涵养林、沿海防护林、污染隔离林、护路林、护岸林、生态片林、生态廊道、公园绿地、开放休闲林地……这些星罗棋布的“绿”，共同构筑起上海最为珍贵的绿色屏障，在改善城市环境质量、提供休闲游憩场所、美化城市生态景观、提供动植物栖息地等方面发挥着不可替代的作用。

1. 森林面积明显增加

2013—2015年全市新建林地6.5万亩，改造疏林地2.5万亩，森林覆盖率达到15%。2016—2018年全市新增森林面积17万亩，其中新增造林面积15万亩，绿化建设折算森林面积2万亩，2018年年底全市森林覆盖率达到16.8%。2019年，全市新增森林面积5.92万亩，2020年累计完成造林10.4万亩，森林覆盖率达18.2%。2021年年底全市新增森林面积5万亩，森林覆盖率达到18.42%。2022年年底森林面积达189.8万亩，森林覆盖率提升至18.51%。2023年年底，新增森林面积6.7万亩，全市森林面积达到192.78万亩，森林覆盖率达到18.81%。

近10年，上海新造林约68万亩，森林覆盖率从2013年年底的13.13%增至2023年年底的18.81%。

2. 森林“四化”水平明显提升

经过40多年的努力，上海市林业建设取得了巨大的成就，在有限的土地资源的条件下，既有了量的飞跃，又有了质的突破。但是根据2035年总体规划生态之城的建设要求，上海城市森林仍然存在着总体绿量不足、森林景观色彩丰富度不够、珍贵树种不多、综合效益不高等问题。2018年9月13日，上海市政府办公厅下发了《上海市人民政府转发市绿化市容局关于落实“四化”工作提升本市绿化品质指导意见的通知》(沪府办〔2018〕60号)，明确提出了新时期上海城市林业发展要推进“四化”森林建设，突出彩化、珍贵化和效益化，为四季增添丰富的色彩，为城市培育更多珍贵的树种，努力实现城市高质量发展、人民高质量生活。自此拉开了上海市森林“四化”建设的序幕。2020年4月，为了科学指导上海市“四化”森林建设，丰富全市重点区域的森林景观，实现城市林业建设的高质量发展，上海市绿化和市容管理局还印发了《上海市“四化”森林建设总体规划(2019—2035年)》。至2023年年底，全市形成了较为成熟的造林技术体系，储备了一定的苗木，建成了一批规模品质俱佳、季相色彩绚丽、树木层次丰富、结构类型多样、林冠线自然的“四化”示范试点项目，森林“四化”水平明显提升。

4.8.3.2 常见的造林技术

造林技术涉及从树种选择、栽植方式到养护管理等多个方面。以下是上海市一些常见的造林技术。

1. 树种选择

合理的树种选择对于造林的成功至关重要。选择适应当地气候、土壤条件和用途的树种，考虑到树木的生长速度、抗逆性以及所提供的生态服务等因素。

2. 种苗培育

种苗的质量直接影响后期的树木生长。常见的种苗培育技术包括育苗土的处理、播种或嫁接技术、苗圃的管理等。

3. 地面准备

在栽植前，需要进行地面的准备工作，包括清理杂草、平整地表、施肥等。这有助于提供良好的生长环境，促进树木的生根和生长。

4. 栽植方式

栽植方式有直接栽植和间接栽植两种。直接栽植是将树苗直接插入土壤，而间接栽植是先在苗圃培育好，然后再移植到目标地。

5. 密度控制

合理的树木密度对于保证每棵树木的养分、阳光和空间都很重要。密度过大可能导致树木竞争激烈，影响生长质量。

6. 养护管理

包括浇水、施肥、修剪等养护工作。在干旱地区或树木生长初期，适时的浇水是至关重要的。施肥有助于提供养分，修剪有助于形成健康的树冠结构。

7. 防治病虫害

定期巡查，采用合理的病虫害防治措施，保持树木的健康生长。这可能涉及化学防治、生物防治和物理防治等多种方法。

8. 监测与评估

建立监测系统，定期对造林区域进行评估，了解树木的生长状况，及时采取必要的措施，确保造林的成功。

9. 生态恢复

对于生态系统的恢复，可以采用一些生态工程技术，如湿地恢复、水土保持工程等，促使造林区域形成健康的生态系统。

10. 科技支持

利用现代科技手段，如卫星遥感、无人机监测等，对造林区域进行科学管理和监测。

4.8.3.3 技术关键

1. 选择最佳的栽种时间

林业工程技术应用在造林绿化工作中，要选择最佳的栽种时间。对树苗移栽、移植的时间进行科学的计算是保证树苗成活的第一步。时间的计算要结合不同地区的实际地理特征、气候因素。在进行树苗的移栽过程中，第一步，要对萌发较早的树苗先移栽，在最短的时间内完成移栽工作。在实际工作中，如果苗圃和栽种的区域有较长的距离，一定要做好对移栽苗木根部的保养，确保根部湿润。第二步，要做好对种植土地的水分补充，及时地浇水、施加营养。在一般情况下，更多地可以选择在全年雨水较多的季节进行大范围的移栽。尤其是在春季，广泛地开展造林栽种，更有利于栽种苗木的成活。因为在这个季节，气温会慢慢地升高，雨水开始增多，苗木的生长环境更好。

2. 选用科学的栽植技术

林业工程技术应用在造林绿化工作中，要根据不同的栽植树种特点，选择使用科学的栽植技术。比如在栽植阔叶林木之前一定要对这些林木进行提前修剪，做好养分、水分的供给保障。还比如在栽种不易成活的树种时，要携带原有土球，使用根系覆土技术，提高栽种树木的成活率。再比如，在环境不好的地区，可以先在苗圃中进行幼苗的培育，之后选择使用根部繁殖、播种、扦插等不同的技术方法进行移栽，提高栽种树木的成活率。另外，要做好栽种树木的及时观察，发现枯萎、死亡的树木要做好补种。除此之外，在开展造林绿化工作的过程中，还要做好不同树种之间的搭配，提高多样性树种的栽植效果，提高生态系统的复杂性，为后期开展病虫害防治工作做好准备。

3. 加强人工造林后期管理

在造林绿化工作开展的后期，主要管理工作包括浇水、松土、施肥、防治病虫害等几个方面。首先，在苗木移栽的开始阶段，要做好对土壤的清理，根据不同苗木需要的土壤松软度进行调整，及时将栽种区域的杂草、垃圾进行清理，确保栽种苗木的土壤层得到良好的管理，为栽种的苗木提供优质的条件。其次，在进行苗木栽种的过程中，还要注意充分发挥苗木的综合效益。比如可以选择在高大的乔木树种下进行花卉植物、中药植物、经济作物等植物的套种，提高造林绿化的整体价值。再次，在苗木栽种之后，还要定期开展针对土层的深耕作业，确保栽种苗木的根系健康发育。同时实施针对水肥一体的集中管理方法，在不同的天气环境中，结合栽种树木的长势情况，明确选择灌溉方式和灌溉量。最后，针对病虫害的管理工作需要针对不同的情况采取不同的防治管理措施。比如在单一树种的造林绿化工程中，发生病虫害后，传播速度很高，容易造成严重的损失。在这种情况下，可以选择及时地清除病树、死树，控制病害的蔓延；另外要加强监测，及时调整防治策略。

4.8.4 重点工程

4.8.4.1 重点区域生态廊道

1. 建设范围

《上海市生态空间专项规划（2019—2035）》规划的生态空间范围，以及规划近期推进的重点生态廊道项目。一是发挥阻隔邻避设施的功能，重点建设金山化工区和老港、松江天马、嘉定外冈垃圾处理设施周边等4个生态廊道项目；二是发挥隔离城市组团的功能，重点建设绕城、沪渝、沪昆、京沪等高速公路沿线和京沪（含沪宁）、沪杭等高铁（客专）沿线，以及吴淞江河道沿线等7个生态廊道项目；三是发挥连接生态系统的功能，重点建设沪芦高速、沈海高速、陈海公路等道路沿线和黄浦江-拦路港-泖港-斜塘、环岛运河等河道沿线等6个生态廊道项目。其他有基础、有条件的生态廊道，结合“五违四必”环境综合整治实施造林绿化。

2. 建设情况

至2023年年底，全市完成了重点区域造林30万亩，其中，完成重点生态廊道造林12万亩，其他生态廊道造林7万亩，一般公益林造林11万亩。

3. 建设内容

（1）推进滨水、沿路生态廊道建设，控制主要河道和道路两侧林带和绿带空间，沿高速公路、骨干道路和主要河流两侧形成森林景观生态廊道。

（2）按照高速公路中心线向外100m、主干道路中心线向外50m、一级骨干河道蓝线向外200m、二级骨干河道蓝线向外50m、上海市轨道交通两侧50m范围，对生态廊道防护林带按照“断带补齐、窄带加宽、次带提升、残带改造”进行完善，拓展造林绿化空间，持续推进全市重点区域造林绿化工程。形成连续完整、结构稳定的森林生态系统，构建全市沿路、沿湖、沿江、沿河美丽生态防护景观林带。

（3）结合郊区产业用地整治，做到见缝插绿、见空补绿、拆违还绿，腾出更多空间构筑自然景观、滨水绿带，形成以蕰藻浜、黄浦江-大治河、淀浦河-川杨河、吴淞江-苏州河-张家浜、龙泉港、金汇港、航塘港、泐马河为主干的滨水景观防护林带格局。

生态廊道造林绿化成效图见图4-31。

图4-31　生态廊道造林绿化成效图

4.8.4.2　骨干道路景观

1. 建设范围

建设范围是全市范围的骨干道路两侧一定宽度的绿化用地。

2. 建设内容

按照道路所处生态区位和沿线居民及企事业单位的分布情况、生态休闲和历史文化资源分布情况等，将道路景观风格划分为城市景观型、生态景观型和生态防护型等3个类型，分别突出不同的风格及树种配置。图4-32为骨干道路造林绿化成效。

（1）城市景观型。城市景观型道路主要指大部分路段位于城市建成区、沿线人口密度大、慢行交通比例较高的各类道路。

以调节沿路小气候、隔离污染物、降低噪声、改善城市景观等为目的，与园林城市、城市理念相匹配，彩化树种比例应达到50%以上，形成“春暖花香、夏日荫蔽、树叶黄

图4-32 骨干道路造林绿化成效

红、冬日常青”的四季景观效果。单侧宽度6m以上的平板型绿化带以林间空地和疏林地补植补造、抽稀补植为主要手段，增加林缘观花型花灌木和草本植物使用比例，丰富景观效果。单侧宽度6m以上的阶梯型绿化带以临路一侧补植观花型、观叶型小乔木、花灌木和地被物为主要手段，在主要交通节点和居民休闲活动区应因地制宜地设置绿廊。单侧宽度6m以下的乔木林带以林下补植耐阴的观赏型小乔木、花灌木和地被植物为主要手段，形成复层彩化景观。

(2) 生态景观型。生态景观型道路主要指大部分路段位于城市建成区域、城市规划区、沿途人口密度相对较小、机动车流量较大的道路，以及连接主要生态旅游景区的各类道路。

在有效地保护现有森林群落的前提下，可以增加道路两侧林带的宽度，通过补植、抚育等方式合理安排林种布局，形成草、灌、乔合理配置的层次感，乔木树种应注重不同高度、冠型的相互搭配，丰富林冠线。在重点景观道路，加大彩化树种比例，注重人的视觉感受，营造“阳光大道、四季皆美”的视觉冲击感。

道路外侧绿化带宽度较宽的路段、连接主要生态休闲区域的路段应结合自行车道、游步道建设和公共自行车租借系统、公共交通换乘系统建设等，形成网状慢行交通体系，满足居民短途交通、休闲健身的需要，缓解干线交通的压力。

(3) 生态防护型。生态防护型道路主要指大部分路段位于郊区、沿途人口密度相对较小，以机动车为主要交通的各类道路。

遵照“防护优先、美观兼顾”的原则，滞尘防沙、空气净化等防护功能为主要目标，加强道路生态廊道之间的连接性，在沿路无林、少林地进行绿化建设，形成不间断的绿色基地，彩化树种点缀的配置模式。

通过新建、拓展扩建或补植改造等技术措施建设大尺度、大色调的森林生态景观，给人以层次分明、色彩亮丽的视觉享受。

选择条件成熟的地面建设开放型林地，建成供市民休闲、娱乐、健身的社区公园或森林生态休闲基地。远郊区域与苗木花卉产业发展相结合，建设林苗一体化景观防护林带。

4.8.4.3 骨干河道景观

1. 建设范围

建设范围是全市范围的骨干河道两侧一定宽度的绿化用地。

2. 建设内容

根据上海市水系分布情况、区域功能定位、水系沿线生态休闲和历史人文资源分布情况等，将全市水系划分为生态景观型、生态防护型、生态文化型、城市景观型和综合型等5个类型。图4－33为骨干河道造林绿化成效。

图4－33 骨干河道造林绿化成效

（1）生态景观型。生态景观型水系主要是指大部分河段位于郊区、沿岸人口密度相对较大或者连接主要生态休闲区域的河道。

该类型以改善沿岸生态环境、增加生态休闲空间、提供运动健身场所为主要目的，形成“观色观形观景”的丰富观赏性，与滨水地带的延伸性特征相结合，打造一衣带水的绿带视觉冲击。树种配置以常绿为基调，块状、片状交替出现春色叶树种、秋色叶树种、春秋色树种和双色叶彩色树种，打造林河相依的彩色绸带，在形成给人以色彩亮丽的视觉享受的基础上，体现富含色彩文化的森林景观系统。在连接主要人口集中分布区、生态休闲区的适宜河段建设游步道或健身绿道。

（2）生态防护型。生态防护型水系主要指大部分河段位于郊区、沿岸人口密度相对较低、以排水灌溉或航运为主要功能的河道。

以生态防护功能优先为原则，重点选择根系发达、凋落物丰富且易分解、净化面源污染功能较强的优质乡土树种，在滨水侧草本植物、灌木和小乔木中提高彩化珍贵化植物使用比例，通过科学配置充分发挥固坡、净化水质和保护生物多样性等功能。同时与“海绵城市”相结合，发挥及时下渗和排涝功能，保障城市安全。

对现状过密林分通过适度疏伐，补植涵养水源能力较强的优质乡土树种和适量的珍贵用材树种及彩色树种，逐步培育多树种相结合的复层异龄混交林，提高森林生态系统稳定性，提高森林景观质量。

（3）生态文化型。生态文化型水系指沿岸历史文化资源丰富的河段。

生态文化型水系绿化彩化应紧密结合历史文化资源优势，突出应用社会学含义与相应文化资源相关的植物，围绕历史文化资源分布地点，如外滩历史文化风貌区、枫泾历史文化风貌区、朱家角历史文化风貌区等，形成景观优美、文化底蕴深厚的景观节点。

（4）城市景观型。城市景观型水系主要指大部门河段位于城市建成区的河道。这些河道大部分为直立的硬质护岸，河流断面“渠道化”现象突出。

以打造“宜居城市”为目标，与“江南水乡”特色相结合，为市民提供休憩的场所，达到“视觉舒适、身心舒畅”为目的的科学配置，可间隔一定距离建设一处具有一定宽度的生态休闲广场或亲水平台，形成串珠状滨河风光带。

（5）综合型。综合型指同时符合4个类型中的2个或者2个以上类型的河段，应结合不同类型的重要程度和相互关系，合理选择彩化、珍贵化模式。特别是流域较广的江河如黄浦江等往往在不同江段具有不同的功能，应合理选择景观植物搭配。

第5章 生产建设项目水土保持

根据《中华人民共和国水土保持法》《生产建设项目水土保持方案管理办法》（水利部令第53号）和《上海市水土保持管理办法》等法律法规要求，上海持续推进生产建设项目水土保持方案审批和监督监管工作。围绕“优化营商环境”的要求，深入推进审批改革，不断创新审批模式；坚持监管领域全覆盖的目标，围绕“水利行业强监管”的要求，做到监管力度不放松，监管手段不缩水，全市生产建设项目水土保持工作成效显著。

5.1 总体情况

本书统计了上海市2018—2023年生产建设项目水土保持方案编报审批情况。截至2023年12月31日，上海市水务局及各区水务局（包括黄浦区、静安区、徐汇区、长宁区、普陀区、虹口区、杨浦区、浦东新区、闵行区、嘉定区、宝山区、松江区、金山区、青浦区、奉贤区、崇明区和临港新片区）共审批生产建设项目水土保持方案3841个。

从审批区域来看，市级审批项目258个，区级审批项目3583个。区级审批项目中，浦东新区审批数量最大，共617个，占全市审批总量的16.06%；另外，郊区审批数量共3257个，占全市审批总量的84.80%。可见，郊区是建设集中的区域，也是水土流失防治的重点区域。

从行业类别来看，房地产工程数量最多，共计1588个，占比41.34%；其次是社会事业类项目和公路工程，数量分别是462个和439个，占比分别为12.03%和11.43%；另外，厂房和工业建设类项目也较多，近600个（计入其他行业项目），占比15.62%。

上海市生产建设项目水土保持方案审批数量及行业类别统计表见表5-1，上海市各级水土保持主管部门水土保持方案审批数量统计见图5-1，上海市生产建设项目水土保持方案所属行业类别统计见图5-2。

表5-1 上海市生产建设项目水土保持方案审批数量及行业类别统计表

序号	审批级别	审批数量/个	占比/%	行业类别						
				房地产工程/个	社会事业类项目/个	公路工程/个	水利枢纽工程/个	输变电工程/个	其他城建工程/个	其他行业项目/个
1	市级	258	6.72	39	46	25	28	37	18	65
2	黄浦区	14	0.36	9	3	0	0	0	2	0
3	静安区	62	1.61	31	7	4	0	6	5	9
4	徐汇区	56	1.46	38	13	0	0	0	0	5

续表

序号	审批级别	审批数量/个	占比/%	行业类别						
				房地产工程/个	社会事业类项目/个	公路工程/个	水利枢纽工程/个	输变电工程/个	其他城建工程/个	其他行业项目/个
5	长宁区	41	1.07	10	7	5	0	2	3	14
6	普陀区	77	2.00	33	12	7	0	2	8	15
7	虹口区	31	0.81	22	5	1	0	0	1	2
8	杨浦区	45	1.17	30	5	0	1	2	2	5
9	浦东新区	617	16.06	270	104	49	29	26	60	79
10	闵行区	303	7.89	155	29	25	1	10	34	49
11	嘉定区	210	5.47	108	29	16	2	9	17	29
12	宝山区	237	6.17	128	21	21	5	7	17	38
13	松江区	424	11.04	201	22	30	9	7	63	92
14	金山区	149	3.88	60	25	12	0	5	14	33
15	青浦区	379	9.87	152	43	78	15	14	20	57
16	奉贤区	238	6.20	107	27	26	0	17	15	46
17	崇明区	240	6.25	62	20	54	24	18	16	46
18	临港新片区	460	11.98	133	44	86	18	15	62	102
合计		3841	100	1588	462	439	132	177	357	686

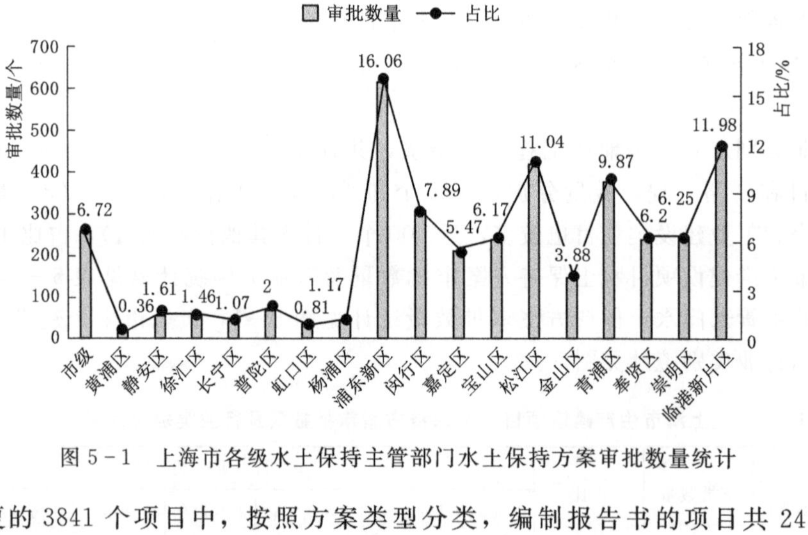

图5-1 上海市各级水土保持主管部门水土保持方案审批数量统计

已批复的3841个项目中，按照方案类型分类，编制报告书的项目共2417个，占62.93%；编制报告表的项目共1424个，占37.07%。按照项目性质分类，新建项目共3335个，占86.83%；改建项目269个，占7.00%；扩建项目237个，占6.17%。按照批复时间分类，2018年及之前审批项目数量较少，仅有22个，占0.57%；2019年共审批183个项目，占4.76%；2020年共审批1215个项目，占31.63%；2021年审批项目数量最多，共1915个，占49.86%；2022年共审批319个项目，占8.31%；2023年共审批

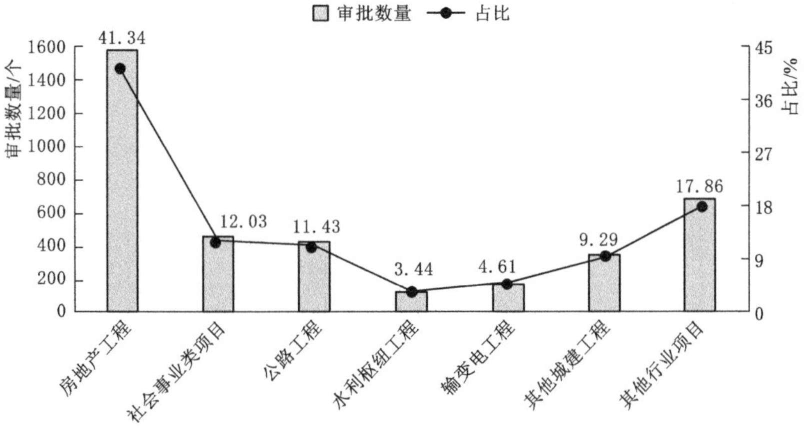

图 5-2 上海市生产建设项目水土保持方案所属行业类别统计

187 个项目，占 4.87%。上海市生产建设项目水土保持方案类型、项目性质及批复时间统计表见表 5-2，上海市生产建设项目水土保持方案类型统计见图 5-3，上海市生产建设项目建设性质统计见图 5-4，上海市生产建设项目水土保持方案批复时间统计见图 5-5。

表 5-2 上海市生产建设项目水土保持方案类型、项目性质及批复时间统计表 单位：个

序号	审批级别	审批数量	方案类型		项目性质			批复时间					
			报告书	报告表	新建	改建	扩建	2018 年及之前	2019	2020	2021	2022	2023
1	市级	258	226	32	186	40	32	20	11	46	125	29	27
2	黄浦区	14	12	2	11	2	1	0	0	7	7	0	0
3	静安区	62	38	24	53	6	3	0	0	29	30	3	0
4	徐汇区	56	44	12	50	4	2	0	0	29	24	3	0
5	长宁区	41	23	18	33	4	4	0	1	22	14	3	1
6	普陀区	77	49	28	49	22	6	0	0	38	38	1	0
7	虹口区	31	27	4	28	2	1	0	0	22	9	0	0
8	杨浦区	45	28	17	42	3	0	0	0	25	19	1	0
9	浦东新区	617	425	192	551	48	18	0	2	168	404	36	7
10	闵行区	303	226	77	280	15	8	0	6	105	165	12	15
11	嘉定区	210	127	83	182	6	22	0	11	60	116	18	5
12	宝山区	237	143	94	196	28	13	0	19	108	101	2	7
13	松江区	424	222	202	355	28	41	1	49	196	152	17	9
14	金山区	149	62	87	120	9	20	0	0	49	90	9	1
15	青浦区	379	226	153	329	25	25	1	34	98	194	16	36
16	奉贤区	238	125	113	206	9	23	0	9	79	129	19	2
17	崇明区	240	105	135	222	15	3	0	41	81	83	8	27
18	临港新片区	460	309	151	442	3	15	0	0	53	215	142	50
合计		3841	2417	1424	3335	269	237	22	183	1215	1915	319	187

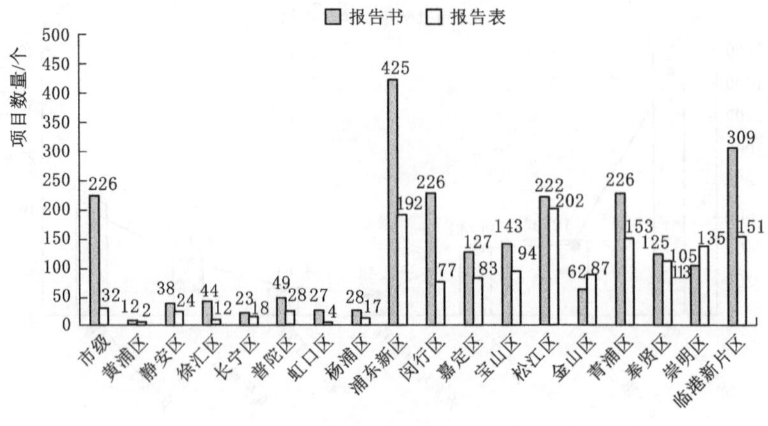

图5-3 上海市生产建设项目水土保持方案类型统计

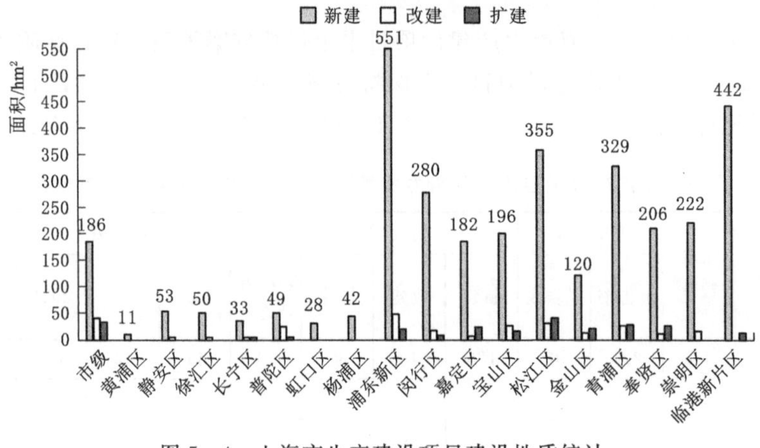

图5-4 上海市生产建设项目建设性质统计

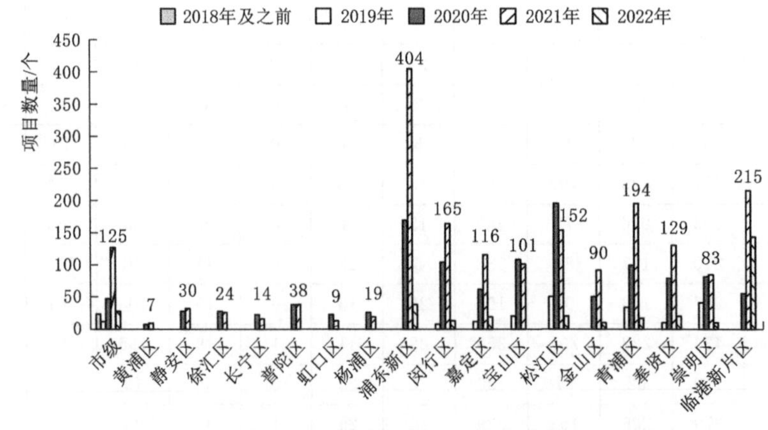

图5-5 上海市生产建设项目水土保持方案批复时间统计

截至2023年12月31日，上海市所有已批水土保持方案的生产建设项目的防治责任范围累计共24707.83hm²，其中永久占地20527.14hm²，占83.08%；临时占地4180.68hm²，占16.92%。项目挖填方总量达73559.24万m³，从土方平衡角度分析，挖方量 53297.53 万 m^3，填方量 20261.70 万 m^3，借方量 9228.95 万 m^3，余方量 42264.78 万 m^3。上海市生产建设项目水土保持方案特性统计见表 5－3，上海市生产建设项目水土保持方案防治责任范围统计见图 5－6，上海市生产建设项目水土保持方案土石方量统计见图 5－7。

表 5－3　　上海市生产建设项目水土保持方案特性统计表

序号	审批级别	审批数量/个	方案特性						
			征占地面积/hm^2			土石方量/万 m^3			
			防治责任范围	永久占地	临时占地	挖方量	填方量	借方量	余方量
1	市级	258	6460.34	5326.28	1134.05	13098.05	4638.25	1373.81	9833.60
2	黄浦区	14	17.33	15.80	1.53	232.65	15.90	9.99	226.75
3	静安区	62	136.94	112.82	24.12	913.08	100.62	85.80	898.26
4	徐汇区	56	190.51	169.07	21.44	1422.09	188.80	152.35	1385.64
5	长宁区	41	82.41	77.46	4.95	755.06	150.18	79.92	684.79
6	普陀区	77	314.76	272.99	41.77	994.45	178.63	87.97	903.79
7	虹口区	31	75.65	70.02	5.63	552.73	67.75	58.97	543.95
8	杨浦区	45	100.39	85.26	15.13	561.91	99.76	61.26	523.41
9	浦东新区	617	4099.10	3325.20	773.90	10101.70	3739.33	2461.44	8823.80
10	闵行区	303	1237.88	1056.03	181.85	691.78	105.64	88.57	674.71
11	嘉定区	210	658.24	560.32	97.92	1862.84	660.93	356.52	1558.45
12	宝山区	237	1002.15	883.74	118.41	2564.32	780.20	503.44	2287.57
13	松江区	424	1557.49	1430.77	126.72	3267.38	1196.78	751.42	2822.02
14	金山区	149	699.43	629.25	70.18	1102.26	520.74	321.22	902.73
15	青浦区	379	2254.35	1976.23	278.13	5237.51	1888.08	927.45	4276.89
16	奉贤区	238	904.57	782.72	121.85	2361.29	2650.77	460.17	170.69
17	崇明区	240	1897.14	1215.13	682.01	1685.41	1002.88	446.32	1128.85
18	临港新片区	460	3019.14	2538.06	481.09	5893.02	2276.46	1002.33	4618.88
合计		3841	24707.83	20527.14	4180.68	53297.53	20261.70	9228.95	42264.78

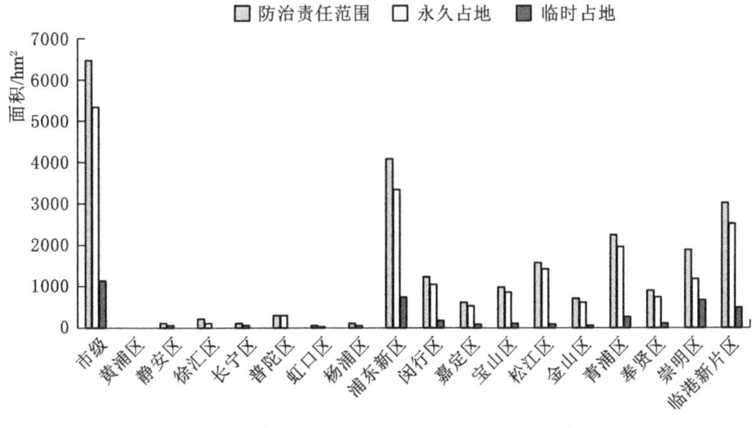

图 5－6　上海市生产建设项目水土保持方案防治责任范围统计

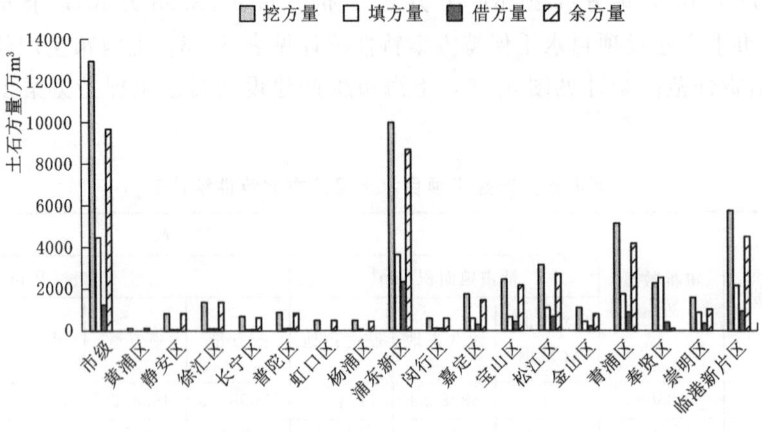

图 5-7　上海市生产建设项目水土保持方案土石方量统计

5.2　生产建设项目水土保持方案编制与措施设计

5.2.1　水土保持方案编制

5.2.1.1　总体要求

依据《中华人民共和国水土保持法》和《上海市水土保持管理办法》，在上海市水土保持规划确定的水土流失易发区开办可能造成水土流失的生产建设项目，生产建设单位应当编制水土保持方案，报市水务局或者区水务局审批，按照经批准的水土保持方案，采取水土流失预防和治理措施。

为规范和统一上海市辖区内生产建设项目水土保持方案编制工作，提高生产建设项目水土保持方案对主体水土保持措施后续工作的指导性，上海市水务局组织制定并发布实施了《上海市生产建设项目水土保持方案编制指南》（下称《方案编制指南》）。

5.2.1.2　方案分类

根据《上海市水土保持管理办法》《上海市水务局印发〈关于推行开发区内生产建设项目水土保持管理工作改革的实施意见〉的通知》（沪水务〔2021〕86 号）、《上海市水务局关于进一步优化生产建设项目水土保持方案审批相关工作的通知》（沪水务〔2021〕205 号）等现行文件要求，进行水土保持方案分类管理（报告书和报告表）。其中：征占地面积不足 $1hm^2$ 且挖填土石方总量不足 1 万 m^3 的项目（简称“双 1 以下”标准），不再办理水土保持方案审批手续，生产建设单位和个人依法做好水土流失防治工作。

征占地面积在 $1hm^2$ 以上（含 $1hm^2$）或者挖填土石方总量在 1 万 m^3 以上（含 1 万 m^3）的生产建设项目（简称“双 1 及以上”标准）应当编制水土保持方案。根据不同标准进行如下分类。

1. 根据征占地面积、挖填土石方总量分类

（1）征占地面积在 $1hm^2$ 以上（含 $1hm^2$）$5hm^2$ 以下或者挖填土石方总量在 1 万 m^3 以上（含 1 万 m^3）5 万 m^3 以下的生产建设项目（以下简称“双 1～双 5 以下”标准），应当编制水土保持方案报告表，适用“告知承诺方式”情形进行办理。

(2) 征占地面积在 $5hm^2$ 以上（含 $5hm^2$）或者挖填土石方总量在 5 万 m^3 以上（含 5 万 m^3）的生产建设项目（以下简称“双 5 及以上”标准），应当编制水土保持方案报告书，进行技术评审，技术评审意见作为行政许可的技术支撑和基本依据。

2. 按照项目所在区域分类

(1) 特定区域外。除国务院及上海市人民政府设立的开发区或其他已实施水保区域评估范围以外的生产建设项目，符合“双 1～双 5 以下”标准的，应当编制水土保持方案报告表。符合“双 5 及以上”标准的，应当编制水土保持方案报告书。

(2) 特定地区内。国务院及上海市人民政府设立的开发区范围内的生产建设项目（除已实施水土保持区域评估的区域以外），符合“双 1～双 5 以下”标准的，应当编制水土保持方案报告表。符合“双 5 及以上”标准的，应当编制水土保持方案报告书。均适用“告知承诺方式”情形办理。

(3) 区域评估范围内。对于已经实施水土保持区域评估的区域内生产建设项目，实行备案制管理，不再要求编制水土保持方案，仅需要填写备案登记表即可。

5.2.1.3 方案编制特殊规定

上海市生产建设项目水土保持方案编制总体按照 GB 50433—2018《生产建设项目水土保持技术标准》，但是也有自己特殊的规定，具体如下。

1. 综合说明

(1) 水土保持方案编制对象与项目立项或批复文件原则上应保持一致。对于分期建设项目，如果能提供项目分期开发依据文件，且分期前后实施工期间隔较长、后期设计资料无法满足水土保持方案编制要求的，在征得水行政主管部门同意后可分期编报。

(2) 特性表中涉及的重点防治区名称按国家和上海市公告的水土流失重点预防区和重点治理区名称填写；6 项防治指标应填写设计水平年的综合指标值；原地貌土壤侵蚀强度应填平均值；各类防治措施及工程量应填写措施名称和数量。

2. 水土流失防治责任范围界定

(1) 纳入防治责任范围的情况如下。

1) 红线范围内的扰动土地计入防治责任范围。

2) 立项中明确的代建项目纳入防治责任范围。

3) 存在扰动的临时借地计入防治责任范围。

4) 建设单位自行设置的取弃土场计入防治责任范围。

5) 新开河道、占用滩涂面积、填海造地面积计入防治责任范围。

6) 穿河建筑物（桥梁等），其河道上下游按规划整治河道应纳入防治责任范围。

(2) 不纳入防治责任范围的情况如下。

1) 河道清淤疏浚的水面不纳入防治责任范围。

2) 占用海域但不形成陆域的面积不纳入防治责任范围。

3) 航道疏浚项目港池、锚泊区、深潭抛填区水域不纳入防治责任范围。

4) 施工租用已建成设施、场地，施工期间无新增扰动的情况等不计入防治责任范围。

5) 改扩建项目前期已建成且本次不扰动区域不纳入防治责任范围。

(3) 其他情况。多个项目临建设施共用的，应根据扰动时间和后续工程完工时间的先后顺序确定其防治责任范围的归属。

3. 项目水土保持评价

(1) 植物保护带是指在河道的两岸、湖泊与水库周边人工营造或自然形成的林带、具有专用防护功能的草地，一般宽度为50m。水土保持重点试验区是指国家和地方设立的水土保持试验、研究基地所属的范围。

(2) 基坑坑内集排水措施、降水措施不界定为水土保持措施；海绵城市设计中雨水回用设施、屋顶绿化、下凹式绿地、透水铺装等措施应纳入水土保持措施。

4. 水土流失分析与预测

水土流失危害分析应包括对当地水土资源和生态环境、周边生产生活、下游河道及排水管网淤积、防洪安全和对工程本身可能造成的危害形式、程度和范围等。

5. 水土保持措施

(1) 结合近年来上海市生产建设项目特点及水土保持方案编制经验，一级分区一般为主体工程防治区、施工生产生活防治区、临时堆土防治区、施工便道防治区、弃土（排泥）场防治区等，二级分区再根据项目性质和类别进行划分。

(2) 生产建设项目应尽量体现海绵城市理念。城市“海绵体”既包括河、湖、池塘等水系，又包括绿地、花园、可渗透路面这样的城市配套设施。

(3) 永久绿化中屋顶绿化在计算工程量和投资时按照实际面积计算，但是计算林草覆盖率时按照折算面积计算。边坡绿化在计算工程量和投资时按照实际面积算，但是计算林草覆盖率时按照投影面积算；施工中的临时堆土高度一般≤3.0m、坡比不大于1：1.5，拦挡高度控制在0.5～1.0m。

6. 水土保持方案图册要求

水土保持方案图册要求见表5-4。

表5-4　　水土保持方案图册要求

编号	图　名	图幅	内容要求	备注
1	项目地理位置图	A3	项目区位置及周边情况清晰，应包含行政区划、主要城镇和交通路线	
2	项目区水系图	A3	应包含主要河流、排灌干渠、水库、湖泊等	
3	项目总体布置图	A3	应反映项目组成的各项内容	
4	工程纵断面设计图	A3	主体工程竖向设计清楚，公路、铁路项目应有纵断面缩图和典型断面图	线型工程提供
5	上海市水土流失重点预防区布局图	A3	重点预防区布局图清楚、包含图例	
6	上海市水土流失易发区分布示意图	A3	附图清晰清楚、包含图例	
7	水土流失防治责任范围及防治分区图	A3	项目永久占地范围及临时占地范围清晰，防治责任范围明确	
8	水土保持措施布局图（含监测点位）	A3	清楚反映各区水土保持措施平面布置情况，措施布设名称、位置、工程量等，简要说明监测点位位置、监测内容及方法	

续表

编号	图　　名	图幅	内 容 要 求	备注
9	水土保持措施典型设计图	A3	说明各措施的典型设计图，包括工程措施、临时措施。雨水排水布置图、绿化设计图等可根据需要单独绘制。工程已实施措施典型设计不做强制要求	
10	防治责任范围矢量图	Shapefile 文件	采用 CGCS2000 大地坐标系地形图绘制，提供包括所有防治分区的 shapefile 格式矢量图；防治责任范围图应能显示所有的防治区图斑，线型项目因图纸比例太小防治分区无法用一图斑表达的，应将各防治分区位置进行标注	可单独提供
11	其他需要补充的图纸	A3	根据项目需要补充的图纸	

说明：附图图幅一般采取 A3，线型工程可根据需要设置 A3 加长。

7. 水土保持方案编制及审批流程

水土保持方案编制管理流程图见图 5－8，水土保持方案审批流程图（审批制）见图 5－9，水土保持方案审批流程图（告知承诺制）见图 5－10。

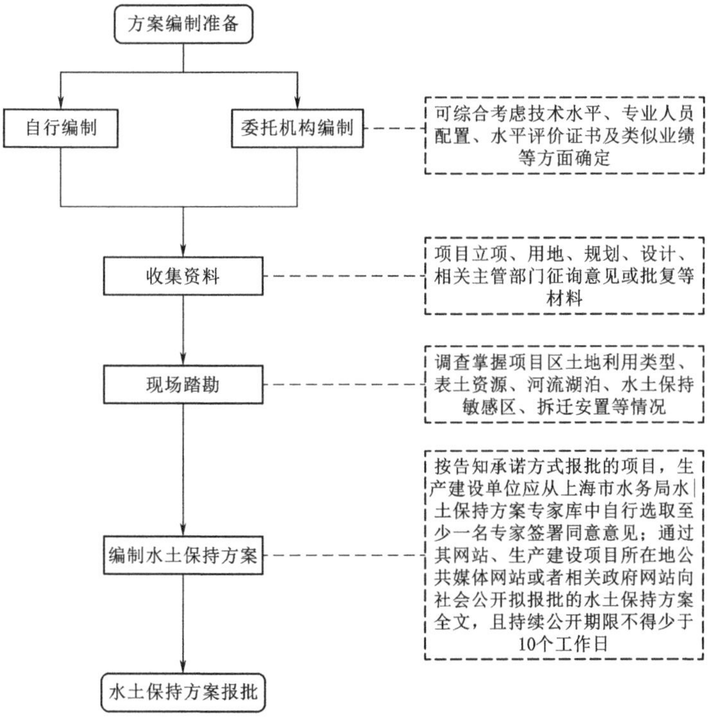

图 5－8　水土保持方案编制管理流程图

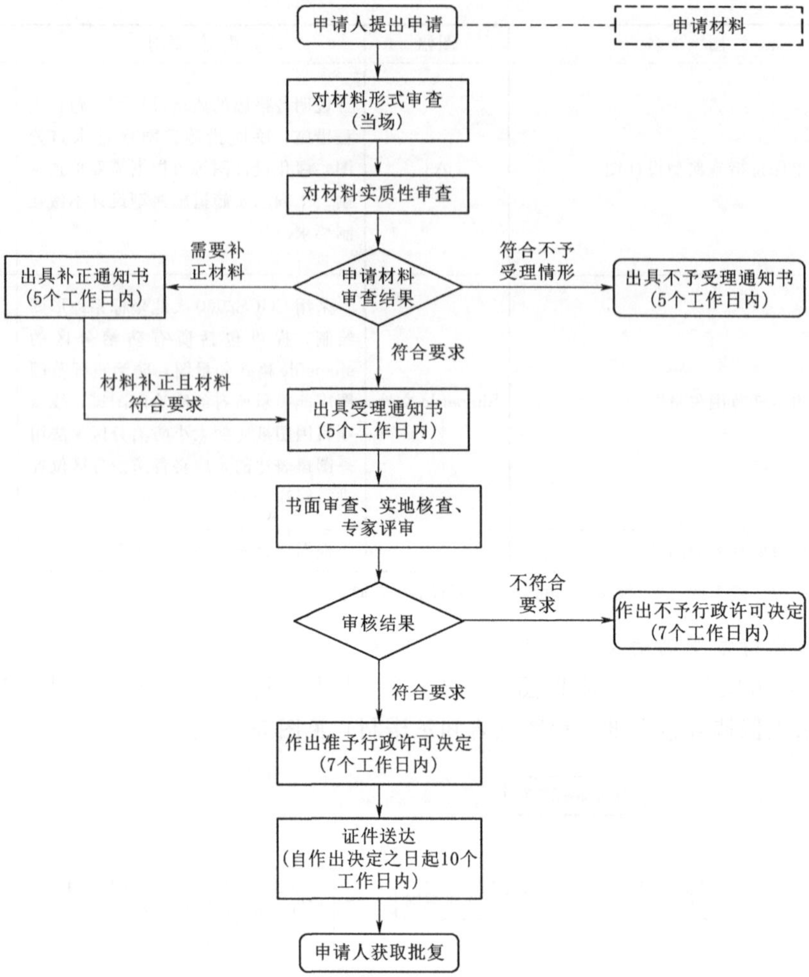

图5-9 水土保持方案审批流程图（审批制）

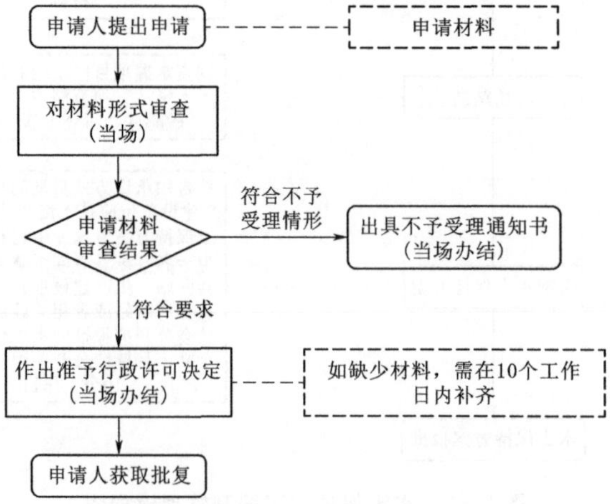

图5-10 水土保持方案审批流程图（告知承诺制）

5.2.2　水土保持措施设计

5.2.2.1　水土保持措施分类

水土保持措施可分为工程措施、植物措施、临时防护措施三大类。根据GB 50433—2018《生产建设项目水土保持技术标准》，从水土保持措施的功能上区分，结合上海市生产建设项目实际，上海市生产建设项目水土保持措施主要包括拦渣工程、斜坡防护工程、土地整治工程、防洪排导工程、降水蓄渗工程、临时防护工程、植被建设工程七大类型。其中拦渣工程、土地整治工程、防洪排导工程、降水蓄渗工程主要属于工程措施；植被建设工程主要属于植物措施；斜坡防护工程则是工程措施、植物措施均有所涉及；临时防护措施主要包括临时拦挡、排水、沉沙、覆盖等，均为施工期临时工程，施工完毕后即不存在或失去原功能。

1. 拦渣工程

生产建设项目在施工期和生产运行期造成大量弃土弃渣和其他废弃物，必须布置专门的堆放场地，做必要的分类处理，修建拦渣工程。拦渣工程要根据弃土、弃渣等堆放的位置和堆放方式，结合地形、地质、水文条件等进行布设。据统计，上海市仅有极少量生产建设项目会设置弃土弃渣场（例如开挖或疏浚湖泊、河道），大部分项目余方按照政府渣土管理部门有关要求运至专门的土方消纳场所。土方消纳场所采取的拦渣工程主要是挡渣墙、拦渣坝、拦渣堤、围渣堰等，其他形式拦渣工程鲜有涉及。拦渣工程一般布设在弃土弃渣坡脚部位，应根据弃土弃渣所处位置及其岩性、数量、堆高，以及场地及其周边的地形地质、水文、施工条件、建筑材料等选择相应拦渣工程类型和设计断面。对于有排水和防洪要求的，应符合国家有关标准规范的规定。

2. 斜坡防护工程

对生产建设项目因开挖、回填、弃土形成的坡面，应根据地形、地质、水文条件等因素，采取边坡防护措施。对于开挖、削坡形成的土质坡面采取挡墙防护措施，目的是防止因降水渗流的渗透、地表径流及沟道洪水冲刷或其他原因导致荷载失衡，而产生边坡湿陷、坍塌、滑坡等；对超过一定高度的不稳定边坡也可采取削坡开级进行防护；对于稳定的土质边坡宜采取植树种草护坡措施；对于易发生滑坡的坡面，应根据滑坡体的岩层构造、地层岩性、塑性滑动层、地表地下水分布状况，以及人为开挖情况等造成滑坡的主导因素，采取削坡反压、拦排地表水、抗滑桩、抗滑墙等滑坡整治工程。从水土保持角度看，斜坡稳定情况下，植物措施应优先布设。上海市位于平原河网地区，地势平缓、高差较小，一般不会出现高陡边坡，经分析统计已审批水土保持方案的生产建设项目，目前仅有地铁、大型商场地下深基坑、大型土方消纳场所等极少部分项目涉及。

3. 土地整治工程

土地整治工程是将扰动和损坏的土地恢复到可利用状态所采取的措施，应根据立地条件采取相应的措施，将其改造成为可用于耕种、造林种草（包括园林种植）、水面养殖等状态。土地整治包括施工前期的表土剥离，以及施工结束后对需恢复为农业用地或绿化用地的扰动和损坏土地进行整理（包括土地粗平整和细平整）、覆土、深耕深松、增施有机肥等土壤改良措施，配套必要的灌溉设施。上海市生产建设项目土地整治工程的对象，主要包括项目红线范围内的绿化区、施工生活区、施工生产区、临时堆土区、材料堆放区、施工临时便道等临时用地区域。

4. 防洪排导工程

防洪排导工程是指生产建设项目在基建施工和生产运行中，当损坏地面、弃土弃渣场等易遭受洪水危害时，布置的排水、排洪工程措施。根据建设项目的实际情况，可采取排洪渠、涵洞、防洪堤、护岸护滩等防洪排导工程。当一侧或周边有洪水危害时，在坡面及坡脚布设排洪渠，与各类场地道路以及其他地面排水衔接。当坡面或沟道洪水与防护区域发生交叉时，布设涵洞或暗管，进行地下排洪。防护区域紧靠沟岸、河岸，易受洪水影响时，布设防洪堤和护岸护滩工程。

5. 降水蓄渗工程

近些年，上海市大力推进建设自然积存、自然渗透、自然净化的“海绵城市”，节约水资源，保护和改善城市生态环境，促进生态文明建设。GB 50433—2018《生产建设项目水土保持技术标准》中规定项目区硬化面积宜限制在项目区空闲地总面积的1/3以下；恢复并增加项目区内林草植被覆盖率，植被恢复面积达到项目区空闲地总面积的2/3以上。因此，应采取措施拦蓄地表径流，对地面、人行道路面硬化结构宜采用透水形式，将一定区域内的径流通过渗透措施渗入地下。对于不同行业类别，降水蓄渗工程主要体现在以下几个方面。

(1) 房地产工程应以控制面源污染、削减径流峰值、延缓峰值时间为主，有条件的可兼顾雨水收集利用。

(2) 道路工程应加强集水功能，构建海绵设施的滞留转输的网络系统。新建道路应结合红线内外绿地空间、道路纵坡及标准断面、市政雨水排放系统布局等，优先采用植草沟排水。

(3) 公共广场、绿地工程，应设置雨水收集和集中处理设施，充分存蓄降水，用于城市广场、花园、社区等景观用水。

6. 临时防护工程

临时防护工程是项目在施工准备期和施工期，对施工场地及其周边、弃土弃渣场和临时堆料（渣、土）场等采取非永久性防护措施，主要包括临时拦挡、覆盖、排水、沉沙、临时种草等措施。

7. 植被建设工程

植被建设工程主要指主体工程开挖回填区、施工营地、临时道路、材料堆场、弃土（渣）场区在施工结束后所采取的造林种草或景观绿化等措施，包括植物防护、恢复自然植被等。对于立地条件较好的坡面和平地，采用常规造林种草；坡度较缓且需达到防冲要求的，采取草皮护坡、格状框条护坡植草等。工程管理区、厂区、居住区、办公区应采取标准相对较高的园林式绿化。

5.2.2.2 水土保持措施设计

水土保持措施设计总体布局思路是以防治水土流失、恢复植被、改善项目水土流失防治责任范围内生态环境、保证项目安全为最终目的。基于上海市平原河网地区特点，仅有极少量生产建设项目涉及拦渣工程、斜坡防护工程、防洪排导工程，因此，本节重点介绍上海市生产建设项目常用防护措施的设计，主要包括土地整治工程、降水蓄渗工程、临时防护工程、植被建设工程等 4 个方面。

1. 土地整治工程

(1) 适用范围。土地整治按征占地性质可分为工程永久占地区和临时占地区的土地整治。按土地最终利用方向可分为恢复为耕地的土地整治、恢复为林草地的土地整治及其他用地的土地整治。根据上海市生产建设项目实际，土地整治主要适用于以下几方面。

1) 防治责任范围内具备表土剥离条件，而后期进行植被恢复需要回覆表土的，应对具备表土剥离条件的区域采取表土剥离措施，表土剥离厚度一般为 30～50cm。剥离的表土应集中堆放，施工后期用于绿化覆土使用，表土回覆前应进行土地整治。

2) 在工程建设过程中，由于开挖、回填、排放废弃物等扰动或占压地表形成的裸露地表，包括平面和坡面，在恢复植被前根据植物种植要求采取的土地整治措施。

3) 工程建设结束，施工临时征占区（如施工作业区、施工道路区、施工生产生活区、材料堆放及加工区等）需要恢复植被的土地整治。

4) 在工程永久占地范围内需恢复植被的其他裸露土地的整治，以及未扰动，但是根据美化环境和水土流失防治的要求，需要种植林草恢复植被的土地。

(2) 设计原则和标准。土地整治是控制水土流失、改善土地生产力、恢复植被的基础工作，在土地整治前应首先确定土地的用途，根据土地的用途采用适宜的土地整治措施。

1) 土地整治原则。应符合土地利用总体规划及土地整治规划，与蓄水保土相结合，与生态环境建设相协调，与防洪排水工程相结合。

2) 土地整治标准。在符合法律法规及区域总体规划的基础上，土地利用方向根据占地性质、原土地类型、立地条件和使用者要求综合确定，与区域自然条件、社会经济发展和生态环境建设相协调，宜农则农，宜林则林，宜牧则牧，宜渔则渔，宜建设则建设。一般工程永久占地范围内的裸露土地和未扰动土地尽量恢复为林草地；工程临时占地范围内土地原则上按原地类恢复，即恢复为原地貌。

(3) 土地整治内容及要求。土地整治内容主要包括表土剥离及堆存，扰动占压土地的平整及翻松，表土回覆，田面平整和犁耕，土壤改良，以及灌溉设施。

1) 表土剥离及堆存。是指将扰动土地表层熟化土剥离并搬运到固定场地堆放，采取必要的水土流失防治措施，待主体工程完工后，再将其回铺到需恢复植被的扰动场地表面的过程。剥离方式采用机械结合人工。

表土剥离厚度应根据表层熟化土厚度确定，一般为 20～50cm，原地类为耕地，表土剥离厚度一般为 50cm；原地类为林地，剥离厚度一般为 20～30cm。表土剥离还应结合工程占地性质考虑，永久占地（建筑物区、硬化区）内的表土应优先考虑剥离，临时占地使用后需恢复农业种植的表土需考虑剥离。另外，根据上海市生产建设项目实际，临时堆土区施工前后对地表扰动强度小，可不考虑表土剥离，施工后期恢复绿化前，对表层土轻微翻耕即可。

剥离的表土就近集中堆存，在堆放过程中要防止杂物混入，尽可能保持原有土壤结构。表土临时堆存一般采用推土机推叠，在自然稳定的前提下堆高控制在 2.5～3.0m。堆存表土应采取土袋拦挡、苫盖、边坡撒播草籽等临时性防护措施。

2) 扰动占压土地的平整及翻松。整地前进行杂物清理，捡除石块、石砾和建筑垃圾。

扰动后凸凹不平的土地需采用机械削凸填凹进行粗平整，粗平整包括全面成片平整、局部平整和阶地式平整等3种形式。在粗平整之后，有些细部仍不符合要求的还要进行精细平整，主要包括修坡、固坡等。在精细平整过程中不仅要保证土体再塑，还要稳坡固表，防治水土流失，保障再塑土体安全稳定。

上海市生产建设项目常用74kW推土机平整土地表面，范围较窄的区域可采用人工平整。平整后的场地布置植物措施，部分区域还需要布置排水、道路等配套设施。

3）表土回覆。按设计覆土厚度均匀地铺垫表土，回覆表土可采用机械施工，以铲运机挖装土后利用自卸汽车运至覆土点卸载，再以推土机推平表面。上海市生产建设项目覆土厚度一般为：恢复农地30～60cm；恢复林地≥40cm；恢复草地20～30cm。

4）土地整理。对于恢复为耕地的，要实施田间整形工程，考虑渠系、道路、林带等田间辅助工程，田块形状以便于耕作为宜，最好为长方形、正方形，尽量防止三角形和多边形。

对于恢复林草的，整理方式主要有全面整地、水平沟整地、穴状整地、块状整地等，以土质为主的地块，宜依据其覆盖厚度和造林种草的基本要求，采取全面整地；以碎石为主的地块，且无覆土条件时，采用穴状整地。

（4）土地整治模式。

1）主体工程永久占地区及工程永久办公生活区。征占地范围内除建（构）筑物之外的空闲地，及从工程安全运行角度考虑进行的防护措施外的裸露面，在施工结束后需硬化或恢复植被，满足水土流失防治要求，同时应采取乔、灌、草相结合的综合绿化措施进行环境美化，土地整治应满足植被种植需要。

2）弃土（石、渣）场区。上海市生产建设项目余方一般为土方，以及因建（构）筑物拆除或硬地破除产生的少量建筑垃圾。在一般情况下，建筑垃圾需要按照渣土管理部门要求办理渣土处置证，运至指定地点集中处置。如果项目偏远或存在特殊情形，土方和建筑垃圾需要堆置在弃土场内的，则在堆放时应将石、渣堆放在底部，土方堆放在上部，渣场顶面恢复耕种的，先铺一层厚度不小于30cm的黏土并碾压密实作为防渗层，表面按复耕作物的种植要求确定回覆表土的厚度。渣场的坡面一般不可耕种，按林草种植要求放坡整治，恢复林草植被，做好水土流失防治措施。

3）施工道路区及施工生产生活区。在工程结束后，对施工道路、生产生活区等临时用地应恢复原迹地功能。对施工道路应清理垃圾、平整，根据林草或作物种植要求覆土、整地。对施工生产生活区，应及时拆除地上建筑、清除垃圾、翻松土地，根据林草或作物种植要求覆土、整地。

2. 降水蓄渗工程

（1）总体要求。降水蓄渗工程是指在工程建设区域内，对原有良好天然集流面或增加的硬化面（坡面、屋顶面、地面、路面）上所形成的汇聚径流进行收集、蓄存、调节、利用而采取的工程措施。上海市多年平均年降雨量大于1000mm，生产建设项目降水蓄渗工程以入渗为主，蓄水为辅。

上海市海绵城市建设包含生态保护、生态修复、低影响开发等三大类途径。生态保护区指远郊区、重要生态节点、廊道、自然保护区、水源地保护区等。生态修复区指中心城及新城周边地区，外环绿带、黄浦江、苏州河沿岸区域、楔形绿地。低影响开发区指中心城及新城新建区、改造区。

在设计绿地、透水地面、渗透浅沟等入渗设施时，可根据进水量和渗透能力直接计算出所需渗透面积，而后确定长度、宽度等尺寸。渗透设施进水量按式（5-1）计算

$$W_c = 1.25\left[60\times\frac{q_c}{1000}(F_y\varphi_m + F_0)\right]t_c \tag{5-1}$$

式中：W_c 为在降雨历时内进入渗透设施的设计总降雨径流量，m^3；F_y 为渗透设施服务的集水面积，hm^2；F_0 为渗透设施的直接受水面积，hm^2，埋地渗透设施为0；φ_m 为平均径流系数；t_c 为降雨历时，min。

渗透设施的日渗透能力依据日雨水量当日渗透完的原则而定。渗透设施的日渗透能力不应小于其汇水面上的重现期2a的日雨水设计径流总量，其中入渗池、入渗井的日入渗能力应大于等于汇水面上的日雨水设计径流总量的1/3。当下凹式绿地所接受的雨水汇水面积不超过该绿地面积2倍时，可不进行入渗能力计算。渗透量按式（5-2）计算

$$W_s = \alpha KJA_s t_s \tag{5-2}$$

式中：W_s 为渗透量，m^3；α 为综合安全系数，一般可取0.5～0.8；K 为土壤渗透系数，m/s；J 为水力坡降，一般可取1.0；A_s 为有效渗透面积，m^2；T_s 为渗透时间，s。

（2）建筑与小区海绵设计。应根据规划要求进行，设计各个阶段应包括海绵城市建设设施设计内容，合理确定雨水“渗、滞、蓄、净、用、排”设施。应合理利用场地内原有的湿地、坑塘和沟渠等，应优化渗透、调蓄设施的场地布局，在建筑物四周、道路两侧宜布置可消纳雨水径流的绿地。在绿地内设计可消纳屋面、路面、广场和停车场雨水径流的海绵城市建设设施，应合理配置绿地植物乔木、灌木、草地的比例，增强冠层雨水截流能力。应优化路面与道路绿地的竖向关系，便于雨水径流汇入绿地内海绵城市建设设施，小区道路、小广场、庭院式休憩地等应优先采用透水铺装。

（3）绿地海绵设计。应根据规划要求进行，遵循经济性、适用性原则，根据区域的地形地貌、水文水系、径流现状等实际情况设计，合理确定雨水“渗、滞、蓄、净、用、排”设施。应优先使用简单、非结构性、低成本的海绵城市建设设施，应符合场地整体景观设计，应与总平面、竖向、建筑、道路等相协调。

在绿地建设的规划设计方案总平面图中，应对海绵城市建设设施的设计情况进行说明，明确标注采用透水铺装面积的比例，雨水调蓄设施的规模、位置，竖向设计和相关措施等内容。在下凹式绿地的汇水区入口和坡度较大的植被缓冲带边缘，应设置隔离纺织层、种植固土植被、添加覆盖物等措施固定绿地内土壤。

绿地雨水入渗设计时应采用分散的、小规模就地处理原则，尽可能就近接纳雨水径流，条件约束时可通过管渠输送至绿地。新建绿地为下凹式，应根据地形地貌、植被性能和总体规划要求进行布置，一般在竖向上与地面的高差在50～200mm。下凹式绿地周边还需要布设雨水径流通道，使超过设计标准的雨水经雨水口排出。雨水口通常采用平箅式，宜设在道路两边的绿地内，其顶面高程宜低于路面20～50mm，且不与路面连通，设置间距40m左右。绿地入渗设施避免建在建筑物回填土区域内，距建筑物基础回填区域的距离应不小于0.5m。另外，下凹式绿地内植物应选用耐淹品种，种植布局应与绿地入

渗设施布局相结合，设计、施工时应避免在绿地低洼处大量种植花卉，建议考虑种植大羊胡子、早熟禾、黑麦草、高羊茅等耐淹性植物。

（4）道路与广场海绵设计。道路的海绵城市建设应结合红线内外绿地空间、道路纵坡和标准断面、市政雨水系统布局等，充分利用既有条件合理设计，合理确定雨水“渗、滞、蓄、净、用、排”设施。城市道路与广场的海绵城市建设设施应建设有效的溢流排放设施，与城镇雨水管渠系统和超标雨水径流排放系统有效衔接。

人行道、专用非机动车道和轻型荷载道路，宜采用透水铺装。城市快速路、非重载交通高架道路、景观车行道路宜采用透水沥青铺装，设置边缘排水系统，接入雨水管渠系统。行道树种植可选择穴状或带状种植，应采用生态树池，应符合相关规范要求。有条件的地区，行道树种植可与植草沟相结合，提升人行道对雨水的蓄渗和消纳能力。

道路绿化隔离带的设计应符合下列规定：中央隔离绿化带立缘石顶部标高应高于绿化种植土 5cm 以上，避免绿化带中雨水径流流出；在非隔离绿化带中宜设置生物滞留设施、雨水调蓄或蓄渗设施，滞蓄路面径流。

广场的海绵性设计应符合下列规定：宜采用透水铺装；广场树池应采用生态树池；当广场有水景需求时，宜结合雨水调蓄设施共同设计；当广场位于地下空间上方时，设施必须做防渗处理；位于城市易涝点的广场，在满足自身功能的前提下，宜设计为下沉式。

（5）透水铺装海绵设计。透水铺装地面通常应用于行人、非机动车通行的硬质地面以及工程管理场所内不宜采用绿地入渗的场所，透水铺装地面通常仅接纳自身表面的来水量。透水铺装地面结构一般由面层（或找平层）、基层、垫层等组成。

透水人行道路面结构总厚度应根据该地区的降雨强度、降雨持续时间、工程所在地的土基平均渗透系数、透水铺装地面结构层平均有效孔隙率进行计算，铺装地面结构厚度计算可参照式（5-3）。

$$H=(0.1i-3600q)t/(60v) \tag{5-3}$$

式中：H 为透水铺装地面结构总厚度，不包括垫层的厚度，cm；i 为土基的平均渗透系数，cm/s；q 为地区降雨强度，mm/h；t 为降雨持续时间，min；v 为透水铺装地面结构层平均有效孔隙率，%。

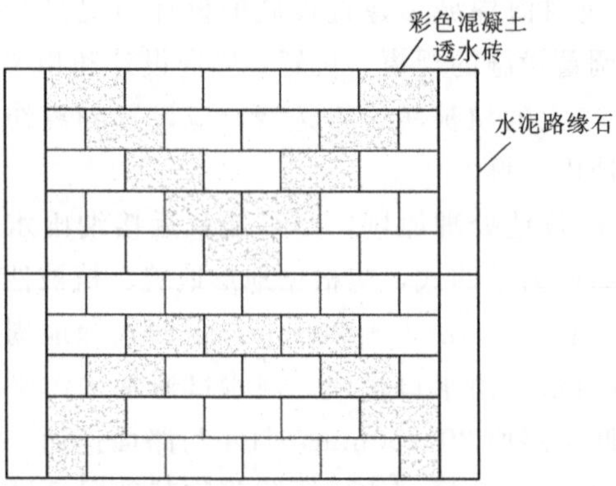

图5-11　透水砖铺装剖面图

面层材料可选用多孔沥青、透水水泥混凝土、透水路面砖和草皮砖等透水性材料。透水路面基础层包括找平层、基层和垫层。透水地面面层渗透系数均应大于 1×10^{-4} m/s，找平层和透水基层的渗透系数必须大于面层。当面层结构为透水水泥混凝土，或面层为小尺寸的透水砖时可不设置找平层。另外，当土基为透水性能较好的砂性土或底基层材料为级配碎石时，也可不设置垫层。

透水砖铺装平面图见图5-11，透水砖铺装剖面图见图5-12。

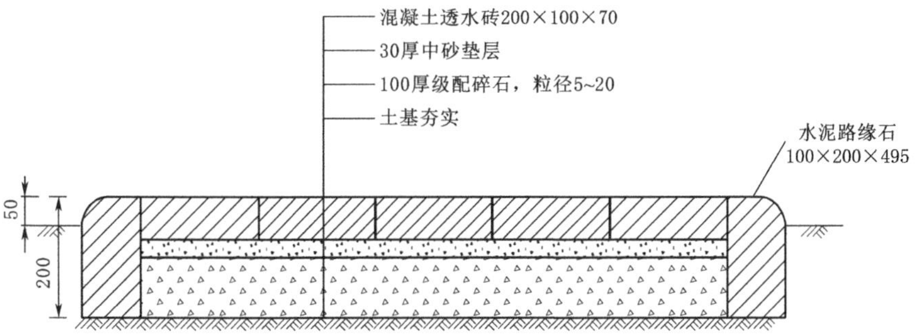

图 5-12　透水砖铺装剖面图（单位：mm）

植草砖是透水铺装的另外一种形式，是由混凝土、河沙、颜料等材料经过高压砖机振压而成，植草砖具有很强的抗压性和稳固性，草本植物根部生长在植草砖之下，不会因行人、车辆的辗压而破坏。植草砖铺设平面图见图 5-13，植草砖剖面图见 5-14。

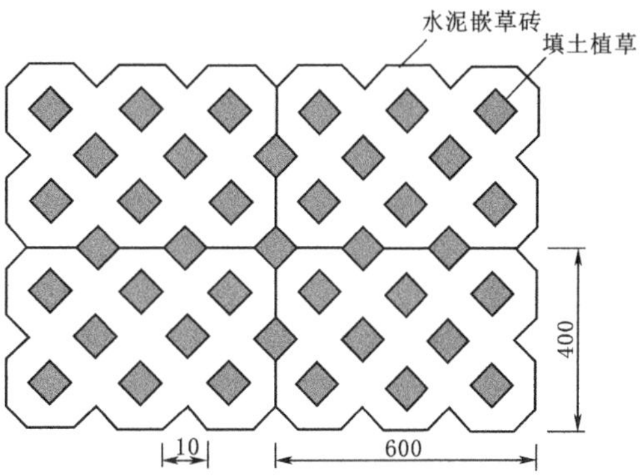

图 5-13　植草砖铺设平面图（单位：mm）

3. 临时防护工程

临时防护工程主要包括临时拦挡、临时排水、临时覆盖和临时植物措施等 4 种类型。

(1) 临时拦挡措施。在施工建设中，在施工边坡下侧、临时堆料、临时堆土（石、渣）及剥离表土临时堆放场等周边，为了防止在施工期间边坡、松散堆体对周围造成水土流失等不利影响和危害，应采取临时拦挡措施。上海市生产建设项目常用临时拦挡措施包括填土草袋（编织袋）、土埂、彩钢板围栏等。施工完毕后临时拦挡工程需拆除，不设建筑物级别。有特殊要求时，其设计标准需根据防护对象的规模、地形坡度、洪水及降雨等情况分析确定。

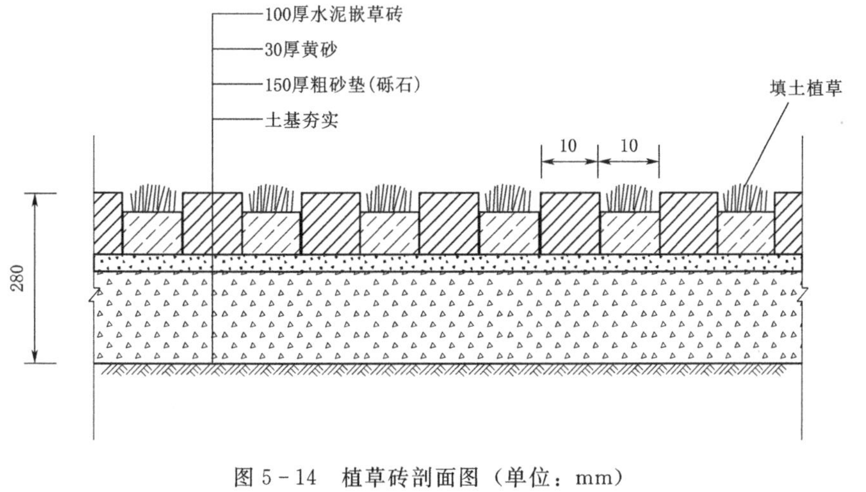

图 5-14　植草砖剖面图（单位：mm）

1）填土草袋（编织袋）。

适用条件：适用于生产建设项目施工期间临时堆土（石、渣、料）、施工边坡坡脚的临时拦挡防护，多用于土方的临时拦挡。

材料选择：就近取用工程防护的土（石、渣、料）或工程自身开挖的土石料，施工后期拆除草袋（编织袋）。

断面设计：填土草袋（编织袋）布设于堆场周边、施工边坡的下侧，其断面形式和堆高在满足自身稳定的基础上，根据堆体形态及地面坡度确定。一般采用梯形断面，高度宜控制在 1m 以下。

施工要求：填土草袋（编织袋）交错垒叠，袋内填筑料不宜太满，一般装至草袋（编织袋）容量的 70%～80%为宜，袋口用尼龙线等缝合。

填土草袋（编织袋）临时拦挡典型设计图见图 5－15，填土草袋（编织袋）临时拦挡实例见图 5－16。

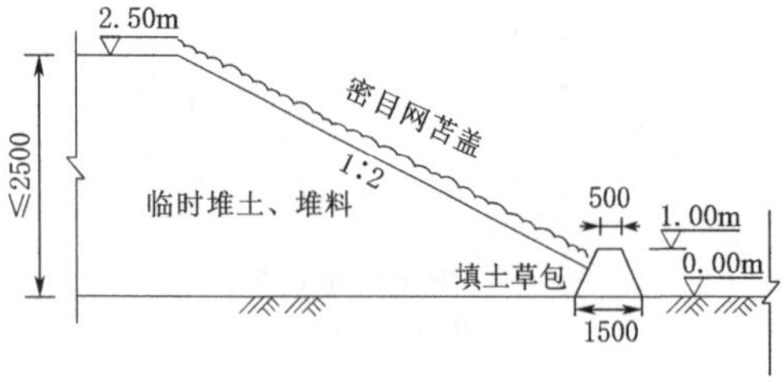

图 5－15 填土草袋（编织袋）临时拦挡典型设计图（单位：mm）

图 5－16 填土草袋（编织袋）临时拦挡实例

2）挡水土埂。

适用条件：适用于生产建设项目施工期管沟、沉淀池开挖的土体、流塑状土等临时拦挡防护，施工简易方便，具有拦水、挡土作用。

材料选择：一般就地取材，利用防护对象自身开挖的土体。

断面设计：考虑土体的稳定性并满足拦挡要求，土埂一般采用梯形断面，埂高宜控制在 lm 以下，一般采用 40～50cm，顶宽 30～40cm。

施工要求：土埂修筑时将土体堆置于防护对象外侧，对土体表面拍实。在使用过程中，随时对土体修整，保证其拦挡防护要求。

挡水土埂工程实例见图 5－17。

3）彩钢板围栏。

适用条件：适用于生产建设项目施工期施工边坡、临时堆土等临时拦挡防护，多用于城区附近的产业园区类项目及线性工程，具有节约占地、施工方便、可重复利用和减少投资等优点。

材料选择：根据工程实际需求（尺寸、厚度、材质、预算、颜色等）就近从合法商家购买。

图 5-17　挡水土埂工程实例

施工要求：彩钢板围栏一般高 2.0～2.5m，采用彩钢钉固定在骨架上，每块彩钢板连接处无缝隙。

彩钢板工程实例见图 5-18。

图 5-18　彩钢板工程实例

（2）临时排水沉沙措施。

1）土质排水沟。

适用条件：土质排水沟施工简便、造价低，但是其抗冲、抗渗、耐久性差，易崩塌，在运行中应及时维护。它适用于使用期短、设计流速较小的排水沟。

断面设计：多采用梯形断面，其边坡系数应根据开挖深度、沟槽土质及地下水情况等条件，经稳定性分析后确定。测定排水沟纵坡，依据径流量、水力坡降（用沟底比降近似代替），通过查表或计算求得所需断面大小。

施工要求：挖沟前应先整理排水沟基础，铲除树木、草皮及其他杂物等；填土不得含有树根、杂草及其他杂物。开挖沟身时须按设计断面及坡降进行整平，便于施工并保持流水顺畅。填土应充分压实，预留 10%高度的沉降率。

排水沟典型设计图见图 5-19，排水沟实例见图 5-20。

2）砌砖（石）排水沟。

适用条件：砖（石）料来源丰富、可就地取材、排水沟设计流速偏大且建设工期较长的生产建设项目。

断面设计：沟面衬砌材料及断面形状根据现场状况、作业需要及流量等因素确定。砌

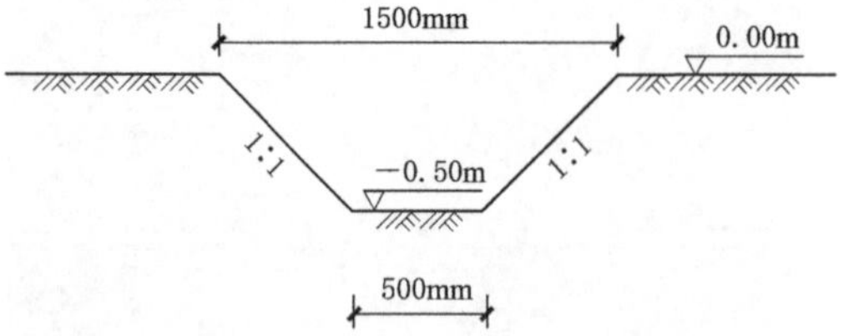

图 5-19 排水沟典型设计图

图 5-20 排水沟实例

石排水沟可采用梯形、抛物线形或矩形断面；砖砌排水沟一般采用矩形断面。

施工要求：排水沟应布置在低洼地带，尽量利用天然河沟。出口采用自排方式，与周边天然沟道或洼地顺接。排水沟设计水位应低于地面不少于 0.2m，与道路交会处应设置涵管或盖板以利施工机具通行。

砌砖（石）排水沟典型设计图见图 5-21，砌砖（石）排水沟建设实例见图 5-22。

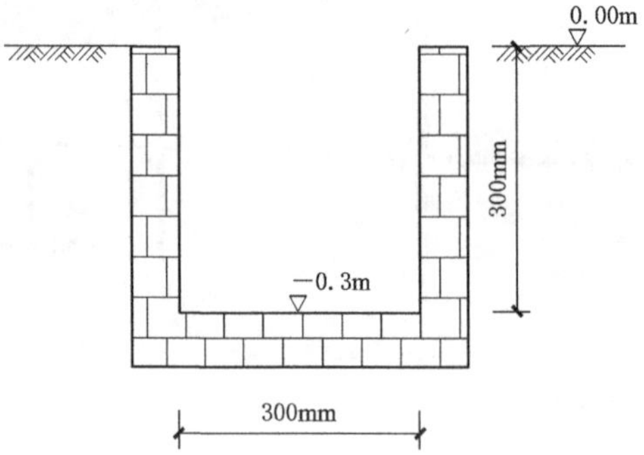

图 5-21 砌砖（石）排水沟典型设计图

图 5-22 砌砖（石）排水沟建设实例

3）三级沉淀池。

适用条件：对于点型地块项目，在施工现场出入口处设置三级沉淀池，施工现场的雨、污、废水需经三级沉淀池处理后排入市政管网。

材料选择：根据工程实际需求，可采用砖砌并结合砂浆抹面的方式。

断面设计：三级沉淀池容积满足至少停留 30min 废水量（即水力停留时间在 30min 以上），三级沉淀池尺寸可根据项目需要和施工场地实际进行设计，常见的尺寸如长 4.5m×宽 3.0m×深 3.0m。

管护要求：安排专人定期清理沉淀池内淤积物，特别是在台风前后需要彻底清理，保障沉淀效果。

三级沉淀池典型设计图见图 5-23，三级沉淀池建设实例见图 5-24。

4）洗车平台。

适用条件：对于点型地块项目，在施工现场车辆出入口处设置洗车平台或洗车池，对车辆轮胎进行清洗，避免运土车辆进入市政道路时携带泥土，防止对周边环境造成影响，

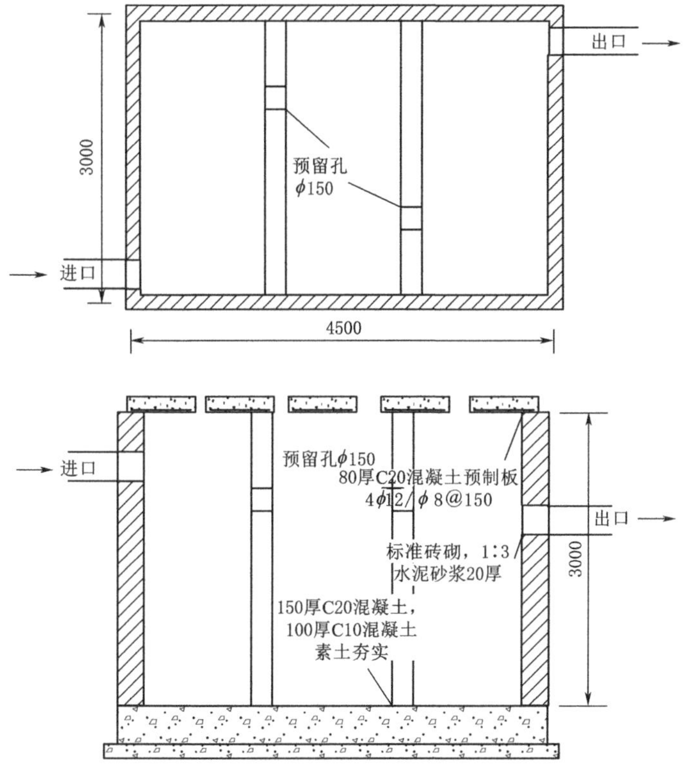

图 5-23　三级沉淀池典型设计图（单位：mm）

图 5-24　三级沉淀池建设实例

以保证施工泥浆不随车辆污染周边，所有冲洗水经过沉淀后汇总排入周边污水管道。

材料选择：可采用一体化冲洗设施，也可采用传统的洗车池，具体可根据项目费用预算和场地布设条件决定。

断面设计：洗车平台采用混凝土结构，尺寸一般为长 3.7m×宽 2.4m×深 0.3m，具体可根据场地条件进行布设。

管护要求：安排专人定期清理淤积物，出现设备故障时应及时安排维修，保证设备设施正常运行。

洗车平台及沉淀池典型设计见图 5-25，洗车平台及沉淀池建设实例见图 5-26。

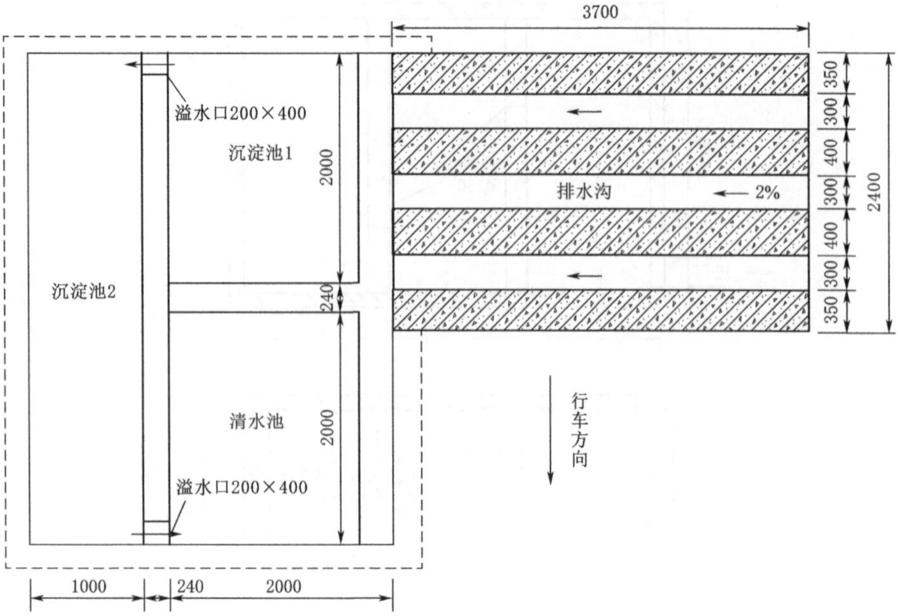

图 5-25　洗车平台及沉淀池典型设计（单位：mm）

图 5-26　洗车平台及沉淀池建设实例

（3）临时覆盖措施。

适用条件：适用于生产建设项目的扰动裸露地、堆土、弃渣、砂砾料等临时防护，控制和减少雨水溅蚀冲刷。

设计要点：对临时堆放的渣土，视水土流失情况采用土工布、密目网、彩条布、抑尘网等覆盖，减少水土流失。

管护要求：应定期检查覆盖材料的破漏情况，及时修补。台风天气前后一定要检查其完整情况，做好加固处理。

临时覆盖典型设计见图 5-27，临时覆盖实例见图 5-28。

（4）临时植物措施。对堆存时间较长（如堆放时间超过 3 个月）的表土堆场、临时堆土场等，可采取临时撒播草籽的方式；对于工期较长的项目，办公生活区可通过植树种草进行临时绿化，能够起到有效减少堆放期间造成的水土流失、美化区域环境、保存土壤养分等作用。

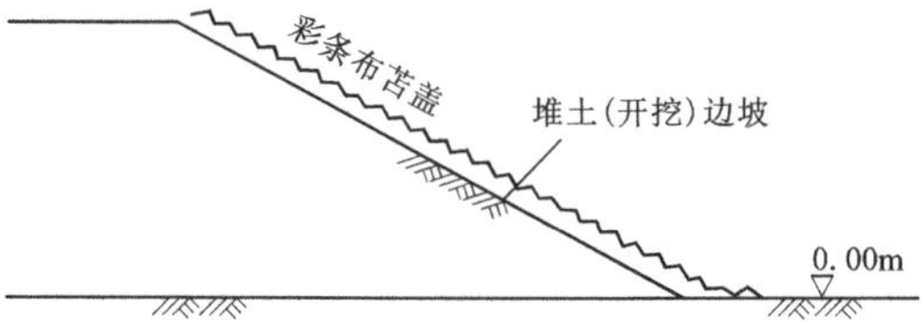

图 5-27　临时覆盖典型设计

图 5-28　临时覆盖实例

适用条件：主要适用于表土堆场、一般土方堆场、弃土场和办公生活区等。

设计要点：植物种类的选取，以“适地适草”为原则，上海市可选择高羊茅、狗牙根、百慕大、早熟禾、白三叶等。对于施工区环境有特殊要求的（如办公生活区），可适当结合景观要求选择树草种，但是需要注意经济合理性。

施工及管护要求：草籽采用撒播方式，播种前将表土耙松、平整，清除有害物质等。为保证草籽成活率，播种前后适当洒水，避免在大风、高温等恶劣天气条件下撒播施工。施工期应选择在雨季或雨季即将来临之前。播撒草籽前，对种草区域进行松土，需施足底肥，保证土壤湿度，为草籽正常生长创造良好条件。苗木宜带土栽植，栽植时应做到随起随栽，起苗后因故不能及时栽植的，应采取假植措施，应适当密植。

4. 植被建设工程

（1）立地条件。上海市地处北亚热带季风区南缘，属典型的海洋性气候，温和湿润，四季分明，日照充足，雨量充沛。上海市光热资源丰富，降水充足，土层相对较厚，立地条件适宜植物生长，有利于水土保持植物措施的布设。

（2）树草种选择。植物种植效果在很大程度上决定了水土流失的防护效果，树草种的正确选择和合理布置可以更好地保水保土、美化环境。对于上海市生产建设项目，在绿化植物种的筛选上应根据 GB/T 15776—2006《造林技术规程》，按照“适地适树（草）”的原则，兼具生态与景观要求，还应符合气候土壤等环境条件、项目特性及植物生物学特性的要求，优先选用当地生长情况良好、景观效果佳、经济合理的植被。因此，树草种选择遵循以下原则。

1）对气候和环境适应性强、耐水湿、耐高温、耐瘠薄、吸收有害气体、防风、防眩、阻隔灰尘、降噪。

2）根系发达、成活率高、固土效果好、基短叶茂、生长快、落叶期短，对地表覆盖能力强。

3）以乡土植物为主，以防止外来物种入侵。

4）便于管理和养护。

5）色彩和品种多样，与周边景观协调，符合周边总体景观要求。

绿化措施根据不同的立地条件、水土保持、生态与景观要求，选用相应的乔灌草种植方式。上海市绿化常用乔木有香樟、悬铃木、白玉兰、广玉兰、雪松、洋槐、龙柏、水杉、女贞、桂花、棕榈、木芙蓉、腊梅、海棠、日本晚樱、樱花、合欢、苦楝、紫叶李、鸡爪槭、三角枫、十大功劳、栾树、银杏、喜树、马褂木、臭椿、杜英、国槐、黄连木、刺槐、枫香、银荆、金丝柳、池杉、落羽杉、柳杉、柽柳等；常用绿化灌木有红花檵木、大叶黄杨、红叶李、金叶女贞、杜鹃、胡枝子、连翘、美人蕉、紫荆、紫薇、木槿、木芙蓉、含笑、栀子花、海桐、红叶石楠、女贞树、小叶女贞等；常用绿篱有瓜子黄杨、金边黄杨、八角金盘等；常用藤本植物有爬山虎、五叶地锦、络石、紫藤常春藤、扶芳藤等；常用绿化草本植物有狗牙根、结缕草、高羊茅、百慕大、早熟禾、白三叶等；常用挺水植物有芦竹、千屈菜、海三棱藨草等。

(3) 管护要求。植物措施实施时应注意整个施工过程的质量，及时测定每道工序，不合要求的及时整改，同时需加强乔灌草栽植后的管理和养护工作，确保其成活率和保存率，以求尽快地发挥植物措施的保土保水功能。

管护人员要了解各种花草树木的生长特性，关键是要抓好肥、水、病、虫、剪等方面的养护管理工作。定期给树木补充养料和水分，特别是一些浅根植物，需要经常性地补充水分。同时，减少化学药品的使用，减少对周围环境的污染，可采用生物防治、物理防治和化学防治相结合的除害方式减少病虫害。进行浇水、施肥时要适时适量，保证植物不缺肥短水。草坪要结合淋水适当进行施肥，保证草坪颜色青绿，肥料要适量均匀，防止量过大而造成的植被伤害。及时补种死树、死草，在发现有死亡树苗时，要及时清理，在规定时间内及时进行补种，对于补种的苗木，要加强水肥管理。对于一些老化的或与周围植株不协调的植物，要尽快地进行改植工作。

5.2.3　黄浦江上游水源地金泽水库工程案例

5.2.3.1　项目概况

黄浦江上游水源地金泽水库工程位于上海市青浦区金泽镇东部、黄浦江上游太浦河北岸。工程近期供水规模为351万t/d，远期供水规模为500万t/d，服务人口约有950万人，工程等别为Ⅱ等，水库总库容为910万m^3。工程取水建筑物、水库堤坝、引水河堤岸和输水建筑物为2级水工建筑物，设计使用年限为50a。次要建筑物为3级水工建筑物，围堰等临时建筑物为4级水工建筑物。

主体工程概算投资为369403万元，其中土建投资166662万元。工程于2015年5月开工，2017年9月主体工程完工，建设总工期为29个月。

5.2.3.2　综合防治

1. 防治理念

该项目在主体设计前明确水土保持理念的原则和目的，根据项目所在地的工程环境和水土分布状况进行调查和研究，针对施工期间可能发生的危险和紧急情况制定科学正确的指导方针，做好科学预案。

水土保持方案从区域规划相容性、扰动土地、损坏植被、土石方开挖量、弃渣产生量、施工难度、水土流失量、绿化恢复程度、生态景观、对生态环境影响等水土保持相关角度，以及主体工程占地、施工便道、施工组织、施工工艺、工程管理等方面进行了全面深入的水土保持比选评价，反馈给主体设计单位对工程进行了优化设计，使项目实现“生态效益”“社会效益”和“经济效益”的统一。

2. 防治体系

该项目为水利工程建设项目，经调查分析，主要有以下水土流失特点。

(1) 项目属于点、线结合型工程，工程扰动地表和损坏植被呈显著的点状加线状分布，所造成的水土流失也呈点状加线状分布。

(2) 各防治分区施工工艺复杂多样，包括灌注桩、土方开挖、围堰修筑及拆除等多种施工方法，导致工程建设引发的水土流失强度在空间分布上呈现不均匀，区段差异明显。

(3) 工程开挖填筑边坡面积大，易引起崩塌、滑坡等重力侵蚀；项目临近黄浦江一级支流太浦河，在施工过程中淤泥、围堰拆除的土方、钻渣泥浆等都可能威胁河道的行洪安全，存在潜在的水土流失危害。

根据项目上述水土流失特点，水土保持措施总体布局思路如下：以防治水土流失、恢复植被、改善生态环境、保证主体工程正常安全运行为目的；以对周边环境和安全不造成负面影响为出发点；根据主体工程设计的水土保持分析评价与水土流失预测成果，工程施工期以弃土场、水库工程区、取输水工程区为重点，同时配合主体设计中已有的水土保持设施，综合规划，做到“点、线、面”结合、直接工程和间接工程相结合、永久措施和临时措施相结合的形式，形成完整的水土流失防护体系。

3. 防治措施

在该项目水土流失防治措施总体布局中，以敏感点、特殊点、典型点为防治要点，综合现状工程的全局分区分段施工特点，有针对性、有目的性地实施水土保持防治措施。在主体工程中具有水保功能工程的基础上，根据各防治分区地形、地质、水土流失特点等，采取相应措施，做好水土流失防治工作。在措施配置中，工程措施控制大面积、高强度水土流失，为生物措施的实施创造条件；植物措施与工程措施配套，提高水保效果，减少工程投资，改善生态环境。

(1) 水库工程防治区。

1) 在施工期内进行表土剥离、回填利用，确保表层土的利用。

2) 在施工期内结合永久排水设施在场地内布设临时排水沉沙设施。

3) 在施工期内对边坡设置临时挡护。

4) 在施工后期布置永久排水设施。

5) 在施工后期布置工程和植物相结合的护坡，种植涵养林和耐湿乔灌带，进行具体设计。

(2) 取输水工程防治区。

1) 在施工期内进行表土剥离、回填利用，确保表层土的利用。

2) 在施工期内沿场地四周布设临时排水沉沙设施。

3) 在施工期内在桥梁和泵站施工场地附近配备泥浆存放、收集和处理设施。

4) 在施工期内对边坡设置临时挡护。

5) 在施工后期在清淤周转场四周布置围堰。

6) 在施工后期对输水泵站内空地、取水闸两侧空地、围堰表面进行绿化和具体设计。

(3) 河道工程防治区。

1) 在施工期内进行表土剥离、回填利用，确保表层土的利用。

2) 在施工期内结合永久排水设施在场地内布设临时排水沉沙设施。

3）在施工期内对边坡设置临时挡护。

4）在施工期内对围堰进行拆除。

5）在施工后期对引水河两侧、环库河两侧布置工程和植物相结合的护坡，拆除老闸两侧进行绿化，进行具体布局设计。

6）在施工后期布置永久排水设施。

（4）施工临建设施防治区。

1）在施工期内进行表土剥离、回填利用，确保表层土的利用。

2）在施工期内沿场地四周及便道一侧布设临时排水沉沙设施。

3）在施工期内对施工场地四周、砂石料堆场四周及堆土边坡设置临时挡护。

4）在施工后期对部分施工便道恢复绿化，作具体设计。

（5）弃土场防治区。

1）在施工期内进行表土剥离、回填利用，确保表层土的利用。

2）在施工期内在场地四周、堆土边坡布设临时排水沉沙或临时挡护设施。

3）根据各弃土场后期使用情况进行平整及绿化。

各区水土流失防治措施体系表见表5-5，水土流失防治措施体系框图见图5-29。

表5-5　　各区水土流失防治措施体系表

防治分区	水土保持措施体系		
	工程措施	植物措施	临时措施
水库工程防治区（Ⅰ）	①水库绿化边坡、涵养林带、导流堤耐湿乔灌带等绿化区域回覆表土并平整* ②水库内边坡靠近堤顶布置三维土工格栅* ③涵养林坡面布置纵向砖砌排水沟*	①水库内边坡土工格栅上撒播草籽或栽植草皮* ②水库外边坡布置草皮及涵养林带* ③导流堤布置耐湿乔灌带*	①占用耕地、园地、林地等区域表土剥离* ②结合永久排水沟和电缆沟布置临时排水沟，末端设沉沙池 ③边坡彩条布覆盖
取输水工程防治区（Ⅱ）	①输水泵站内空地、取水闸两侧空地绿化区域回覆表土并平整* ②清淤周转场布置围堰 ③消力池与护底工程	①输水泵站内空地布置乔灌草绿化* ②取水闸两侧空地布置乔灌草绿化* ③清淤周转场围堰撒播草籽绿化	①占用耕地、园地、林地等区域表土剥离* ②沿场地四周布置临时排水沟，末端设沉沙池 ③灌注桩施工场地附近设泥浆池及钻渣堆场，堆场四周设填土草包挡护 ④堆土边坡彩条布覆盖
河道工程防治区（Ⅲ）	①河道两侧、拆除老闸两侧绿化区域回覆表土并平整* ②引水河、环库河两侧边坡靠近堤顶布置三维土工格栅* ③涵养林坡面布置纵向砖砌排水沟* ④引水河离库侧沿占地边界布置浆砌石排水沟	①引水河、环库河两侧布置草皮护坡* ②引水河两侧空地布置涵养林带* ③拆除老闸两侧岸坡灌草籽绿化	①占用耕地、园地、林地等区域表土剥离* ②沿河道两侧并结合永久排水沟布置临时排水沟，末端设沉沙池 ③施工后期对围堰进行拆除* ④边坡彩条布覆盖

续表

防治分区	水土保持措施体系		
	工程措施	植物措施	临时措施
施工临建设施防治区（Ⅳ）	①部分需恢复绿化的施工便道回覆表土并平整	①部分施工便道撒播灌草籽绿化	①施工便道一侧布置排水沟，末端设沉沙池 ②砂石料堆场四周砖砌挡墙挡护
弃土场防治区（Ⅴ）	①弃土场回覆表土	①弃土场后期撒播灌草籽绿化	①占用耕地、园地的弃土场四周布置临时排水沟，末端设沉沙池 ②弃土场四周布置填土草包

注 带*为主体工程设计中界定为水土保持工程且纳入水土保持方案的措施。

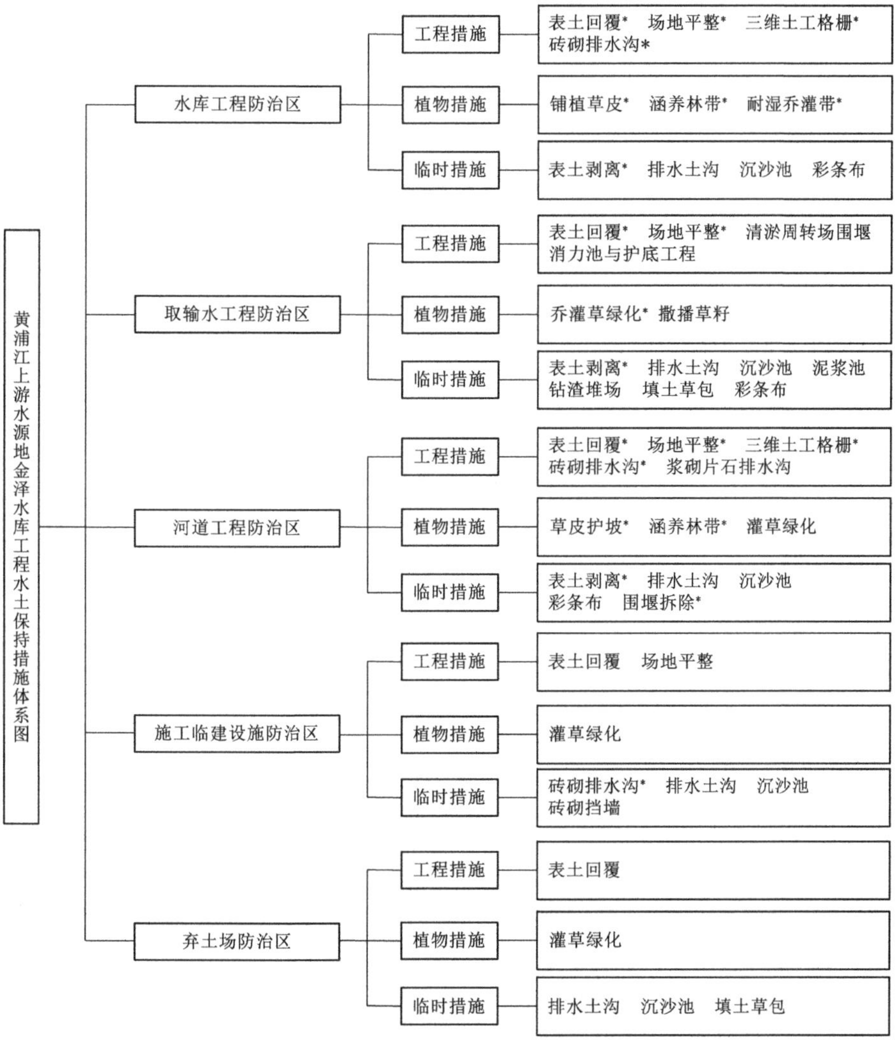

注：带*为主体工程设计中界定为水土保持工程且纳入水土保持方案的措施。

图 5-29 水土流失防治措施体系框图

5.2.3.3 措施典型设计及实例

1. 措施典型设计

（1）工程措施。

工程措施设计以水库工程区排水沟典型设计为例。水库堤顶道路外侧与环库河之间水库涵养林带存在一定坡度，为了保证雨水有序地排放，坡面上每隔 50m 设 300mm×300mm 纵向砖砌排水沟，将坡面雨水引入环库河。排水沟按重现期 1a 标准设计，纵坡不小于 2‰，共计布置砖砌排水沟 2569.56m^2。对砖砌排水沟排水能力复核如下：

雨水设计流量按式（5-4）计算：

$$Q=16.67\psi qF \tag{5-4}$$

式中：Q 为设计频率产生的暴雨流量，m^3/s；ψ 为径流系数，按绿化地面，取 0.15；q 为设计重现期和降雨历时下平均降雨强度，mm/min；F 为集水面积，km^2。区域内集水面积为 0.001～0.0015km^2。

经计算，排水沟汇水流量约为 0.004～0.006m^3/s。

明渠均匀流公式见式（5-5）

$$Q=AC\sqrt{Ri} \tag{5-5}$$

式中：A 为排水沟设计断面面积，m^2；C 为谢才系数；R 为水力半径，m；i 为排水沟比降。

谢才系数 C 的计算公式见式（5-6）

$$C=\frac{1}{n}\cdot R^{1/6} \tag{5-6}$$

式中：n 为地面糙率。

区域内砖砌纵向排水沟每隔 50m 布置一条，排水沟比降不小于 2‰，糙率取 0.015，计算得断面设计流量见表 5-6。

表 5-6　　水库工程区排水沟典型设计表

排水沟尺寸			汇水面积/hm^2	汇水流量 Q/(m^3/s)	设计流量 $Q_{设}$/(m^3/s)
底宽/m	顶宽/m	深/m	0.10～0.15	0.004～0.006	0.058
0.3	0.3	0.3			

排水沟断面采用矩形断面，断面尺寸按明渠均匀流公式计算，通过计算排水沟断面满足设计要求。

（2）临时措施。

临时措施设计以取输水工程区临时排水沟、沉沙池、泥浆池典型设计为例。取输水工程区施工期沿场地四周布置临时排水土沟，与水库工程防治区内布置的排水沟连通，末端局部挖深作沉沙池，也可利用水库工程防治区内布置的沉沙池，排水土沟、沉沙池尺寸同水库工程区，区域内共需新增排水沟 2030m，沉沙池 2 座。根据计算临时排水土沟、沉沙池满足临时排水沉沙要求，计算过程同水库工程区排水沟，计算结果如下。

区域内取水工程区和输水工程区临时排水沟集水面积分别为 3.50hm^2 和 4.20hm^2，排水沟比降取 2‰，糙率取 0.03，取径流系数 0.25，计算得断面设计流量。取输水工程区临时排水沟典型设计表见表 5-7。

表 5-7 取输水工程区临时排水沟典型设计表

排水沟尺寸			汇水面积/hm^2	汇水流量 $Q/(m^3/s)$	设计流量 $Q_{设}/(m^3/s)$
底宽/m	顶宽/m	深/m	3.50～4.20	0.235～0.282	0.305
0.5	1.5	0.5			

沉沙池设计沉淀时间为 30s，因此沉沙池最小容量为 7.05～8.46m^3。布置的沉沙池容积 $V_{设}=12m^3>V=7.05\sim8.46m^3$，满足沉沙要求。

区域内桥梁及输水泵房采用钻孔灌注桩基础，将不可避免地产生大量的泥浆钻渣，共约 0.35 万 m^3，设计在钻孔灌注桩施工区域岸边设置泥浆池，用以存放钻孔施工的泥浆，泥浆池上表面尺寸为 5m×5m，深 1.5m，开挖边坡 1∶0.5，共需开挖 4 座泥浆池。设计泥浆钻渣采用钻渣分离设备将钻渣与泥浆水分离，分离后的泥浆水继续使用，钻渣全部干化后及时外运，因此需要在每座泥浆池附近设置钻渣堆场，用以收集、固化施工产生的钻渣，钻渣堆场尺寸为 2.5m×2.5m。钻渣堆场四周设填土草包挡护，顶宽 0.5m，底宽 1.5m，高 1m，共计 40m。

(3) 表土剥离与保护。

金泽水库永久占地总面积为 268.54hm^2，其中农用地 133.76hm^2，涉及耕地 90.79hm^2（1361.85 亩），耕地以水稻种植为主，农作物生长良好，土壤完全能满足植物生长的需要。由于项目所在地为湖滨平原，区内河道、湖泊、平原交错，很多区域耕地面积较小，考虑到集中连片便于施工和效益最大化，表土剥离范围优先选择耕地面积 100 亩及以上的集中连片区。项目选择 2 个片区作为表土剥离利用试点剥离区，表土剥离区面积约为 400 亩。根据上海市耕地质量等级调查与评定结果，项目表土剥离区域剥离厚度为 50cm，剥离表层土共计 13.34 万 m^3。经过表土剥离与利用，再造优质耕地约 383.5 亩，其中农田改良 227 亩，工业用地改良 92 亩，低洼田、低产田 64.5 亩，成功实现"耕地搬家"。在工程范围内的表土剥离不仅保护了宝贵的表土资源，还节约外购绿化土费用近 150 万元，取得了良好的经济效益。该工程也成为上海市首个表土剥离-堆存-再利用全流程示范工程，在《解放日报》、解放网、新华网等媒体上进行了专栏介绍，获得了各相关部门的高度评价，具有十分重要的推广意义。

(4) 弃渣再利用。

工程位于平原河网地区，地势平坦，无固定的取土点和弃渣点，以往个别工程在施工过程中由于土石方无固定来源，直接从附近耕地中开挖土用于工程回填，弃渣也随地乱弃，导致耕地、林地、河道等自然植被和排灌体系被严重地破坏，引发了附近居民的不满，发生了严重的水土流失灾害，产生了极恶劣的社会影响。根据土石方平衡，工程弃土中约 475 万 m^3 为干地开挖方，可进行工程回填利用。在弃土场设置时充分利用金泽镇周边废弃鱼塘、藕塘、低洼水塘等近期即将进行复垦的地块，实现了弃土处置与土地复垦的双赢，响应了国家关于"十分珍惜、合理利用土地"的政策，节约弃土场占地近 254hm^2，减少了弃土外运所需费用上千万元。此外，对于不能用于土地复垦的 225 万 m^3 清淤土、水下开挖方等弃渣，其中约 120 万 m^3 外运至淀山湖防洪大堤及湖滨生态修复工程用于生态岛回填，其余约 105 万 m^3 外运至浙江省嘉善县西塘镇用于低洼地、废弃虾塘、鱼塘填筑，实现了工程弃渣的再利用，有效地保护了水土资源，减小了弃土弃渣乱倒乱放造成的水土流失和对环境的破坏。

2. 措施实例

表土剥离、临时排水土沟、土地整治、弃土场撒播灌草籽绿化、乔灌草景观绿化等水土保持措施建设实例见图5-30。

(a) 表土剥离与集中堆置

(b) 临时排水土沟

(c) 土地整治

(d) 弃土场撒播灌草籽绿化

图5-30（一）　水土保持措施建设实例

(e) 铺植草皮绿化

(f) 乔灌草景观绿化

图 5-30（二）　水土保持措施建设实例

5.3　生产建设项目水土保持监测

5.3.1　概述

为了规范生产建设项目水土保持监测工作，提高生产建设项目水土保持监测水平，保证监测工作质量，有效地控制生产建设活动引起的水土流失，保护水土资源和生态环境，国家各级水行政主管部门制定了与水土保持监测相关的法律法规和技术标准，明确了编制水土保持方案报告书的生产建设项目，应按规定开展水土保持监测工作。

根据《生产建设项目水土保持监测规程（试行）》（办水保〔2015〕139 号）、GB/T 51240—2018《生产建设项目水土保持监测与评价标准》等水土保持监测技术规程、标准，监测主要任务如下。

(1) 及时、准确地掌握生产建设项目水土流失状况和防治效果。

(2) 落实水土保持方案，加强水土保持设计和施工管理，优化水土流失防治措施，协调水土保持工程与主体工程建设进度。

(3) 及时发现重大水土流失危害隐患，提出防治对策和建议。

(4) 提供水土保持监督管理技术依据和公众监督基础信息。

上海市属于平原河网地区，土壤侵蚀类型以水力侵蚀为主，降雨量大、强降雨多，因此，除了日常常规监测外，还需要对特殊灾害，如特大暴雨及洪灾事件对工程占地内存在潜在严重侵蚀危害的地段进行水土流失状况监测。

对于不同类型的生产建设项目，监测时段有不同的要求。其中，建设类项目在建设期（含施工准备期）和试运行期应开展监测；建设生产类项目在建设期（含施工准备期）、试运行期和生产运行期均应开展监测。水土保持监测管理流程图见图5-31。

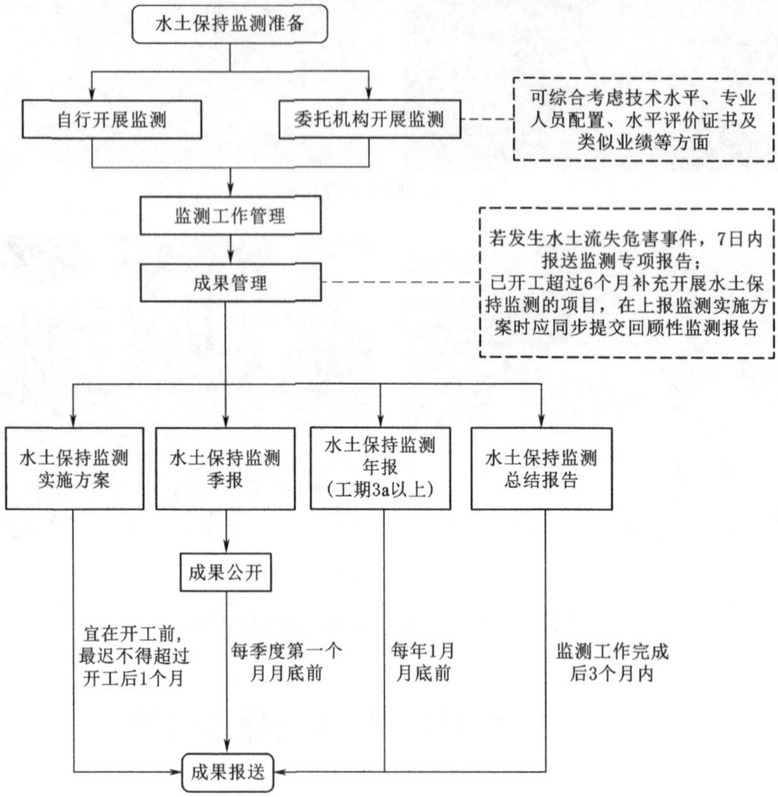

图5-31　水土保持监测管理流程图

截至2023年年底，上海市批复生产建设项目水土保持方案共计3841个，其中报告书2417个，占62.93%；报告表1424个，占37.07%。根据《水利部关于进一步深化“放管服”改革 全面加强水土保持监管的意见》（水保〔2019〕160号）有关要求，所有编制水土保持方案报告书的项目均应开展水土保持监测工作，因此共计2417个项目应开展水土保持监测工作，占审批总数量的62.93%。

5.3.2　监测范围及时段

5.3.2.1　监测范围

监测范围应包括水土保持方案确定的水土流失防治责任范围，以及在项目建设与生产过程中扰动与危害的其他区域。监测分区应以水土保持方案确定的水土流失防治分区为基础，结合项目工程布局进行划分。监测重点区域应为易发生水土流失、潜在流失量较大或发生水土流失后易造成严重影响的区域。

与山区、丘陵区和风沙区不同，平原河网地区生产建设项目具有一定的特殊性，因此，上海市不同行业生产建设项目水土保持监测的重点区域选取如下。

(1) 铁路、公路、地铁工程应为弃土（石、渣）场、取土（石、料）场、大型开挖

（填筑）面、土石料临时转运场、集中排水区下游和施工道路。

（2）水利工程应为弃土（石、渣）场、排泥场、取土（石、料）场、施工道路、大型开挖（填筑）面和临时堆土（石、渣）场。

（3）管道工程应为弃土（石、渣）场、伴行（临时）道路、穿（跨）越河（沟）道、坡面上的开挖沟道和临时堆土（石、渣）场。

（4）城镇建设工程应为地面开挖、弃土（石、渣）场和土石料临时堆放场。

（5）农林开发建设工程应为土地整治区、施工道路、集中排水区周边。

（6）其他工程应为在施工或运行中易造成水土流失的部位和工作面。

5.3.2.2 监测时段

（1）建设类项目水土保持监测应从施工准备期开始至设计水平年结束。监测时段可分为施工准备期、施工期和试运行期。

（2）建设生产类项目水土保持监测应从施工准备期开始至运行期结束。监测时段可分为建设期和生产运行期两个阶段，其中建设期可分为施工准备期、施工期和试运行期。

5.3.3 监测内容与方法

5.3.3.1 监测内容

水土保持监测内容主要包括主体工程建设进度、工程建设扰动土地面积、水土流失灾害隐患、水土流失及造成的危害、土壤侵蚀模数背景值、水土保持工程建设情况、水土流失防治效果以及水土保持工程设计、水土保持管理、水土保持责任制度落实等方面的情况。

对于施工准备期、施工期、试运行期和生产运行期等不同施工时段，对应的监测内容分别如下。

（1）在施工准备期主要监测防治责任范围内的气象水文、地形地貌、地表组成物质、植被等水土流失自然影响因素，以及场地内水土流失原状等，掌握项目建设前生态环境本底状况。

（2）在施工期主要监测施工扰动土地情况、取土（石、料）弃土（石、渣）情况、临时堆土情况、水土流失情况、水土流失隐患与危害、水土保持措施等。

（3）在试运行期主要监测水土保持措施运行状况及防护效果，项目6项指标达标情况等内容。

（4）在生产运行期主要监测水土流失及其危害、水土保持措施运行状况及防护效果等内容。

5.3.3.2 监测方法

针对不同监测内容和重点，结合工程实际，综合采取卫星遥感、无人机遥感、视频监控、地面观测、实地调查等多种方式，实现对生产建设项目水土流失的定量监测和过程控制，已开工项目需要补充回顾性调查方法。根据GB/T 51240—2018《生产建设项目水土保持监测与评价标准》有关要求，充分考虑上海市平原河网地区生产建设项目的特点和水土流失特征，监测方法具体如下。

1. 雨量观测

降雨和风力等气象资料通过项目区及周边条件类似的气象站、水文站收集，或在项目区内设置观测设施设备，统计每月的降水量、平均风速和风向等因子。

2. 调查（巡查）监测

调查扰动地表面积和水土保持措施实施情况，要加强对弃渣（堆土）场、开挖裸露边坡等重点区域的巡查，及时发现问题并采取治理措施，有效地防治水土流失。具体包括如下内容。

（1）调查、记录各施工单元在施工过程中的地形、地貌、地表扰动等因子的变化情况，包括地形地貌变化、地面组成物质、植被类型及覆盖度变化情况、损坏水土保持设施情况等。

（2）调查和实地丈量施工过程中的弃渣（堆土）场的堆放量、堆放高度、边坡防护等情况。

（3）施工临时设置的拦挡、排水、防护设施的落实情况和水土流失防治效果的调查，包括在施工生产区临时排水沉沙，临时堆土设置的临时排水沉沙设施、临时覆盖和临时撒播草籽防护等措施；施工营地临时硬化、排水设施、裸露区域防护措施等。

（4）对开挖、填筑边坡防护工程的质量和运营情况巡查监测。编制调查表，在施工期间每年汛期前后、台风期及梅雨期对临时拦挡、防护工程的质量和运行情况巡查监测。

（5）水土保持设施、数量及质量状况监测。编制调查表，采取宏观调查的方式，对工程区水土保持设施类型、数量及工程质量状况进行调查统计，结合相关历史资料，分析区域水土保持设施结构变化情况；核实水土保持设施数量，评价水土保持方案落实情况。

（6）调查水土流失对周围环境的影响，重点调查对河道、市政道路及管网、绿化带等的影响。

（7）利用无人机、遥感卫星影像等新技术、新方法调查复核现场水土流失和水土保持情况。无人机监测设备见图5-32。

（8）在施工结束后，调查施工临时设施、临时堆土、临时道路等区域的迹地恢复情况，包括土地整治面积、复耕面积、土地利用情况等。

3. 定位监测

根据现场情况，在开挖边坡、弃渣（堆土）场、施工场地等适宜坡面布设坡面侵蚀小区，也可辅以测钎法、侵蚀沟法进行观测，以客观地反映各定位观测点所在区域的水土流失情况。

（1）坡面径流小区观测法。坡面标准径流小区规格为20m×5m，部分项目规模较小或者不具备布设标准径流小区条件的项目，可根据实际按照标准径流小区规格按比例缩小，小区边界由水泥板或木板围合成矩形，边墙高出地面10～20cm，埋入地下约20cm，小区底端做集流槽、导流槽、沉沙池，定期观测沉沙池内泥沙淤积量，采样、分析泥沙含量，计算土壤流失强度。计算公式采用式（5-7）

$$M=\sum_{i=1}^{n}\left(\frac{a_i\times v_i+Y_i}{S}\right) \tag{5-7}$$

式中：M 为土壤侵蚀模数，t/km^2；a_i 为单次监测取样单位体积水样泥沙含量，g/mL；v_i 为水样总体积，m^3；Y_i 为沉沙池内淤积物质量，t；S 为监测小区面积，km^2。

坡面侵蚀小区法监测示意见图5-33。

（a）Parrot Bebop 2无人机

（b）大疆“悟”INSPIRE 2无人机

（c）固定翼无人机SIRIUS PRO

图 5-32　无人机监测设备

（2）测钎法。将 ϕ1cm、长 50～100cm、类似钉子形状的钢钎水平相距 1.0～1.5m 分上中下、左中右纵横各 3 排沿坡面铅垂方向打入，钢钎顶部露出坡面，分别编号登记入册，设置 3 根沉降对照钢钎，观测土体整体沉降情况，必要时可增加钢钎数量。定期测量露出坡面的钢钎长度，计算水土流失强度。

计算公式采用式（5-8）。

$$A=ZS/(1000\times\cos\theta);Z=Z_0-\beta \quad (5-8)$$

式中：A 为土壤侵蚀量，m^3；Z 为实际侵蚀深度，mm；Z_0 为观测侵蚀深度，mm；β 为土体沉降高度，mm；S 为侵蚀面积，m^2；θ 为坡度值，度。

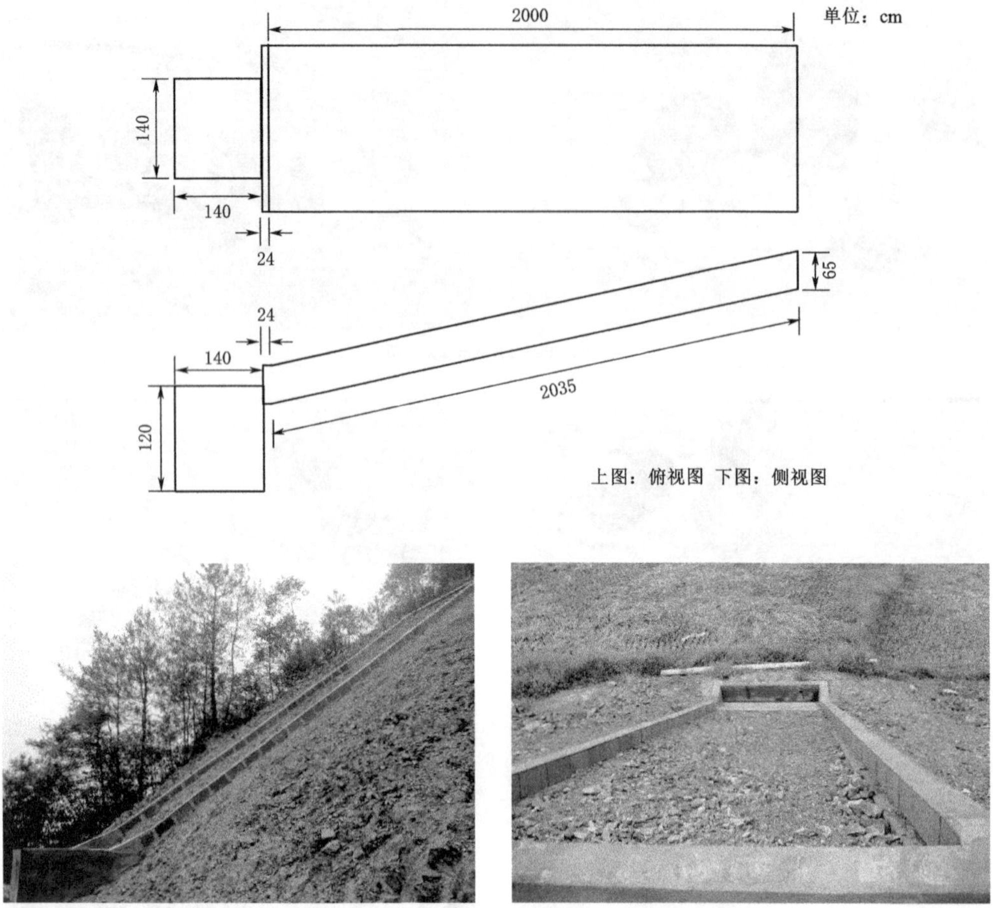

图 5-33　坡面侵蚀小区法监测示意图

测钎法监测示意图见图 5-34。

(3) 侵蚀沟法。在侵蚀明显区域，通过选定样地，测定样方内侵蚀沟的数量和尺寸来计算侵蚀量。样方大小取 5～10m 宽的坡面，侵蚀沟按大（沟宽>100cm）、中（沟宽 30～100cm）、小（沟宽<30cm）进行分类，通过测定每条沟沟长和上、中上、中、中下、下各部位的沟顶宽、底宽、沟深，计算侵蚀沟的体积，计算得出土壤流失量。

计算公式采用式（5-9）

$$M = \sum_{n} (\overline{S} \times L \times P) \qquad (5-9)$$

式中：M 为土壤流失量，t；n 为侵蚀沟数量；$\overline{S}$ 为侵蚀沟平均断面面积，m^2；L 为侵蚀沟沟长，m；R 为土壤容重，t/m^3。

侵蚀沟法监测示意图见图 5-35。

(4) 集沙池法。对于房地产等点式地块项目和工程规模较小的其他项目，可充分利用场地内设置的集沙池，定期观测泥沙淤积量，采样、分析泥沙含量，获取水土流失情况。同时，监测施工场地集沙池出水口水体含沙量，掌握项目对周边市政管网或河道水体的水土流失影响情况。

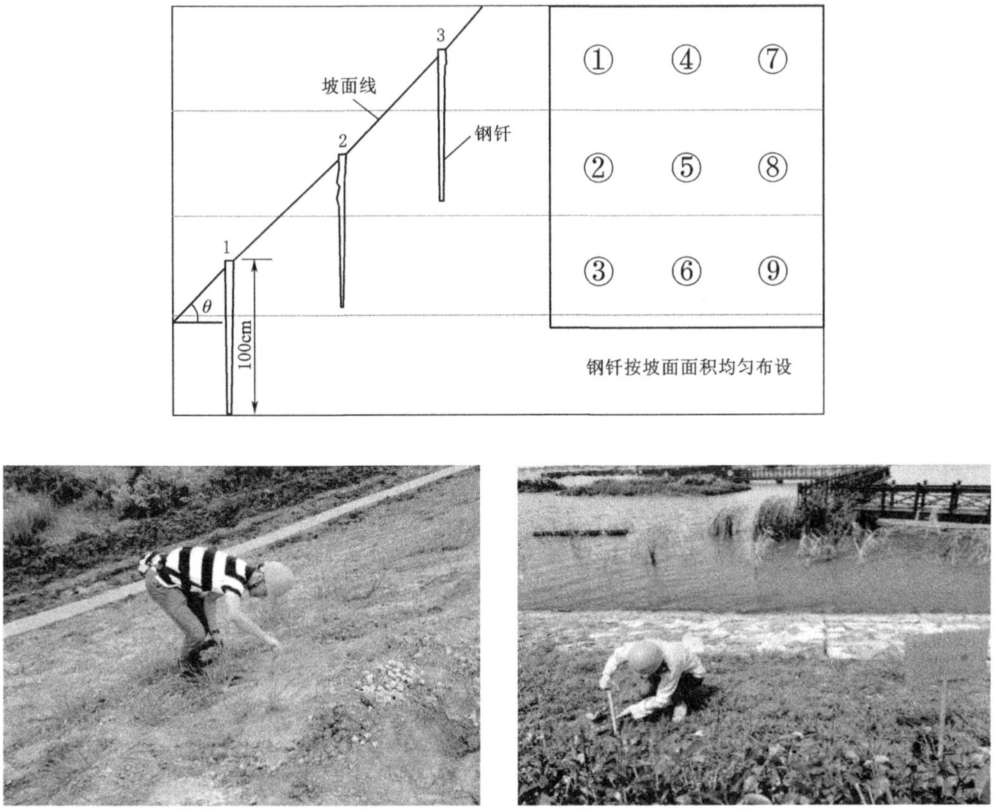

图 5-34 测钎法监测示意图

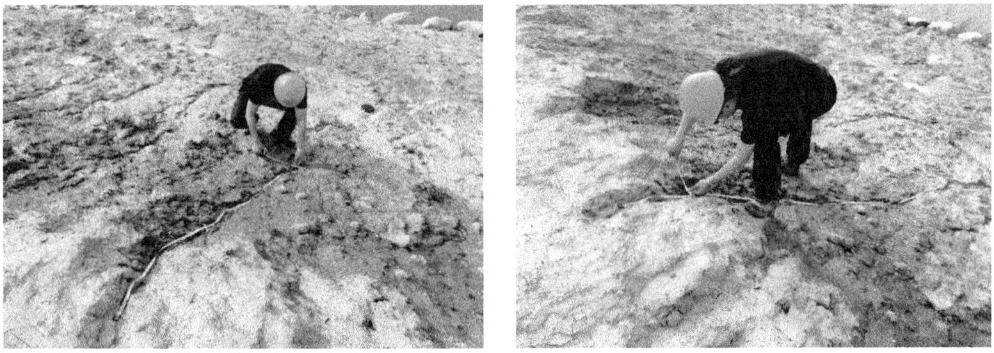

图 5-35 侵蚀沟法监测示意图

(5) 植被生长发育状况调查。在恢复林草地的挖填边坡、弃渣（堆土）场、施工临时设施场地以及景观绿化区选择一定面积的标准地进行定位监测，抽样调查林草的成活率。

植被生长发育状况采用抽样调查，在植物措施实施前观测一次，在各调查区域布设一定数量的观测样地，植物措施建成后定期观测。监测内容主要为植被成活率、保存率、覆盖度、密度等，植被生长发育状况于每年春、秋季进行，主要调查树高、胸径、地径、冠幅、郁闭度及覆盖率等。采用抽样调查方法，样地面积为 9～100m^2（3m×3m～10m×

10m)。绿化样地调查法示意图见图 5－36。

图 5－36　绿化样地调查法示意图

(6) 土壤侵蚀背景值监测。土壤侵蚀背景值采用小区观测法进行监测。在工程区附近选择一处原状地貌区块，周边采用砖砌墙围合成矩形，边墙高出地面 10～20cm，小区底端为集流槽，定期监测集流槽内的泥沙量，获取原状地貌土壤流失量，即土壤侵蚀背景值。坡面侵蚀监测小区布置示意图见图 5－37。

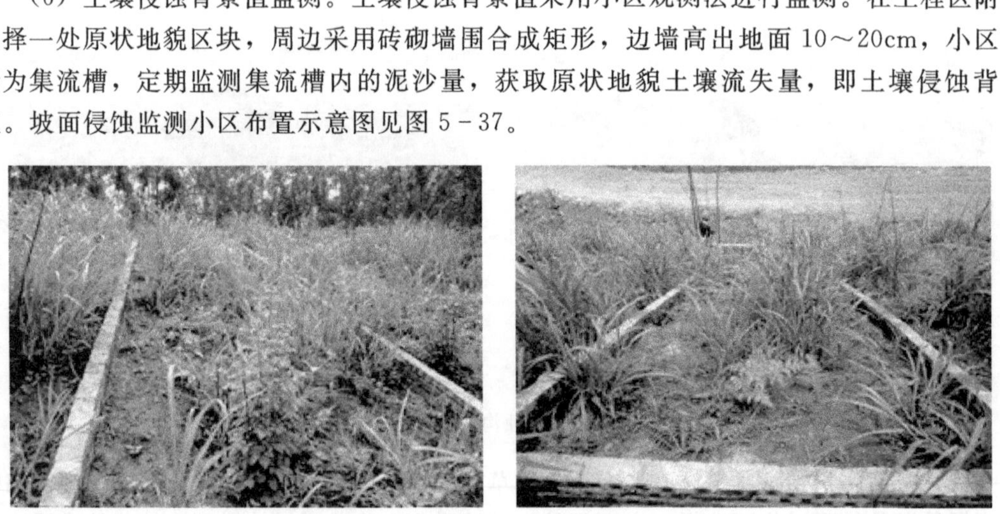

图 5－37　坡面侵蚀监测小区布置示意图

5.3.4　水土保持监测成果编制

根据《国务院关于第一批清理规范 89 项国务院部门行政审批中介服务事项的决定》、水利部《关于规范生产建设项目水土保持监测工作的意见》的要求等，生产建设单位可按要求自行编制水土保持监测报告，也可以委托有关机构编制，按水土保持方案报告书的监测要求，由监测单位编制监测方案和实施计划，予以实施。同时，监测单位应将监测成果定期向水行政主管部门报告，对监测成果进行综合分析，验证水土保持措施的合理性、科学性，水土保持设施竣工验收时提交水土保持监测总结报告。

为了规范上海市辖区内生产建设项目水土保持监测成果编制，确立统一的水土保持监测成果编写格式、内容和深度标准，提升监测工作效率和成果质量，由上海市水务局组织制定、上海勘测设计研究院有限公司主编形成《上海市生产建设项目水土保持监测成果编制指南》(下称《监测指南》)。《监测指南》对监测实施方案、回顾性监测报告、监测季度报告、监测年度报告、监测总结报告、监测专项报告以及其他监测成果提出了更加具体的编制指导。

5.3.4.1　基本规定

生产建设项目水土保持监测工作应与主体工程同步开展并按时提交监测成果。水土保持监测成果应按照项目实际进行编制，内容应真实可靠，分析评价专业系统。生产建设项目水土保持监测成果应能够全面反映项目扰动土地情况、取土（石、料）弃土（石、渣）情况、水土流失情况、水土保持措施实施情况等。

5.3.4.2　成果编制

《监测指南》中对各类监测成果的编制要点和要求均有详细说明，特别是对《回顾性监测报告》和《监测季度报告》的编制要点和要求介绍较为详细，这两类报告在水利部印发的《生产建设项目水土保持监测规程（试行）》和 GB/T 51240—2018《生产建设项目水土保持监测与评价标准》中均未有涉及，属于《监测指南》的创新。上海市生产建设项目成果编制要求详见《监测指南》，本书不再赘述。

5.3.4.3　成果报送

建设单位应及时向水行政主管部门报送监测成果，上海市生产建设项目水土保持监测成果报送具体要求如下。

(1) 监测实施方案宜在工程开工前报送，最迟报送时间不得超过开工后 1 个月；已开工补报水土保持方案的项目，应在取得水土保持方案批复文件后 1 个月内报送监测实施方案。

(2) 每季度第一个月月底前报送上一季度水土保持监测季度报告。

(3) 工期 3 年以上的项目，应于每年 1 月月底前报送上一年监测年度报告，监测年度报告宜与第 4 季度季报合并编报。

(4) 水土流失危害事件发生后 7 日内报送监测专项报告。

(5) 监测工作完成后 3 个月内报送监测总结报告。

(6) 已开工超过 6 个月补充开展水土保持监测的项目，在上报监测实施方案时应同步提交回顾性监测报告。开工时间不超过 6 个月的项目，应在第一期季报中回顾调查已发生的水土流失情况和水土保持工作开展情况等内容。

对于补编水土保持方案报告书的项目，如水土保持方案批复时主体工程已完工，需要编报水土保持监测实施方案和监测总结报告。其中监测实施方案应结合项目实际进度提出可行的监测布局、内容、方法等；监测总结报告应根据施工过程资料调查，结合其他回顾性调查监测成果进行编制。

5.3.5　监测常见问题及对策分析

5.3.5.1　水土保持监测现状

上海市生产建设项目数量大、类型多、分布广，其中房地产和道路工程项目最多，区域分布相对集中，大多分布在城市建成区。上海市大部分生产建设项目能够按要求开展水土保持监测工作，但是因项目量多面广、参与单位众多，导致监测工作参差不齐，监测技术手段、方法、成果等均有较大差异。

5.3.5.2　常见问题

1. 建设单位水土保持意识有待进一步加强

《中华人民共和国水土保持法》中明确规定，“对可能造成严重水土流失的大中型生产建设项目，生产建设单位应当自行或者委托具备水土保持监测资质的机构，对生产建设活动造成的水土流失进行监测，并将监测情况定期上报当地水行政主管部门。”但是经调查统计，23.34%的建设单位水土保持意识有待进一步提高，水土保持方案批复后，对后续工作重视程度不够、经费保障不健全、组织管理不完善，与水土保持“三同时”制度要求存在一定的差距。部分建设单位水土保持意识薄弱，不能及时地开展监测工作，对于监测工作缺乏有效的管理手段，监测工作角色弱化，导致参建单位对监测工作重视程度不够，甚至流于形式。

2. 新技术新方法应用不足

目前，水土保持监测新技术新方法主要包括卫星遥感监测法、无人机低空遥感监测法、“互联网+”监测等。但是上海市水土保持监测工作起步较晚，新技术新方法专业技术要求高、前期投入成本大，导致仅在部分项目中有所应用，大部分项目的监测工作仍以现场调查、巡查、地面监测等传统手段和方法为主，监测效率、成果精度、自动化程度均相对较低，对于大范围或大型线性工程，难以实现高频次、全覆盖监测。

3. 监测服务单位能力水平有待提高

上海市绝大多数建设单位通过委托具备水土保持监测能力的技术服务单位开展监测工作。但是据统计，7.79%的项目水土保持监测工作开展相对滞后，监测报告格式多样、数据准确性难以保证，甚至个别项目资料严重缺失、弄虚作假，无法客观地反映工程现场水土保持工作开展情况。部分监测服务单位的监测技术人员能力参差不齐，人员专业基础薄弱且配置不足，监测服务单位管理体制不健全，监测设施设备匮乏，导致监测工作效率低、成果可靠性差，不能及时地向建设单位提出水土流失问题的解决方案，不利于水土保持工作的开展。另外，随着“放管服”的不断深入，水土保持监测资质取消，监测行业市场化竞争日益激烈，个别监测服务单位不惜低价中标、恶性竞争，为了追求利益最大化，控制监测成本，存在进场不及时、监测频次不足、设施设备缺乏等现象，导致监测数据失真、监测成果不可信。

5.3.5.3　对策及建议

（1）采用多种形式加大对水土保持法律法规和监测相关规定的宣传，不断提高项目建设单位及各参建单位的水土保持监测意识，使其充分认识到监测工作的意义和重要性。

（2）加强水土保持行业监督管理，通过加强对生产建设项目水土保持工作的监督检查力度，加大对违反水土保持监测相关规定的惩罚力度，建立健全工程建设水土流失问责制度和信用监管制度，切实落实水土保持监测工作。各级水行政主管部门还应当根据不同行业的特点，有针对性地制定生产建设项目水土保持监测技术细则，全方位实施监测标准化管理。另外，进一步督促生产建设单位依法开展水土保持监测，对监测成果存在上报不及时、格式不规范、数据弄虚作假等问题，采取约谈、通报批评、查处等手段，督促规范落实。

(3) 加大对水土保持监测新技术新方法的推广应用。近几年，无人机技术在水土保持监测工作中的应用较为广泛，利用无人机低空遥感技术开展水土保持监测，实现智能控制，监测成果快速分析输出，对于提高监测工作效率，实现数据精细化，保证监测成果质量具有重要意义。同时，无人机可以应对野外各种复杂的地形条件，减少不必要的人力投入，提高了监测工作的效率和技术含金量。此外，遥感技术、三维激光扫描技术、视频实时监控技术等新技术新方法均可以在生产建设项目水土保持监测中发挥重要的作用。可以在使用传统监测方法的基础上，对监测技术服务单位定期开展相关培训，推进新技术在上海市生产建设项目水土保持监测中的应用，使监测工作更加自动化、智能化。

5.4 生产建设项目水土保持监理

5.4.1 概述

我国水土保持工程建设监理起步较晚，自 20 世纪末开始试点，进入 21 世纪后随着国家水土保持生态工程建设步伐的不断加快，特别是国家对生产建设项目水土保持工作的日益重视，水土保持工程监理才得到了全面、快速的发展。

2006 年，水利部颁布了 SL 336—2006《水土保持工程质量评定规程》，以水利部第 28、第 29 号令发布了《水利工程建设监理规定》和《水利工程建设监理单位资质管理办法》，分别对水土保持监理作了明确规定。2011 年又出台了 SL 523—2011《水土保持工程施工监理规范》，使水土保持监理工作逐步走向了科学化和规范化。而后又根据水土保持生态建设工程施工监理和生产建设项目水土保持监理工作的时间和要求，对 SL 523—2011《水土保持工程施工监理规范》进行修订，于 2024 年发布 SL/T 523—2024《水土保持监理规范》，进一步规范水土保持监理工作内容、程序和方法，保障监理工作质量，提高水土保持管理水平。

根据《水利部关于进一步深化“放管服”改革全面加强水土保持监管的意见》(水保〔2019〕160 号)，凡主体工程开展监理工作的项目，应当按照水土保持监理标准和规范开展水土保持工程施工监理。其中，征占地面积在 20hm^2 以上或者挖填土石方总量在 20 万 m^3 以上的项目，应当配备具有水土保持专业监理资格的工程师；征占地面积在 200hm^2 以上或者挖填土石方总量在 200 万 m^3 以上的项目，应当由具有水土保持工程施工监理专业资质的单位承担监理任务。

生产建设项目水土保持监理工作应坚持预防为主的原则，强化涉及水土保持相关工程实施前的事前预控，将水土流失的预控贯彻到工程建设的全过程。生产建设项目水土保持监理工作对象主要包括批复的水土保持方案及后续设计文件中所确定的水土流失预防、治理、监管等措施。

目前，水土保持监理工作在上海市各个领域的生产建设项目中得到了广泛的开展，水土保持监理的技术力量及监理水平在实践中不断地得到加强和提高。

5.4.2 监理工作程序

(1) 依据监理合同组建监理机构，选派总监理工程师、监理工程师、监理员和辅助人员，根据工作需要可设副总监理工程师或总监理工程师代表。

(2) 熟悉工程建设有关法律、法规、规章以及技术标准，熟悉已批复的水土保持方案及其相应的后续设计文件、施工合同文件和监理合同文件。

(3) 编制项目水土保持监理规划。

(4) 进行水土保持监理工作交底。

(5) 编制水土保持监理实施细则。

(6) 开展水土保持监理工作，包括准备工作、事前监理、过程监理和验收监理。

(7) 整理水土保持监理档案资料。

(8) 参加工程竣工水土保持设施验收。

(9) 结清监理费用。

(10) 提交水土保持监理工作报告，移交水土保持监理档案资料。

(11) 向建设单位移交其所提供的文件资料和设施设备。

水土保持监理管理流程图见图5-38。

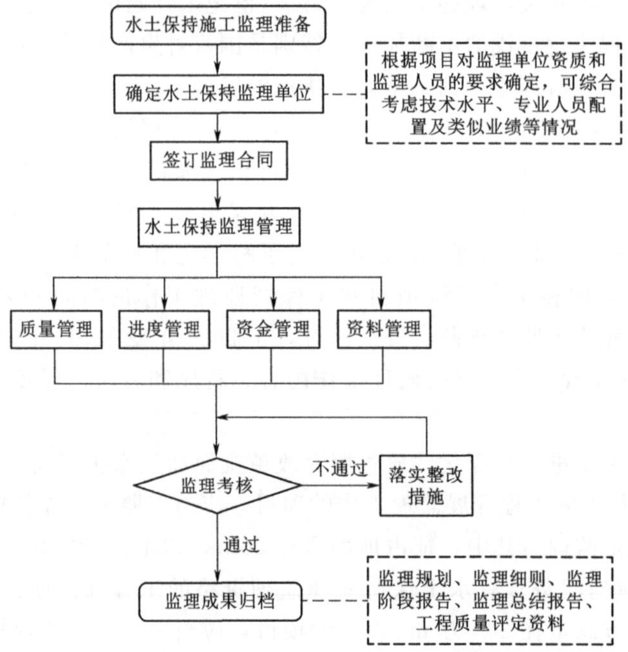

图5-38 水土保持监理管理流程图

5.4.3 监理工作制度

(1) 技术文件审核制度。参与涉及水土保持工程施工招标文件、合同文件以及施工图设计、施工组织设计、施工方案的审核，从水土保持专业角度提出意见和建议；负责弃渣场使用规划及年度使用计划、表土剥离保护利用规划及年度利用计划等相关文件的审核，提出审核意见，经监理机构核查、审批后方可实施。

(2) 会议制度。监理会议主要包括第一次监理工地会议、监理例会及监理专题会议，工程建设有关各方派人参加，形成会议纪要并分发与会各方。会议应符合下列要求。

1) 第一次监理工地会议。会议应由总监理工程师主持，在正式开展现场监理工作前举行，会议应向参建各方明确水土保持监理的定位、职责、权限及监理工作程序和要求，建立沟通联络机制，形成会议纪要。

2) 监理例会。监理机构应定期主持召开由参建各方现场负责人参加的会议，会上应通报水土保持工作开展情况，检查上次监理例会中有关决定的执行情况，分析当前存在的问题，提出问题解决方案和建议，明确会后应完成的任务及其责任方和完成时限。

3) 监理专题会议。监理机构应根据工作需要，主持召开监理专题会议。

(3) 报告制度。监理机构应及时向建设单位提交监理月报、监理工作报告，根据现场监理工作实际需要及时向建设单位提交监理专题报告。

(4) 工程验收制度。参与涉及水土保持的分部工程、单位工程验收并签署意见，参加工程阶段水土保持设施验收、临时占地水土保持设施验收、工程竣工水土保持设施验收[含分段（片、项）水土保持设施验收、移民安置工程水土保持设施验收]。

(5) 信息管理制度。主要包括文件管理、行文审批、技术资料及档案管理等制度。

(6) 巡视检查制度。应定期或不定期对水土保持工作开展情况进行巡视检查，对水行政主管部门或建设单位提出的整改要求落实情况、水土流失问题及隐患整改情况进行跟踪检查。

(7) 建设单位授权的考核、约谈等其他制度。

5.4.4 主要监理任务及方法

5.4.4.1 主要任务

水土保持监理任务主要包括三控制、二管理、一协调 3 个方面。

1. 三控制

投资控制：监理机构应依据施工合同约定进行水土保持工程施工费用的控制和管理。

进度控制：监理单位为使合同规定的水土保持工程工期目标和阶段目标能够按施工合同的约定实现，应采取相应控制和管理措施。

质量控制：监理机构在实施质量控制时，应对水土保持工程承包人的人员、设备、施工方法、施工环境等可能影响工程质量的因素实施全面控制，贯穿于工程质量形成的全过程，进而实现水土保持工程质量满足设计和施工合同要求。

2. 二管理

合同管理：监理机构应在熟悉水土保持施工合同的基础上，督促合同双方履行合同义务，提请双方避免违约和发生争议。对于已发生的违约事件，监理机构应依据合同，对违约责任和后果作出判断，及时采取有效措施，避免不良后果的扩大。

信息管理：监理机构应建立监理信息管理体系，设置信息管理人员、制定相应岗位职责，制定文档资料管理程序、管理制度等。

3. 一协调

包括项目组内部人员之间的协调，与相关的政府部门、社会团体、咨询单位、工程毗邻单位之间的协调，做好调和、联合和交接工作，使项目相关各方在实现项目总体目标上做到步调一致，达到协调运行。

5.4.4.2 主要方法

水土保持监理工作方法主要包括巡视检查、现场记录、发布文件、协调解决等。具体包括下列内容。

(1) 巡视检查。对水土保持工作进行定期或不定期的跟踪监督检查。

(2) 现场记录。完整记录在巡视过程中水土保持措施的落实情况，对措施落实过程中存在的问题，提出整改的意见和要求，保存好原始影像资料。

(3) 发布文件。采用通知、指示、批复、签认等文件形式对水土保持相关工作进行监督管理。

(4) 协调解决。对参建各方之间的关系以及在工程施工过程中出现的问题和争议进行调解。

5.4.5 项目划分及质量评定

按照 SL 336—2006《水土保持工程质量评定规程》，结合上海市生产建设项目监理工作的特点，水土保持工程质量评定应划分为单位工程、分部工程、单元工程等 3 个等级。质量评定时工程项目划分应在水土保持工程开工前完成，由工程监理单位、设计与施工单位、建设单位等共同研究确定。同时，生产建设项目水土保持工程的项目划分应与主体工程的项目划分相衔接。

1. 单位工程

单位工程应按照工程类型和便于质量管理等原则进行划分。上海市生产建设项目水土保持工程可划分为拦渣、斜坡防护、土地整治、防洪排导、降水蓄渗、临时防护、植被建设等 7 类单位工程。其中，拦渣、斜坡防护、土地整治、防洪排导、降水蓄渗等 5 类工程以独立的单个工程作为一个单位工程，临时防护、植被建设等两类工程在点型项目中应分别作为一个单位工程，在线型项目中每个标段分别作为一个单位工程。

2. 分部工程

分部工程可按照功能相对独立、工程类型相同的原则划分。

(1) 拦渣工程划分为基础开挖与处理、坝（墙、堤）体、防洪排水等分部工程。

(2) 斜坡防护工程划分为工程护坡、植物护坡、截（排）水等分部工程。

(3) 土地整治工程划分为场地整治、防排水、土地恢复等分部工程。

(4) 防洪排导工程划分为基础开挖与处理、坝（墙、堤）体、排洪导流等分部工程。

(5) 降水蓄渗工程划分为降水蓄渗、径流拦蓄等分部工程。

(6) 临时防护工程划分为拦挡、沉沙、排水、覆盖等分部工程。

(7) 植被建设工程划分为点片状植被、线网状植被等分部工程。

3. 单元工程

单元工程应按照施工方法相同、工程量相近，便于进行质量控制和考核的原则划分。

不同工程应按下述原则划分单元工程。

(1) 土石方开挖工程按段、块划分。

(2) 土方填筑按层、段划分。

(3) 砌筑、浇筑、安装工程按施工段或方量划分。

(4) 植物措施按图斑划分。

(5) 小型工程按单个建筑物划分。

水土保持工程的单元工程划分和工程关键部位、重要隐蔽工程的确定，应由建设单位或委托监理单位组织设计及施工单位于工程开工前共同研究确定，将划分结果送工程质量监督机构备案。对具有水土保持功能的生产建设项目的主体及附属工程，还应会同相应的设计、施工单位研究确定。生产建设项目水土保持工程质量评定项目划分表见表5-8。

表5-8 生产建设项目水土保持工程质量评定项目划分表

单位工程	分部工程	单元工程划分
拦渣工程	基础开挖与处理△	每个单元工程长50～100m，不足50m的可单独作为1个单元工程，大于100m的可划分为2个以上单元工程
	坝（墙、堤）体△	每个单元工程长30～50m，不足30m的可单独作为1个单元工程，拦渣工程大于50m的可划分为2个以上单元工程
	防洪排水	按施工面长度划分单元工程，每30～50m划分为1个单元工程，不足30m的可单独作为1个单元工程，大于50m的可划分为2个以上单元工程
斜坡防护工程	工程护坡△	1. 基础面清理及削坡开级，坡面高度在12m以上的施工面长度每50m作为1个单元工程，坡面高度在12m以下的每100m作为1个单元工程 2. 浆砌石、干砌石或喷涂水泥砂浆，相应坡面护砌高度，按施工面长度每50m或100m作为1个单元工程 3. 坡面有涌水现象时，设置反滤体，相应坡面护砌高度，以每50m或100m作为1个单元工程 4. 坡脚护砌或排水渠，相应坡面护砌高度，每50m或100m作为1个单元工程
	植物护坡	高度在12m以上的坡面，按护坡长度每50m作为1个单元工程；高度在12m以下的坡面，每100m作为1个单元工程
	截（排）水△	按施工面长度划分单元工程，每30～50m划分为1个单元工程，不足30m的可单独作为1个单元工程
土地整治工程	场地整治△	每0.1～1hm^2作为1个单元工程，不足0.1hm^2的可单独作为1个单元工程，大于1hm^2的可划分为2个以上单元工程
	防洪排水	按施工面长度划分单元工程，每30～50m划分为1个单元工程，不足30m的可单独作为1个单元工程
	土地恢复	每100m^2作为1个单元工程

续表

单位工程	分部工程	单元工程划分
防洪排导工程	基础开挖与处理△	每个单元工程长50～100m，不足50m的可单独作为1个单元工程
	坝（墙、堤）体△	每个单元工程长30～50m，不足30m的可单独作为1个单元工程，大于50m的可划分为2个以上单元工程
	排洪导流设施	按段划分，每50～100m作为1个单元工程
降水蓄渗工程	降水蓄渗	每个单元工程30～50m^3，不足30m^3的可单独作为1个单元工程，大于50m^3的可划分为2个以上单元工程
	径流拦蓄△	同降水蓄渗工程
临时防护工程	拦挡△	每个单元工程量为50～100m，不足50m的可单独作为1个单元工程，大于100m的可划分为2个以上单元工程
	沉沙	按容积分，每10～30m^3为一个单元工程，不足10m^3的可单独作为1个单元工程，大于30m^3的可划分为2个以上单元工程
	排水△	按长度划分，每50～100m作为1个单元工程
	覆盖	按面积划分，每100～1000m^2作为1个单元工程，不足100m^2的可单独作为1个单元工程，大于1000m^2的可划分为2个以上单元工程
植被建设工程	点片状植被△	以设计的图班作为1个单元工程，每个单元工程面积0.1～1hm^2，大于1hm^2的可划分为2个以上单元工程
	线网状植被	按长度划分，每100m为1个单元工程

注 带△者为主要分部工程。

5.4.6 水土保持监理成果编制及报送

水土保持监理主要成果包括监理规划、项目划分及质量评定办法、监理实施细则和监理报告，其中监理报告包含监理月报、监理专题报告、监理工作报告和监理工作总结报告等。

关于水土保持监理成果编写，SL/T 523—2024《水土保持监理规范》中已有比较详细的要求和提纲，本书不再赘述。

目前，水利部及上海市水土保持相关法律法规和标准规范暂未对监理成果报送提出明确要求。但是《水土保持监理总结报告》作为编制报告书项目水土保持设施验收的材料之一，应及时上报至全国水土保持信息管理系统。监理其他有关资料应做好整理与归档工作备查，根据水行政主管部门验收后核查要求及时提供。

5.4.7 监理常见问题及对策分析

5.4.7.1 常见问题

总结分析近些年上海市生产建设项目水土保持监理工作开展情况，监理工作得到了广泛开展，但是仍存在以下几方面的问题。

（1）建设单位水土保持监理意识淡薄。能够自觉并及时开展水土保持工程监理的项目数量较少，大部分建设单位对于开展水土保持工程监理的法律意识不足，重视程度不够，切实想要做好水土保持监理工作的内生动力不足。水行政主管部门监督检查提出整改要求，建设单位为了避免程序违法才开始委托监理单位开展相关工作，甚至个别项目开展水土保持设施验收时，才意识到水土保持工程监理工作未开展，导致无法完成验收。

（2）监理对象不明确致使工作流于形式。生产建设项目水土保持工程大多包含在主体工程中招标实施，水土保持监理与主体监理之间存在着内容交叉、工作界面模糊、职责权限不清的状况，造成水土保持监理处于被动局面，工作很难开展，施工监理的“三控制、两管理、一协调”工作流于形式，未达到预期效果。

（3）水土保持工程监理与主体工程不同步。部分生产建设项目未将水土保持工程监理和主体监理一起纳入招投标工作，往往在工程开工之后，甚至施工接近尾声才开始相关费用申请和招投标程序，导致水土保持工程监理单位进场时间严重滞后。很多前期工作未按照水土保持方案落实已成为既定事实，水土保持工程监理单位只能对已经形成的事实进行质量追溯，或提出整改意见，无法保证进场前水土保持工程的质量。另外，20.92%的项目水土保持监理工作不够完善，特别是具有水土保持专业监理资格的工程师匮乏，导致监理工作开展不规范，甚至形同虚设。

（4）水土保持工程监理费用较低。大多数建设单位对开展水土保持工程监理的必要性认识不足，监理经费预算少。在市场经济的竞争下，部分水土保持监理单位为了争取项目，低价恶意竞争，中标价格与监理工作量不成比例，导致无法配备相应数量和技术水平的监理人员，难以保证严格按照标准规范开展旁站、巡视等监理工作。另外，为了控制成本，大部分水土保持工程监理单位均未在施工现场设置专门的实验室，无法对水土保持工程中的原材料、中间产品等进行独立的抽样检验，导致监理工作质量大打折扣。

（5）水土保持工程监理“三大控制”难以落实。实际开展水土保持工程监理过程中，质量控制、进度控制、投资控制难度大、阻碍多，往往只是反映在纸面材料上，并没有切实落实。

（6）污水排放、余土处置、绿化实施等监理有待加强。部分项目在施工期间，施工污水排放未按规定执行，甚至出现随意排入下水道及周边水系的情形。在工程施工期间，存在余土不按计划运出、渣土车辆随意进出工地、车辆冲洗不干净、余土去向不明确等问题。另外，对于植被成活率和覆盖率，缺少专门的监理过程。

（7）质量评定重复。生产建设项目水土保持工程大多包含在主体工程中开展项目划分及质量评定。根据生产建设项目水土保持设施验收相关规定，水土保持分部工程和单位工程未经验收或验收不合格的，不得通过水土保持设施验收。为了满足验收的要求，水土保持工程大多重复开展项目划分和质量评定，不符合水土保持“三同时”的要求。

（8）水土保持监理成果要求不明确。目前，水利部及上海市水务局对于水土保持监理资料、成果上报均未做强制要求。在施工过程中，水土保持监理月报（季报）和年报完成后，只对建设单位进行报送、归档，无需向水行政主管部门报送。在水土保持设施验收阶段，水土保持监理资料不公示、不报备，仅作为备查材料之一，导致水土保持监理总结报告质量偏低、缺乏实质性作用。

5.4.7.2 对策及建议

(1) 进一步加强建设单位水土保持意识。加强《中华人民共和国水土保持法》的宣传教育力度，面向在建生产建设项目建设单位、施工单位、监理单位开展水土保持监理专题培训。同时，利用日常监督检查，向建设单位及参建单位普及水土保持监理知识，切实增强水土保持监理意识和守法自觉性。

(2) 水土保持监理和主体工程同步招标。在生产建设项目开工前，建设单位同时对水土保持监理进行招标，水土保持监理单位和施工单位同时进场，保证水土保持监理工作从工程初期就纳入正常轨道。同时，水行政主管部门应进一步加强监督工作，对未按要求开展水土保持监理等问题，采取约谈、通报批评、查处等手段，督促规范落实。

(3) 规范水土保持监理招投标，避免出现明显低于成本价、市场价中标。建议水土保持行业主管部门或行业协会出台相应的收费标准，中标单位要保证按照要求投入足够的人力、物力。水土保持监理单位进场后，应严格按照合同要求，配备相应的驻场人员，按照监理规范要求做好对砂石、水泥等原材料的抽样检测，对水土保持工程的施工过程进行质量控制。

(4) 强化水土保持监理“三大控制”，逐步把质量控制、进度控制、投资控制落到实处。

对于质量控制，要明确水土保持监理和主体监理的工作界面，对于在主体工程中具有水土保持功能的措施，如截排水沟、边坡防护等，主体监理已经进行了严格的质量控制，水土保持监理要充分利用主体工程评定的结论，做好复核认定，避免重复工作。要重点加强水土保持方案新增措施的质量评定，按要求把质量控制贯穿到整个施工过程，杜绝出现后期为验收突击补资料的现象。

对于进度控制，建议施工单位单独编制水土保持施工进度计划，在水土保持施工进度中明确各防治分区的措施实施进度，报水土保持监理审批，按照已批复的水土保持工程施工进度计划实施，在施工过程中进度计划可根据主体工程进度变化进行调整。

对于投资控制，建议建设单位单独计列水土保持投资，对主体工程中具有水土保持功能的措施，在主体监理签证的同时，也应当由水土保持监理再次认定，对水土保持方案新增措施的签证和支付，应由水土保持监理进行质量评定，在质量评定合格的基础上完成签证和支付。

(5) 加强施工安全与环境保护管理，对工程施工污水排放采取有效措施，泥浆不得随意排入下水道及周边水系。在工程施工期间，弃土按计划运出，装土车不得超载，防止中途洒落。在车辆驶离工地前先将轮子上的泥土去除干净，防止沿程随意弃土。

(6) 对于大型项目或水土流失较为严重的项目，建议水土保持监理月报（季报）和年报在完成后，及时向各级水行政主管部门进行报送，以便主管部门掌握监理工作的开展情况，便于后期的监督管理。对于中小型或者水土流失轻微的项目，应做好水土保持监理资料及成果的整理和归档工作。

在水土保持设施验收阶段，水土保持验收专家组成员应认真把关水土保持监理总结报告，保证报告质量满足要求，杜绝弄虚作假、拷贝抄袭、张冠李戴等明显错误，对于不满足水土保持验收要求的监理报告，应给予水土保持设施验收不合格的结论。另外，为提高监理总结报告的编制质量，建设单位可以在公示其他验收材料时，同步公示监理总结报告。

5.5 生产建设项目水土保持设施验收

5.5.1 概述

《中华人民共和国水土保持法》第二十七条规定，生产建设项目竣工验收，应当验收水土保持设施；水土保持设施未经验收或者验收不合格的，生产建设项目不得投产使用。第五十四条规定，违反本法规定，水土保持设施未经验收或者验收不合格将生产建设项目投产使用的，由县级以上人民政府水行政主管部门责令停止生产或者使用，直至验收合格，并处五万元以上五十万元以下的罚款。根据《水利部关于加强事中事后监管规范生产建设项目水土保持设施自主验收的通知》（办水保〔2017〕365号），全面停止生产建设项目水土保持设施验收审批，转变为由建设单位组织开展水土保持设施自主验收。

根据水土保持方案分类管理要求，将水土保持设施验收项目分为两类，一类为编制水土保持方案报告书的生产建设项目，另一类为编制水土保持方案报告表的生产建设项目。本节主要对编制水土保持方案报告书的生产建设项目水土保持设施验收的条件、组织、内容、程序、验收标准进行了详细的论述，而对于编制水土保持方案报告表的生产建设项目，其水土保持设施验收根据《水利部办公厅关于印发生产建设项目水土保持监督管理办法的通知》（办水保〔2019〕172号）第六条规定进行简化，生产建设单位组织开展水土保持设施竣工验收时，不编制水土保持设施验收报告，在验收组中需要至少一名省级水行政主管部门水土保持专家库专家参加并签署意见，在形成的水土保持设施验收鉴定书中明确水土保持设施验收合格与否的结论。

5.5.2 基本要求

（1）生产建设项目主体工程完工后在竣工验收前，应及时组织开展水土保持设施验收。

（2）生产建设项目水土保持设施验收，应按照水土保持相关法律法规和技术标准的要求，对水土保持方案及其后续设计所确定的水土保持设施及其水土流失防治效果进行验收。

（3）生产建设项目水土保持设施验收应包括法定义务履行情况、水土流失防治任务完成情况、水土保持效果、水土保持组织管理工作情况等内容。

（4）主体工程分阶段验收的生产建设项目，涉及水土保持的也应地相应地开展水土保持设施阶段验收，各阶段验收完成后方可开展工程竣工水土保持设施验收。

（5）主体工程分段（片、项）实施和验收的生产建设项目，水土保持设施也应分段（片、项）验收。必要时各段（片、项）验收合格的成果及结论汇编成册可作为该工程竣工水土保持设施验收的成果和结论。

（6）临时占地水土保持措施实施完成后到工程竣工验收时间间隔2a（含）以上的，可先期开展临时占地水土保持设施验收。

（7）水土保持设施验收应在所涉及的分部工程和单位工程验收合格并经水土保持监理

确认的基础上开展，分部工程和单位工程验收内容、程序、鉴定书（或签证）等应按各行业有关规定执行。

（8）水土保持设施验收相关资料的制备应由项目法人（或建设单位）负责组织，有关单位制备的资料应加盖制备单位公章，对其真实性负责。

5.5.3 验收内容、条件和程序

5.5.3.1 验收内容和条件

1. 法定义务履行情况验收内容和条件

（1）符合国家法律法规的规定和批复水土保持方案及后续设计文件的要求。

（2）涉及变更的，水土保持方案变更审批及水土保持设计变更手续完备。

（3）水土保持监理、监测工作按规定持续开展并完成相应报告。

（4）水土保持补偿费已缴纳。

2. 水土流失防治任务完成情况验收内容和条件

（1）相应水土保持设施已按批复的水土保持方案及后续设计要求建成，涉及水土保持的分部、单位工程已完成验收。

（2）涉及阶段验收的，阶段验收工作已完成，档案资料完备；涉及临时占地水土保持设施验收的，移交手续完备。

3. 水土流失防治效果情况验收内容和条件

（1）水土保持设施的功能基本发挥，水土流失基本得到控制。

（2）重要防护对象水土流失危害隐患已排除。

（3）水土流失防治指标达到批复的水土保持方案防治目标要求。

4. 水土保持管理工作情况验收内容和条件

（1）后期水土保持设施管护责任和水土流失防治责任已明确。

（2）各级水行政主管部门水土保持监督检查意见已落实。

（3）已编制完成水土保持设施验收报告。

（4）相应水土保持档案资料完备。

5. 临时占地水土保持设施验收内容和条件

（1）临时占地水土保持设施验收部分的水土保持设施验收报告已编制完成。

（2）临时占地水土保持设施验收部分的水土保持遗留问题和质量缺陷已经处理完毕，收尾工作已完成。

5.5.3.2 验收程序

生产建设项目水土保持设施验收一般应当按照编制验收报告、组织竣工验收、公开验收情况、报备验收材料的程序开展。

1. 水土保持设施验收报告编制

（1）水土保持设施验收报告由第三方技术服务机构编制。

（2）验收服务机构编制水土保持设施验收报告，应符合水土保持设施验收报告示范文本的格式要求，对项目法人法定义务履行情况、水土流失防治任务完成情况、防治效果情况和组织管理情况等进行评价，作出水土保持设施是否符合验收合格条件的结论，对结论负责。

（3）验收服务机构评价应包含以下内容。

1）项目法人水土保持法定义务履行情况，包括评价水土保持方案（含变更）编报等手续完备情况、评价水土保持初步设计和施工图设计开展情况、评价水土保持监测工作开展情况、评价水土保持监理工作开展情况、复核水土保持补偿费缴纳情况。

2）水土流失防治任务完成情况，包括复核水土流失防治责任范围，复核弃土（渣）场、取土（料）场选址及防护等情况，复核水土保持工程措施、植物措施及临时措施等的实施情况，复核水土保持分部工程和单位工程相关验收资料，复核表土剥离保护情况，复核弃土（渣）综合利用情况。

3）水土流失防治效果情况，包括评价水土流失是否得到控制，水土保持设施的功能是否正常、有效；评价重要防护对象是否存在严重水土流失危害隐患情况；复核水土流失防治指标是否达到水土保持方案批复的要求；个别水土流失防治指标不能达到要求的，应根据当地自然条件、项目特点及相关标准分析原因，评价对水土流失防治效果的影响。

4）水土保持工作组织管理情况，包括复核水土保持设施初步验收、监测、监理等验收资料的完整性、规范性和真实性；复核水行政主管部门水土保持监督检查意见的落实情况；评价水土保持设施的运行、管理及维护情况；第三方开展评价工作应采用资料查阅、走访、现场核查等方法，其中涉及重要防护对象的应全部核查。

2. 水土保持设施竣工验收

（1）竣工验收应在第三方提交水土保持设施验收报告后，生产建设项目投产运行前完成。

（2）竣工验收应由项目法人组织，一般包括现场查看、资料查阅、验收会议等环节。

（3）竣工验收应成立验收组，验收组由项目法人和水土保持设施验收报告编制、水土保持监测、监理、方案编制、施工等有关单位代表组成。项目法人可根据生产建设项目的规模、性质、复杂程度等情况邀请水土保持专家参加验收组。

（4）验收结论应经 2/3 以上验收组成员同意。

（5）验收组应从水土保持设施竣工图中选择有代表性、典型性的水土保持设施进行查看，有重要防护对象的应重点查看。

（6）验收组应对验收资料进行重点抽查，对抽查资料的完整性、合规性提出意见。

（7）验收会议。

1）水土保持方案编制、监测、监理等单位汇报相应工作及成果。

2）验收服务机构汇报验收报告编制工作及成果。

3）验收组成员质询、讨论，发表个人意见。

4）讨论形成验收意见和结论。

5）验收组成员对验收结论持有异议的，应将不同意见明确记载并签字。

（8）存在水土保持设施验收不通过情形的，应得出不通过的验收结论。

（9）项目法人按规范格式制发水土保持设施验收鉴定书。

3. 水土保持设施自主验收材料清单

水土保持设施自主验收资料清单见表 5－9。

表 5-9 水土保持设施自主验收资料清单

序号	资 料 名 称	单位工程验收	竣工验收
1	项目立项（审批、核准、备案）文件		√
2	主体工程设计相关资料	√	√
3	水土保持分部工程、单位工程验收资料		√
4	水土保持方案（含变更）及其批复文件	√	√
5	水土保持初步设计和施工图设计及其审批（审查、审定）意见	√	√
6	各级水行政主管部门监督检查及落实情况	√	√
7	水土保持监理总结报告及原始资料		√
8	水土保持监测总结报告及原始资料		√
9	水土保持设施验收报告		√

4. 水土保持设施自主验收材料公示及报备

根据《生产建设项目水土保持监督管理办法的通知》（办水保〔2019〕172号）第五条，生产建设单位是生产建设项目水土保持设施验收的责任主体，应当在生产建设项目投产使用或者竣工验收前，自主开展水土保持设施验收，完成报备并取得报备回执。

生产建设单位应当在水土保持设施验收合格后，及时在其官方网站或者其他公众知悉的网站公示水土保持设施验收材料，公示时间不得少于20个工作日。对于公众反映的主要问题和意见，生产建设单位应当及时给予处理或者回应。

5. 水土保持设施验收管理流程图

水土保持设施验收管理流程图见图5-39。

5.5.4 水土保持设施验收成果编制

为了强化上海市生产建设项目水土保持设施验收管理，规范水土保持设施验收成果编制，由上海市水务局组织制定、上海勘测设计研究院有限公司主编形成《上海市生产建设项目水土保持设施验收成果编制指南》（下称《验收指南》）。《验收指南》对水土保持设施验收成果编制格式、内容等进行详细的要求；对编制水土保持方案报告表的生产建设项目创新性地提出了水土保持设施验收情况说明的编制要点，解决了实际工作中遇到的项目情况复杂、需要相关支撑材料清晰表达水土保持设施验收内容和成果的情况，进一步提高了验收质量。

5.5.4.1 基本规定

生产建设单位是生产建设项目水土保持设施验收的责任主体，应当组织开展水土保持设施验收成果编制，自主开展水土保持设施验收。生产建设项目水土保持设施验收成果应按照项目实际进行编制，内容应真实可靠，分析评价应客观全面。对于主体工程分期（阶段）投产使用的生产建设项目，可以根据批复的水土保持方案分期（阶段）实施水土保持设施验收，分期（阶段）编制验收成果。

5.5.4.2 成果编制

编制水土保持方案报告书的生产建设项目，生产建设单位应组织第三方机构编制水土保持设施验收报告。承担生产建设项目水土保持方案技术评审、水土保持监测、水土保持

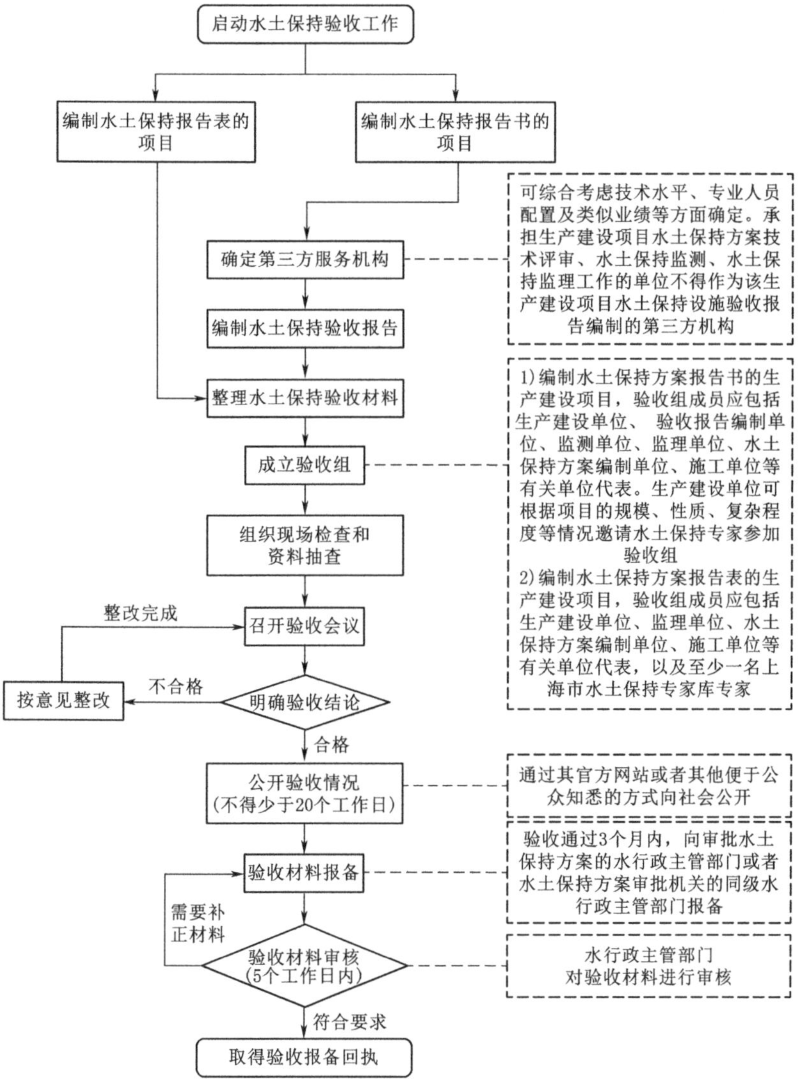

图 5-39　水土保持设施验收管理流程图

监理工作的单位不得作为该生产建设项目水土保持设施验收报告编制的第三方机构。

编制水土保持方案报告表的生产建设项目，不需要编制水土保持设施验收报告。但是对于项目情况复杂、需要相关支撑材料清晰地表达水土保持设施验收内容和成果的，生产建设单位可以组织编制水土保持设施验收情况说明，不做强制要求。

水土保持分部工程和单位工程验收按照有关规定开展。水土保持验收成果编制要点参照《水利部关于加强事中事后监管规范生产建设项目水土保持设施自主验收的通知》（办水保〔2017〕365 号）、DB31 SW/Z 043—2024《上海市生产建设项目水土保持设施验收成果编制指南》等进行编制，本书不再赘述。

5.5.4.3　成果报送

根据《生产建设项目水土保持监督管理办法的通知》（办水保〔2019〕172 号），编制水土保持方案报告书的生产建设项目水土保持设施验收材料包括水土保持设施验收鉴定书、水土保持设施验收报告和水土保持监测总结报告；编制水土保持方案报告表的验收材料为水土保持设施验收鉴定书。

生产建设单位应当在水土保持设施验收通过3个月内，向审批水土保持方案的水行政主管部门或者水土保持方案审批机关的同级水行政主管部门报备水土保持设施验收材料。

对报备材料完整、符合格式要求的，水行政主管部门或者其水土保持机构应当在5个工作日内出具水土保持设施验收报备回执，定期在门户网站公告。对报备材料不完整或者不符合格式要求的，应当在5个工作日内一次性告知生产建设单位需要补正的全部内容。

5.5.5 设施验收常见问题及对策分析

5.5.5.1 常见问题

（1）建设单位自主验收意识不到位。在新时期上海市优化营商环境背景下，生产建设项目建设单位在主体竣工验收备案阶段无需提交水土保持设施验收成果资料，从而导致部分建设单位在项目建设完成后不重视或者不开展水土保持设施验收工作。

（2）后续设计薄弱，验收及报备不及时。经调查统计，超过60%的项目水土保持后续设计工作相对薄弱，9.49%的项目水土保持设施验收及报备工作开展不及时，造成“未验先投”违法违规情形。

（3）第三方技术单位评价不准确。作为水土保持设施验收重要参与方，验收报告编制单位根据项目水土保持方案、其他相关资料编制而成的验收报告书是自主验收的重要基础和决策性依据，报告质量应得到确保。因部分第三方单位技术人员的专业技术能力和技术水平参差不齐，在现场踏勘、资料收集、报告编写、验收结论等主要工作环节中存在技术性疏漏或弄虚作假等情况，致使验收报告内容及数据不全面，验收评价不准确，验收结论不可信。

（4）社会监督力量参与度不够。建设单位、第三方技术单位和监管单位都应通过不同途径向社会公众公示水土保持设施验收中间资料、成果资料。但是部分第三方技术单位在验收报告编制过程中存在对公众满意度调查问卷弄虚作假等情况，不能起到了解周边居民对项目水土保持设施实施情况及防治效果的作用。同时，部分建设单位仅在自身网站公示水土保持设施验收资料，没有实施更为具体直接的项目现场张贴公示页或简版，致使社会公众或相关敏感对象无法第一时间获悉项目水土保持设施验收信息，无法及时反馈意见和建议。

（5）监督部门现场核查不及时。根据水利部“放管服”要求，监管部门应加强事中事后监管，在建设单位自主完成验收报备工作后及时进行项目现场核查，及时发现问题并解决问题。因为历史遗留问题、监管人员配置不全面、专业技术能力不足等原因，部分区域的相关监管部门不能做到水土保持设施自主验收项目的及时核查、全面核查，不能发挥事后监管的功能，更不能及时发现并纠正建设单位自主验收不到位情况或遗留问题。针对部分“未验先投”的生产建设项目，监管单位无法及时跟进水土保持监管工作，无法严格把关水土保持“三同时”制度。

（6）设施验收材料存在较多问题，根据近五年上海市水土保持验收管理工作总结，验收材料常见问题如下。

1）林草恢复率和植被覆盖率指标未达到水土保持方案批复目标值，又无合理解释或支撑性依据。

2）红线外临时用地未按照水土保持方案要求及时进行恢复，也无支撑性依据。

3）验收鉴定书中未明确验收结论。

4）涉及重大变更的，未履行变更报批手续。

5）盖章、签字不齐全，鉴定书中缺少专家签字。

6）对于编制报告书的项目，验收材料中的绿化面积、绿化率等与“多测合一”报告（或绿化测绘报告）不一致，甚至存在数据弄虚作假情形。

7）对于编制报告表的项目，鉴定书中缺少六大指标相关内容。

8）渣土处置证明材料缺少或数量不足；验收材料中主体工程相关指标、水土保持相关指标数据调查不翔实，直接引用水土保持方案成果。验收成果报告中缺少分部工程和单位工程相关验收资料。现场调查不严谨，验收材料弄虚作假，多个项目共用同一张图片。分期验收项目，关于分期内容介绍不清楚。

9）其他非技术性问题：验收报备表中验收通过时间与鉴定书不一致（验收时间前后不一致）；验收通过时间与申请报备时间间隔超过 3 个月；验收鉴定书、报备表等材料中的验收单位应当填写项目建设单位，而不是验收报告编制单位（第三方单位）；公示时间少于 20 个工作日（如仅公示 20 个自然日）。

5.5.5.2 对策分析

（1）加强宣传引导。监管部门应通过各类宣传教育或知识讲座，促使建设单位意识到水土保持设施验收的义务，承担自主验收责任，严格把关自主验收环节，做好验收的全面工作。

（2）推进深化设计、及时验收报备。可选取典型项目开展试点，落实水土保持初步设计或施工图设计，将水土保持各项防治措施落到实处。另外，督促建设单位在工程投产前及时完成水土保持设施验收及报备，避免发生“未验先投”等违法行为。对于存在“未验先投”情形的项目，移交执法部门依法依规处理。

（3）强化社会监督。监管部门应重视水土保持设施验收工作环节中的社会监督作用，严格把关社会监督环节，强化社会监督效果。针对第三方技术单位实施的公众满意度调查问卷，需要采用随机抽查的方式回访问卷调查对象，核实相关问卷调查信息的真实性，杜绝弄虚作假行为。针对建设单位及监管单位的验收资料公示情况，监管单位需要进一步完善公示要求，尽量在验收报备或现场核查阶段让当地街镇知晓相关情况，同时适当征询以上相关部门的意见和建议，发挥社会监督的积极作用。

（4）加强监管及核查。监管部门应及时对未完成生产建设项目水土保持设施验收的建设单位进行书面告知，责令依法依规履行自主验收及报备工作。针对已完成自主验收及报备工作的生产建设项目，监管单位应结合“双随机一公开”制度及时开展现场核查工作。对于不满足水土保持验收标准和条件的生产建设项目，或在验收过程中弄虚作假的相关责任单位，监管部门应及时查处，限期整改。对于不能依法依规完成整改的相关责任单位，可追究相关法律责任。

（5）完善第三方技术服务单位管理。第三方技术单位作为水土保持设施验收的重要参与方，主要负责编制水土保持设施验收报告，应严格按照验收标准和条件进行水土保持设施验收评价，得出独立可信的验收结论。监管单位可建立水土保持信用管理体系，对建设单位、第三方技术单位存在的水土保持违法违规失信行为，可以根据情况纳入“失信黑名单”和“重点关注名单”，警醒第三方技术单位严格把关验收报告及评价结论。

（6）加大专项执法力度。监管部门应根据自身实际情况，定期开展水土保持违法违规行为的联合执法专项行动，水土保持监管部门与水政执法部门密切合作，将执法行动落实到位，实施到位。同时，监管部门应进一步加大对“未批先建”“未验先投”等违法行为的查处频次和力度，建立违法违规项目清单，进行逐项查处，直至清零，做到违法必究，执法必严。

5.6　生产建设项目水土保持监管

5.6.1　概述

为了进一步深化“放管服”改革，全面加强生产建设项目水土保持事中事后监管，规范和强化水行政主管部门水土保持监督检查工作，水利部先后下发《水利部关于进一步深化“放管服”改革全面加强水土保持监管的意见》（水保〔2019〕160 号）、《水利部办公厅关于印发生产建设项目水土保持监督管理办法的通知》（办水保〔2019〕172 号）等文件，规范和强化水行政主管部门水土保持监督检查工作，对水行政主管部门开展生产建设项目监督检查的内容、方式、程序、频次等提出更具体、更明确的规定。

近几年，上海市及各区水行政主管部门根据中央、水利部的指示精神，加强了对生产建设项目水土保持的监督检查与事后核查，在水土保持督查核查的基础上，对水土保持存在的有关问题进行总结，促进了新时代上海市水土保持事业的良性发展。

5.6.2　总体思路及技术手段

为了着力提升上海市生产建设项目水土保持监督检查工作效率和技术水平，通过综合利用高分辨卫星遥感影像、无人机低空航摄、地面观测（全球定位系统、移动采集终端、激光测距仪等）、现场调查等方法和手段，进行全面、细致的野外调查和数据采集工作。重点掌握生产建设项目的防治责任范围、扰动边界和水土流失情况等，核实扰动区域内的排水沉沙、拦挡覆盖等防护措施落实及防护效果；对水土保持监测工作开展，点位布设，监测方法、内容、频次及设备等进行细致的检查。

另外，通过与项目建设单位以及施工、监理、监测等相关人员现场座谈，查阅水土保持有关台账资料，宣传贯彻相关法律法规。同时，对于野外调查和现场数据采集发现的问题，与建设单位及相关单位主要负责人充分交换意见，提出进一步落实水土保持“三同时”制度和加强各项水土流失防护措施的具体意见和建议。

5.6.3　作用及成效

在新形势下，生产建设项目水土保持监督检查是促进主管部门监管方式从审批转变为事中事后监管的有效途径。通过开展上海市生产建设项目水土保持监督检查，结合区域社会经济发展和水土流失特征，深入研究、分析主要存在的水土流失问题，取得了以下作用及成效。

（1）通过监督检查掌握第一手资料，发挥了监督检查在政府决策和社会公共服务中的作用，实现了监督与管理工作的无缝对接，提高了工作的靶向性、精准性。

（2）通过监督检查掌握了生产建设项目水土保持措施落实和义务履行等情况，为水政执法、案件查处、纠纷仲裁等提供了依据。

（3）通过监督检查复核监测、验收成果，对有关数据进行核实，客观公正地评价监测、验收工作总体情况，规避了弄虚作假、数据不实、成果失真、出现重大技术问题等。

（4）对于监督检查反映的违法违规行为及问题，水土保持主管部门及时查处，确保成果应用落到实处，通过加强监督检查数据成果的运用，增强了水土保持监督检查工作的权威性、严肃性。

5.6.4 在建项目跟踪检查

5.6.4.1 主要内容

（1）水土保持工作组织管理情况。核查建设单位是否建立了水土保持工作管理制度，管理制度的运行情况，是否落实水土保持专（兼）职管理人员；核查施工组织和管理落实情况；核查在工程施工、监理招投标文件中是否包含了水土保持任务与投资，是否在施工合同和监理合同中细化了水土保持相关内容。

（2）水土保持方案变更、水土保持措施重大变更审批情况，水土保持后续设计情况。核查方案批复后，工程建设的选址、规模变化情况，若涉及重大变更，是否履行了水土保持方案的变更审批；核查在工程实施过程中，水土保持措施的调整情况，若有调整，是否履行了水土保持方案的变更审批手续；核查水土保持初步设计、施工图设计等后续设计的开展情况及成果。

（3）表土的剥离、保存和利用情况。核查在工程实施过程中是否按照方案确定的范围及厚度剥离了项目区表土，表土是否按照方案确定的位置及方式堆放并采取了相应的防护措施，剥离的表土是否按照方案的要求进行利用。

（4）取、弃土场选址及防护情况。对照批准的水土保持方案报告书，核查取、弃土场选址是否发生变化，如有调整，调整后的取、弃土场是否符合选址要求、是否按照水土保持要求履行了变更备案及重新报批手续；取、弃土场是否按照方案要求及时落实了相关防护措施。

（5）水土保持措施落实情况。核查水土保持工程、植物及临时措施是否按照批准的水土保持方案和后续设计实施，措施实施的时间是否满足“三同时”中与主体工程同时施工的要求；重点关注工程设置的取、弃土场防护措施是否到位、对周边环境是否存在危害、有无水土流失隐患。

（6）水土保持监测、监理开展情况。核查建设单位水土保持监测、监理的委托情况及工作开展情况，核查监测设施的布置及监测采样情况；核查监测监理的原始记录及过程影像资料；核查监测监理的阶段性成果［包括监测实施方案、监测季报（年报）、监测意见书、监测总结报告、监理月报（年报）等］的完成情况，阶段性成果是否及时送达各级水行政主管部门等。

（7）历次检查整改落实情况。根据市水务局和各区水行政主管部门历次监督检查意见，核查整改意见落实情况。

（8）水土保持设施验收情况。核查现场水土保持设施完成情况及防治效果；现场有无遗留问题，处理方案是否合理，计划是否明确；是否已落实运行期的水土保持设施管护责任；水土保持设施验收工作计划；是否依法依规开展了水土保持设施自验工作；申请水土保持设施验收的各项资料是否准备齐全。

（9）水土保持补偿费缴纳情况。核实建设单位是否及时足额缴纳水土保持补偿费。

5.6.4.2　主要方法

根据《水利部关于进一步深化“放管服”改革全面加强水土保持监管的意见》（水保〔2019〕160号）要求，跟踪检查应当采取遥感监管、现场检查、书面检查、“互联网＋监管”相结合的方式，实现在建项目全覆盖。现场检查全面推行“双随机一公开”，随机确定检查对象，每年现场抽查比例不低于10%。对有举报线索、不及时整改、不提交水土保持监测季报的项目要组织专项检查。

其中现场检查主要包括资料收集准备、现场监管、成果整编与分析等内容。

（1）资料准备：包括水土保持方案、设计资料收集整理，对水土流失防治责任范围图、水土流失防治分区图等矢量文件进行复核。

（2）现场监管：包括现场监督检查、会议座谈以及无人机航拍复核，根据现场存在的问题协助起草整改或检查意见。

（3）通过以上过程汇总相关成果，整编形成水土保持监督检查技术服务报告。

5.6.4.3　检查重点

据统计，上海市所有上报的生产建设项目均不涉及取土场，仅有极个别项目涉及弃土场和排泥场。鉴于上海市平原河网地区水土流失的特殊性，结合地区开发现状和水土流失特点，跟踪检查重点主要聚焦在以下6个方面。

（1）表土问题。重点关注表土的剥离、保护及利用工作是否到位，若建设单位不重视表土剥离工作，会导致表土资源的浪费，容易引起水土保持方案的重大变更，造成“未批先变”违法行为。

（2）堆土问题。对于平原河网地区，大部分生产建设项目的余方外运至政府指定消纳点集中处置，若存在弃土（排泥）场，则是跟踪检查的重中之重。另外，虽然大部分项目不涉及弃土（排泥）场，但是设置临时堆土场（如表土堆场、一般土方堆场等），在监督性监测工作中要重点关注堆土场位置、面积、堆高、坡比、安全稳定等，以及是否侵占河道蓝线，周边是否存在居民区、交通主干道等敏感点。同时，还需要关注堆土场的水土保持措施是否落实到位，暴雨、台风天气是否会造成周边河道、市政管网淤积堵塞。

（3）余方问题。重点关注余方去向是否明确、渣土处置手续是否办理、方量是否匹配等。余方去向的合法性是平原河网地区生产建设项目普遍遇到的问题，有相当一部分项目存在未及时办理渣土处置手续或批准方量不足的情况。对于存在该类问题的项目，应跟踪督办，督促建设单位尽快补办手续或提供余方合法去向的佐证材料。

（4）用地问题。重点关注项目红线外临时用地的合法手续、位置、面积、敏感目标、水土保持措施等。特别是位于城市内的生产建设项目，占地面积小、建筑物布局紧凑，施工临时设施无法在红线内布置，必须在红线外临时租地布置办公区、生活区等。通过监督性监测，避免出现擅自扩大扰动范围、“未批先变”、不依法履行水土保持义务和责任等违法违规行为。

（5）排水问题。重点关注是否办理了施工期临时排水许可。位于城市建成区的生产建设项目，关注洗车平台沉淀池上层液的排放去向，是否按照排水许可证的要求排放。关注建筑物基坑内积水的排放去向，杜绝出现将基坑内积水泵抽直排至周边河道或者市政雨（污）水井的现象。

（6）监测问题。部分项目存在未按要求及时开展监测工作的问题。另外，有些项目虽然委托第三方技术服务单位开展监测，但是监测单位技术水平不足，对相关标准、规范不理解。例如，平原河网地区大部分项目（特别是房地产项目）防治责任范围不超过 $100hm^2$，三色评价赋分应当两倍扣分，但是有相当一部分的监测单位不熟悉相关要求，未按照两倍扣分的原则赋分，导致三色评价得分和结论出现偏差。另外，对于拒不落实水行政主管部门限期整改要求的生产建设项目，监测单位未按要求实行“一票否决”，甚至三色评价结论为绿色。

5.6.5　验收后核查

5.6.5.1　主要内容

由水行政主管部门组织成立核查小组，视情况邀请专家技术把关。核查小组根据核查情况形成核查结论，对不符合规定程序或不满足验收标准和条件的，以及存在下列情形之一的，给出“视同为水土保持设施验收不合格”的结论。

（1）未依法依规履行水土保持方案及重大变更的编报审批程序的。

（2）未依法依规开展水土保持监测的。

（3）未依法依规开展水土保持监理的。

（4）废弃土石渣未堆放在经批准的水土保持方案确定的专门存放地的。

（5）水土保持措施体系、等级和标准未按经批准的水土保持方案要求落实的。

（6）重要防护对象无安全稳定结论或者结论为不稳定的。

（7）水土保持分部工程和单位工程未经验收或者验收不合格的。

（8）水土保持设施验收报告、监测总结报告和监理总结报告等材料弄虚作假或者存在重大技术问题的。

（9）未依法依规缴纳水土保持补偿费的。

5.6.5.2　主要方法

水土保持设施完成情况核查以重点抽查和随机抽查相结合的方式进行。水土保持设施质量核查以查阅监理资料为主，结合现场随机抽查的方式进行。水土流失防治效果核查以查阅监测资料和现场随机抽查的方式进行。

核查单位未发现以上 9 种不合格情形的，应当给出“水土保持设施验收程序履行、验收标准和条件执行方面未发现严重问题”的结论。对不符合规定程序或不满足验收标准和条件的，应当给出“视同为水土保持设施验收不合格”的结论。

在核查结束后，核查单位应当及时印发核查意见。核查意见主要内容包括核查工作开展情况、发现的问题、核查结论及下一步要求等。对于核查结论为“视同为水土保持设施验收不合格”的，应当列出核查发现的问题清单。视同为水土保持设施验收不合格的，核查单位以书面形式告知生产建设单位，责令其限期整改。逾期不整改或者整改不到位就投产使用的，由核查单位按照《中华人民共和国水土保持法》第五十四条的规定进行处罚。

5.6.5.3　核查重点

上海市生产建设项目水土保持验收后核查重点应聚焦在以下5个方面。

（1）重点关注林草植被指标达标情况。对于平原河网地区，六大指标中应特别关注林草恢复率和植被覆盖率的达标情况。通过利用工程“多测合一”成果报告书或者绿化测绘报告进行复核，有条件的可以利用无人机正射影像或卫星遥感影像，通过高精度量测准确获取项目实际的绿化数据，判定是否存在指标不达标、水土保持方案重大变更或者弄虚作假等验收后核查不合格情形。经核查统计，上海市7.37%的生产建设项目验收成果中六大指标与现场实际不一致，3.16%的项目存在指标不达标甚至弄虚作假等情形。

（2）重点关注红线外临时用地恢复情况。平原河网地区的大多数生产建设项目（特别是房地产项目），工程完工后在永久占地范围内林草覆盖率高、景观效果好，但是红线外临时用地（如临时办公区、生活区、材料堆场、堆土区等）植被恢复情况不尽如人意。经核查统计，上海市18.95%的项目因红线外临时用地未能及时恢复或林草覆盖率不达标，导致不能按时完成水土保持设施自主验收。其中，12.63%的项目未及时开展植被恢复，4.21%的项目植被成活率低或存在大面积枯死现象，2.11%的项目存在降低植被建设标准问题。

（3）关注是否分期验收。对于分期建设项目，应关注是否存在局部未验先投情形，对于先期投产使用部分，应督促尽快开展水土保持设施验收及报备。另外，验收核查应重点关注分期验收的范围，在验收核查意见中将未验收部分作为遗留问题提出，督促建设单位后续应及时开展剩余部分的验收工作。经核查统计，上海市6.81%的项目需要开展分期验收，其中85.71%的项目按要求开展了水土保持分期验收，剩余14.29%的项目在经宣传、督促后及时落实了相关工作。

（4）验收鉴定书中是否明确验收结论。根据《水利部关于加强事中事后监管规范生产建设项目水土保持设施自主验收的通知》，在验收鉴定书中应明确水土保持设施验收合格与否的结论，没有明确的应当退回验收报备申请，或者通过验收核查给出“视同为水土保持设施验收不合格”的结论，责令建设单位限期整改。经核查统计，上海市3.16%的项目存在鉴定书中没有明确验收结论的情形，经督促已落实整改完成。

（5）是否涉及水土保持方案重大变更。根据《生产建设项目水土保持方案变更管理规定（试行）》，平原河网地区生产建设项目水土保持方案重大变更主要集中在水土流失防治责任范围增加30%以上、开挖填筑土石方总量增加30%以上、表土剥离量减少30%以上以及植物措施总面积减少30%以上等情形。如果项目涉及重大变更，应督促建设单位履行变更手续；如果已完成验收报备，应当通过验收核查给出“视同为水土保持设施验收不合格”的结论，根据《生产建设项目水土保持问题分类和责任追究标准》和《水土保持信用监管“两单”制度》进行进一步处理。经核查统计，上海市2.68%的项目涉及水土保持方案重大变更问题，其中植物措施总面积减少30%以上的所占比例最大，达到72.7%。

5.6.6　水土保持监管信息化应用情况

根据《水利部办公厅关于推进水土保持监管信息化应用工作的通知》（办水保〔2019〕

198号)，为了全面推进信息技术手段在水土保持监管工作中的应用，及时精准发现、依法查处人为水土流失违法违规行为，准确掌握工程建设管理情况，确保工程建设成效，提高水土保持监管能力和水平，提出了水土保持信息化监管的详细要求。

根据文件要求，对于在建生产建设项目、自主验收核查的现场检查，上海市及各区水行政主管部门通过委托水土保持第三方技术服务单位，利用无人机遥感影像和移动终端，准确核定了多项目弃渣场位置、弃渣量、防治责任范围及防治措施是否符合审批的水土保持方案要求等。对认定的违法违规问题，区分生产建设单位和其他参建单位的责任及情形，依据《生产建设项目水土保持监督管理办法》依法依规查处，涉及相关主管部门履职中存在的问题，按管理权限由有关部门追究相关单位和人员的责任。

以上海市水务局审批水土保持方案的生产建设项目为例，2023年度，对37个项目利用无人机、卫星遥感影像和移动终端等开展水土保持信息化监督管理工作，监管信息化覆盖率超过在建项目总量的10%的指标要求。本书选取部分项目信息化监管成果展示如图5-40～图5-43所示。

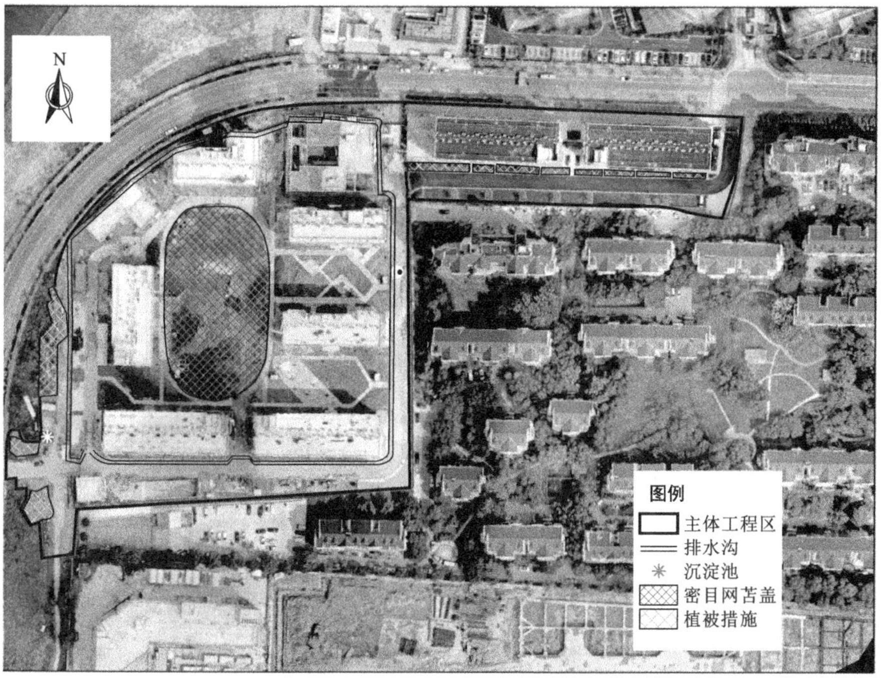

图5-40 上海市宝山区某租赁住房项目信息化监管成果

5.6.7 存在的问题与建议

5.6.7.1 存在的问题

经统计分析，上海市生产建设项目水土保持监督检查工作发现的问题主要体现在以下几方面。

(1) 工程参建单位，特别是施工单位，法律责任意识不强，对于开展水土保持工作重要性认识不足，14.36%的项目施工单位存在私自搭建临时设施、未批先变、随意堆土的情形。

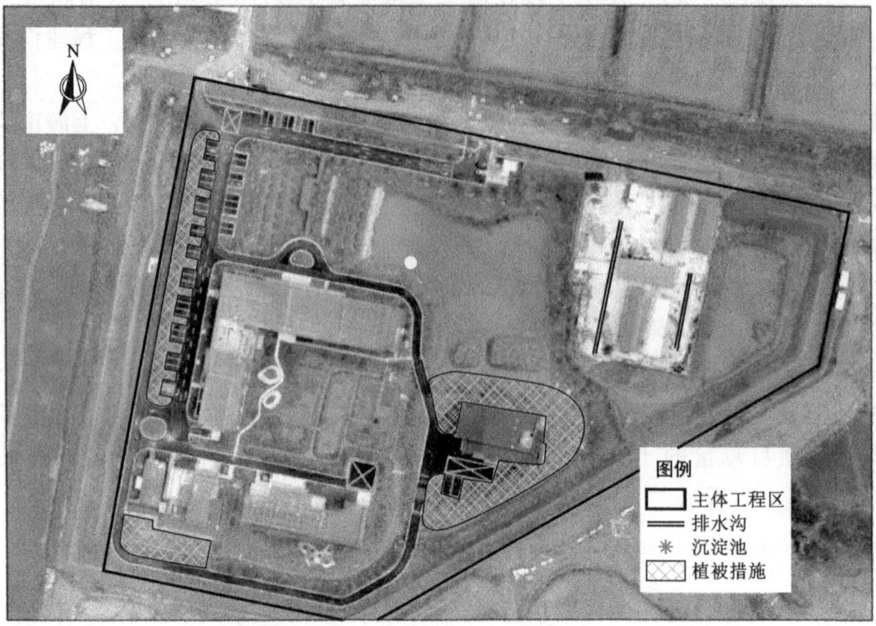

图5-41 上海市崇明区某科研基地项目信息化监管成果

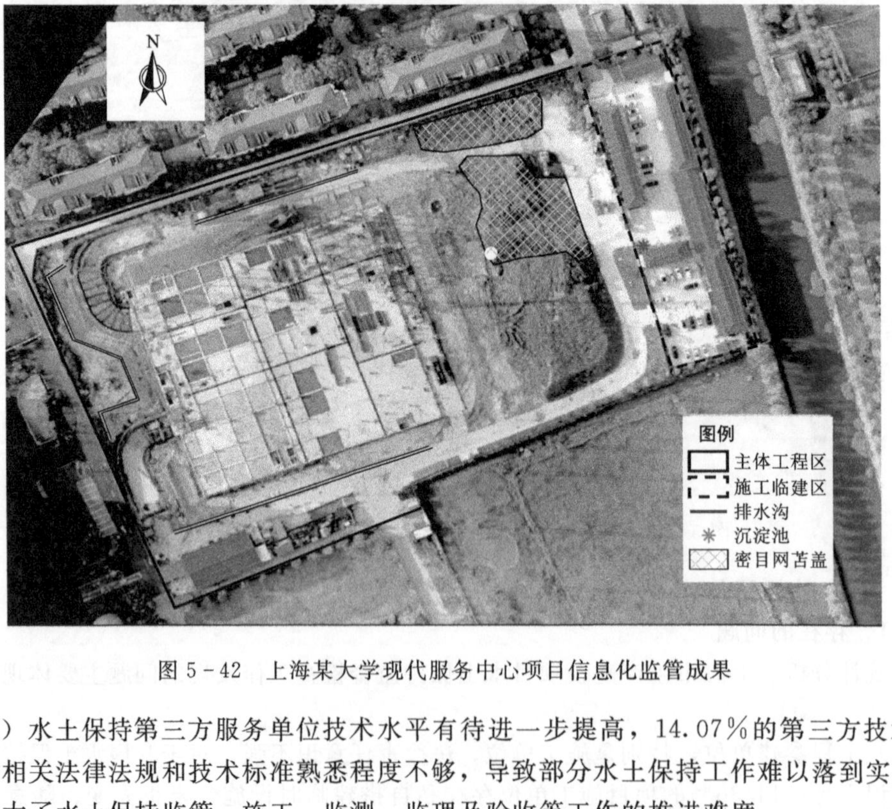

图5-42 上海某大学现代服务中心项目信息化监管成果

(2) 水土保持第三方服务单位技术水平有待进一步提高，14.07%的第三方技术服务单位对相关法律法规和技术标准熟悉程度不够，导致部分水土保持工作难以落到实处，同时也加大了水土保持监管、施工、监测、监理及验收等工作的推进难度。

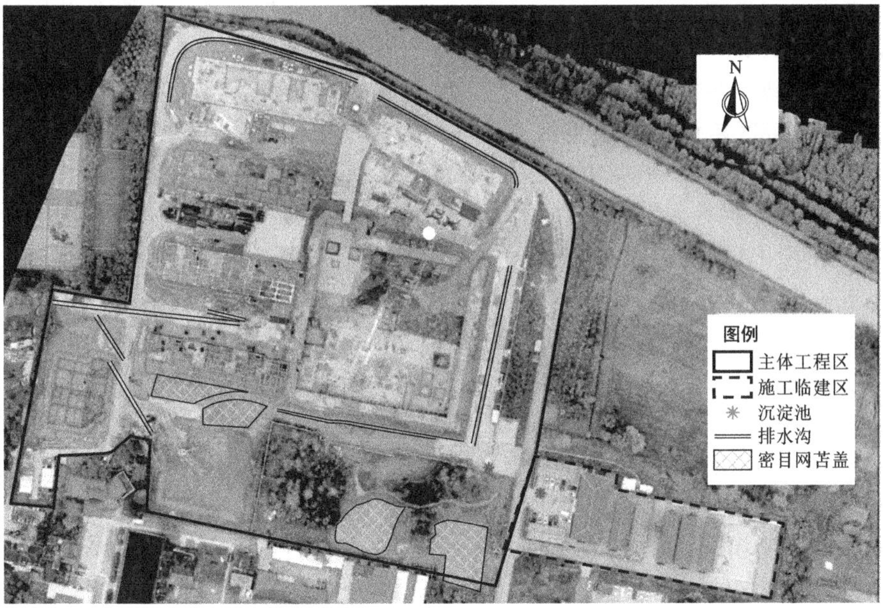

图 5-43 上海市某福利院工程信息化监管成果

5.6.7.2 对策建议

(1) 进一步加强水土保持宣传培训。通过定期召开生产建设项目水土保持监测、监理工作会议，结合现场督查，做好宣传发动工作，利用“世界水日”“水土保持法颁布日”等开展水土保持监督执法宣传活动，通过新闻媒体、设置展板、分发传单、设场讲解等方式，全方位、多层次地宣传水土保持常识和相关法律法规，增强建设单位、施工单位以及人民群众的水土保持意识。

(2) 强化水土保持督查效力。建立水土保持督查与行政综合执法的联动机制，对于“未批先建”“未批先变”“未验先投”“未批先弃”等水土保持违法违规行为严肃查处，形成强监管震慑。

(3) 健全水土保持保障落实机制。一是要规范推进水土保持目标责任考核的奖惩机制，切实引导政府和企业对水土保持规范化落实的重视；二是要建立健全指导协作机制，以水利行业为主，其他行业协同参与，加强对水土保持行业从业人员的培训指导；三是要推进落实生产建设项目全过程水土保持设计，进一步深化设计方案，保障水土保持相关费用，切实落实水土保持“三同时”制度。

5.7 水土保持区域评估

根据水利部《关于进一步深化“放管服”改革全面加强水土保持监管的意见》(水保〔2019〕160号)的要求，对各类开发区建设推行水土保持区域评估，不再对单个项目进行评估，以期减少企业负担。上海市积极推进行政审批制度改革，针对土地和规划条件完备、功能定位明确、单个项目个性化要求不高的区域，尤其是各级工业园区或产业园区，全面推进水土保持区域评估。2021年2月，上海市制定并印发《关于推行开发区内生产建设项目水土保持管理工作改革的实施意见》，对完成区域评估范围内的生产建设项目实行备案制管理，进一步深入推进水土保持区域评估，切实减轻企业负担。

5.7.1 水土保持区域评估实施范围

上海市在2009年开展了城市总体规划和土地利用规划合并衔接工作（即“两规合一”），在国家公告园区涵盖的49个区块基础上，整合老工业基地和新增重点工业基地以及实际存在的城镇工业地块，共形成总面积约764km^{2}的各类工业区块。根据《水利部办公厅关于进一步优化开发区内生产建设项目水土保持管理工作的意见》（办水保〔2020〕235号）以及上海市的实际情况，可以实施水土保持区域评估的范围包括如下区域。

（1）国务院、上海市人民政府及各区人民政府批准设立的各类开发区，包括经济开发区、高新技术产业开发区、海关特殊监管区域等国家级开发区和经济开发区、工业园区、高新技术产业园区等市级、区级开发区。

（2）嘉定、青浦、松江、奉贤和南汇等5个新城重点地区及全市产业基地、产业社区及其他有条件的区域。

5.7.2 水土保持区域评估报告编制技术要点研究

2020年5月，上海市水务局委托上海勘测设计研究院有限公司开展《上海市水土保持区域评估编制技术要点研究》。该研究旨在通过调查开发区建设过程中的水土流失情况，按照区域水土保持整体评估工作要求，开展上海市水土保持区域评估编制技术要点研究，为上海市区域水土保持方案的评估的编制、审查、监管、验收工作提供依据，切实提高区域水土保持方案的评估质量，服务全市经济发展和水土流失防治。该课题于2020年11月通过技术审查，为后续上海市推行水土保持区域评估提供了工作依据。

5.7.3 水土保持区域评估实施情况

上海市实施水土保持区域评估的园区主要集中在中国（上海）自由贸易试验区临港新片区（简称“临港新片区”）。临港新片区已在临港奉贤园区扩区、临港新片区大飞机园、上海市临港新片区04PD-0404单元、临港新片区PDC1-0401单元顶尖科学家社区、中央活动区先行启动北区、滴水湖片区现代服务业开放区南片区等6个重点开发区域实施水土保持区域评估，累计覆盖规划面积达2600hm^2。

5.7.3.1 实行区域评估与入园项目水保联动管理

方案阶段：已实施水土保持区域评估范围内的项目，实行备案制管理。单个项目不再编制水土保持方案，极大地缩短了项目前期工作时间。

建设阶段：由实施主体组织统一开展水土保持监测工作，监测成果共享。单个项目不再开展水土保持监测。

验收阶段：在生产建设项目投产使用前完成水土保持设施自主验收工作。区域内的生产建设项目只需要提交水土保持设施验收鉴定书即可。

5.7.3.2 建立入园项目水土保持防治措施体系

结合区域实际和水土流失现状，因地制宜、因害设防、总体设计、全面布局、科学配置，与周边景观相协调，建立入园项目水土保持防治措施体系，指导入园项目开展水土流失防治工作。

5.7.3.3　加强入园项目水土流失风险等级管控

根据区域内各类项目水土流失因素及造成水土流失的潜在程度，对区域内的项目进行风险管理。按征占地面积、挖填土石方总量对生产建设项目水土保持风险等级进行划分。根据水土保持风险等级划分结果，对入园项目的水土保持备案管理、监测管理和监督管理提出相应要求。水土流失风险评价等级表见表5－10。

表5－10　　水土流失风险评价等级表

项目类型	风险等级	征占地面积/hm^2	挖填土石方总量/万 m^3	备　注
住宅及公共服务设施项目区	低风险	＜5	＜5	按征占地面积、挖填土石方总量确定的水土流失风险等级不一致的，就高不就低；无地下室的项目风险等级可下调一级
	中风险	5（含）～20	5（含）～20	
	高风险	≥20	≥20	
研发项目区	低风险	＜5	＜5	
	中风险	5（含）～20	5（含）～20	
	高风险	≥20	≥20	
产业项目区	低风险	＜5	＜5	
	中风险	5（含）～20	5（含）～20	
	高风险	≥20	≥20	
交通道路项目区	低风险	＜5	＜5	按征占地面积、挖填土石方总量确定的水土流失风险等级不一致的，就高不就低；道路等级为城市支路可下调一级
	中风险	5（含）～20	5（含）～20	
	高风险	≥20	≥20	
管线项目区	低风险	＜5	＜5	按征占地面积、挖填土石方总量确定的水土流失风险等级不一致的，就高不就低
	中风险	5（含）～20	5（含）～20	
	高风险	≥20	≥20	
公共绿地项目区	低风险			公共绿地项目列为低风险
水系项目区	高风险			水系项目全列为高风险

5.7.3.4　整体统筹利用区域内表土资源及土石方

利用无人机近地遥感技术和现场调查，掌握区域表土资源分布情况，提出表土资源的保护方式和利用方向。利用三维建模技术，对土石方进行测算，原则上可以实现内部平衡，不向区域外借土、弃渣。

5.7.4　水土保持区域评估案例分析

本节以中国（上海）自由贸易试验区临港新片区奉贤园区扩区为例，对水土保持区域评估实施情况进行详细介绍。

5.7.4.1　园区概况

奉贤园区扩区位于中国（上海）自由贸易试验区临港新片区，属奉贤区海湾镇，规划范围西至中港，南至潮堤路，东至泱青路，北至随塘河-承贤路-万水路-正旭路-随塘河-正博路-沧海路-正嘉路-涤青路。区域中心坐标为30°51′17.33″N，121°44′43.34″E，规划面积为575.85hm^2。

该园区聚焦“生命蓝湾”特色产业，重点吸引生物医药产业头部企业入驻，优先发展先进生物医药技术、强化精准医疗先行示范放大、推进临床转化平台建设等，全力打造集“研发、生产、测试、展示”等功能于一体的国际生物医药产业基地。规划总建筑面积为944.8万m^2，工业用地容积率为2.5，研发用地容积率为3.0，规划人口规模为3万人。

根据园区控制性详规，该园区可划分为住宅及公共服务设施项目区、研发项目区、产业项目区、交通道路项目区、水系项目区和公共绿地项目区等6部分。

住宅及公共服务设施项目区规划面积为83.62hm^2。规划在正旭路以西、沧海路以北区域，配套基础保障类、品质提升类、基础教育设施等公共服务设施。

研发项目区规划面积为50.39hm^2。规划在正旭路河东侧及南侧地块，规划建设具有商务总部、商业服务、创新研发等功能的公共服务设施。

产业项目区规划面积为256.41hm^2，规划在园区规划三路-正博路-沧海路以南区域，依托临港奉贤园区自身产业基础，结合新片区产业政策导向，重点发展生命科技等产业。

交通道路规划面积为85.41hm^2，包括东西向主干路为万水路、南北向主干路为承贤路（沧海路以北）；规划东西向次干路为沧海路、平通路，南北向次干路为新杨公路、承贤路（沧海路以南）、正旭路（沧海路以北）；其余为支路。

水系规划面积为31.63hm^2，包括3条河道，分别为人民塘随塘河、中港及正旭河。

公共绿地规划面积为68.39hm^2（含0.31hm^2的规划农用地），塑造“多廊多核，绿道串联”的整体空间结构，人均绿地面积为22.69m^2。

5.7.4.2 实施过程

根据《中华人民共和国水土保持法》、水利部及上海市有关法律法规规定，上海市临港新片区生态环境绿化市容事务中心（以下简称“生态中心”）委托上海勘测设计研究院有限公司编制该园区水土保持区域评估报告。2021年9月，上海市水务局对该区域评估报告进行了批复。该园区成为上海市首个实施水土保持区域评估的产业园区。同月，生态中心委托上海勘测设计研究院有限公司开展园区水土保持统一监测工作。

5.7.4.3 水土流失防治责任主体及范围

该园区水土流失防治责任范围即规划范围，总面积为575.85hm^2。在后续项目确定建设单位之前，水土流失防治责任主体为生态中心。后续项目确定建设单位后，对应地块的水土流失防治责任移交给该项目的建设单位。生态中心负责督促相关建设单位落实水土流失防治责任。

5.7.4.4 水土流失防治目标

该园区属于南方红壤区，不属于国家级水土流失重点预防区和重点治理区，但是位于规划为县级以上城市建设区域。根据GB/T 50434—2018《生产建设项目水土流失防治标准》，确定园区水土流失防治标准采用南方红壤区一级标准。

根据上海市绿化和市容管理局、上海市规划和自然资源局和上海市经济和信息化委员会联合发布的《关于印发〈关于本市工业园区绿地率统筹平衡的实施意见〉的通知》（沪绿容〔2020〕413号）中“工业园区绿地总面积不得低于工业园区用地总面积的20%”的要求，结合园区实际测算情况，咨询新片区管委会绿化部门，将园区总体林草覆盖率目标值调整至20%。

经过调整，到设计水平年，报告确定园区总体防治目标值（表 5－11）。根据园区总体布局及水土流失特点，对住宅及公共服务设施项目、研发项目、产业项目、交通道路项目和水系项目等各规划区提出防治目标值。住宅及公共服务设施项目水土流失防治标准目标值见表 5－12，研发项目水土流失防治标准目标值见表 5－13，产业项目水土流失防治标准目标值见表 5－14，交通道路项目水土流失防治标准目标值见表 5－15，水系项目水土流失防治标准目标值见表 5－16。

表 5－11　　园区水土流失总体防治标准目标值

阶　段	分类指标	一级标准	调整参数	调整后目标
施工期	渣土防护率/%	95	城市区域，+2	97
	表土保护率/%	92	不做调整	92
设计水平年	水土流失治理度/%	98	不做调整	98
	土壤流失控制比	0.90	微度侵蚀，调整为 1.00	1.00
	渣土防护率/%	97	城市区域，+2	99
	表土保护率/%	92	不做调整	92
	林草植被恢复率/%	98	不做调整	98
	林草覆盖率/%	25	沪绿容〔2020〕413 号	20

表 5－12　　住宅及公共服务设施项目水土流失防治标准目标值

阶　段	分类指标	一级标准	调整参数	调整后目标
施工期	渣土防护率/%	95	城市区域，+2	97
	表土保护率/%	92	不做调整	92
设计水平年	水土流失治理度/%	98	不做调整	98
	土壤流失控制比	0.9	微度侵蚀，调整为 1.00	1
	渣土防护率/%	97	城市区域，+2	99
	表土保护率/%	92	不做调整	92
	林草植被恢复率/%	98	不做调整	98
	林草覆盖率/%	25	城市区域	27

表 5－13　　研发项目水土流失防治标准目标值

阶　段	分类指标	一级标准	调整参数	调整后目标
施工期	渣土防护率/%	95	城市区域，+2	97
	表土保护率/%	92	不做调整	92
设计水平年	水土流失治理度/%	98	不做调整	98
	土壤流失控制比	0.9	微度侵蚀，调整为 1.00	1
	渣土防护率/%	97	城市区域，+2	99
	表土保护率/%	92	不做调整	92
	林草植被恢复率/%	98	不做调整	98
	林草覆盖率/%	25	《上海市绿化条例》	20

表5-14 产业项目水土流失防治标准目标值

阶段	分类指标	一级标准	调整参数	调整后目标
施工期	渣土防护率/%	95	城市区域，+2	97
	表土保护率/%	92	不做调整	92
设计水平年	水土流失治理度/%	98	不做调整	98
	土壤流失控制比	0.9	微度侵蚀，调整为1.00	1
	渣土防护率/%	97	城市区域，+2	99
	表土保护率/%	92	不做调整	92
	林草植被恢复率/%	98	不做调整	98
	林草覆盖率/%	25	《上海市绿化条例》、沪绿容〔2020〕413号	10

表5-15 交通道路项目水土流失防治标准目标值

阶段	分类指标	一级标准	调整参数	调整后目标
施工期	渣土防护率/%	95	城市区域，+2	97
	表土保护率/%	92	不做调整	92
设计水平年	水土流失治理度/%	98	不做调整	98
	土壤流失控制比	0.9	微度侵蚀，调整为1.00	1
	渣土防护率/%	97	城市区域，+2	99
	表土保护率/%	92	不做调整	92
	林草植被恢复率/%	98	不做调整	98
	林草覆盖率/%	25	《上海市绿化条例》	15～20

表5-16 水系项目水土流失防治标准目标值

阶段	分类指标	一级标准	调整参数	调整后目标
施工期	渣土防护率/%	95	城市区域，+2	97
	表土保护率/%	92	不做调整	92
设计水平年	水土流失治理度/%	98	不做调整	98
	土壤流失控制比	0.9	微度侵蚀，调整为1.00	1
	渣土防护率/%	97	城市区域，+2	99
	表土保护率/%	92	不做调整	92
	林草植被恢复率/%	98	不做调整	98
	林草覆盖率/%	25	城市区域	27

5.7.4.5 表土资源及土石方综合利用方案

根据《水利部办公厅关于进一步优化开发区内生产建设项目水土保持管理工作的意见》（办水保〔2020〕235号）文件，分析区域土石方平衡情况并提出综合利用方案，调查表土资源分布情况并提出保护利用方案是水土保持区域评估报告的重要内容。表土是适合耕种土壤的表层，其有机质和微生物含量高，对土壤肥力恢复、植物生长和植被恢复最有利，是不可再生的、生态价值重要的稀缺性基础资源。在农田中，形成2.5cm厚的表土一般需要200～1000年；在林地或牧场，形成同等厚度的表土所需时间会更长。为园区制定科学合理的表土资源及土石方综合利用方案，是做好园区水土保持管理工作的关键。

1. 土地利用现状调查分析

规划区以空地为主，地势平坦，万水路两侧有现状五四学校和部分居住用地。采用无人机低空遥感技术获取园区高分正摄影像，结合现场调查情况，运用GIS分析园区土地利用现状。土地利用类型分析图见图5-44。

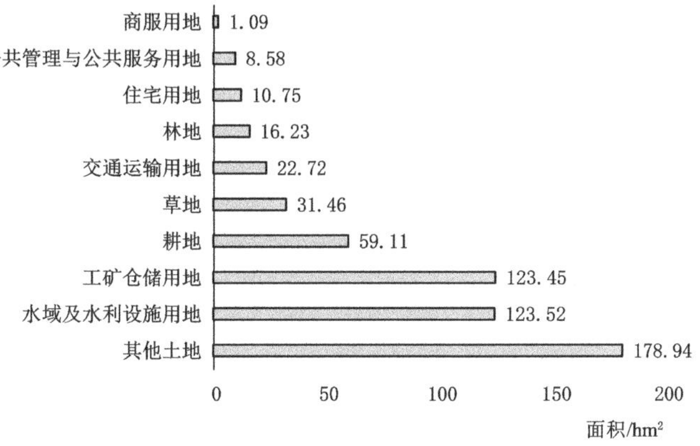

图5-44　土地利用类型分析图

通过分析，产业园区内土地利用类型为包括耕地、草地、林地、工矿仓储用地、住宅用地、公共管理与公共服务用地、交通运输用地、水域及水利设施用地和其他土地等。其中，沧海路以北区域以耕地为主；沧海路至老大堤区域为低洼地回填，现场覆有渣土，土地利用类型以水域及水利设施用地和工矿仓储用地为主；老大堤以南区域为近年来吹填成陆，土地利用类型以其他土地为主。

2. 表土资源调查

（1）园区表土资源分布调查。为了掌握园区内表土资源的实际分布情况，对可能分布表土的区域进行采样和分析。土壤有机质含量和pH值是衡量土壤肥力的重要指标，选择有机质和pH值进行分析。

1）土壤样点布设。在园区内选择代表性地段，采用对角线布设方式，在沧海路以北区域、沧海路至老大堤区域、老大堤以南区域每个区域分别布设3个样点，分别为1～3号、4～6号、7～9号。

2）土壤样品采集。土壤分层取样，深度为30cm。每个样点按0～10cm、10～20cm和20～30cm深度取3个土壤样品。

3）样品测定。土壤样品测定采用GB/T 50123—2019《土工试验方法标准》。

4）结果分析。由图5-45可知，在有机质含量方面，沧海路以北区域平均为10.50g/kg，沧海路至老大堤区域平均为1.69g/kg，老大堤以南区域平均为1.65g/kg。沧海路以北区域以耕地为主，表层土有机质含量较为丰富；沧海路至老大堤区域和老大堤以南区域虽然现状长满杂草，但是表层土有机质含量极低，仅为耕地有机质含量的16%和15%。

对沧海路以北区域的表层土有机质竖向分布情况进行分析，0～10cm 含量平均为 15.36g/kg，10～20cm 含量平均为 9.93g/kg，20～30cm 含量平均为 6.48g/kg。土壤有机质含量由上至下逐渐降低，20～30cm 土层的有机质含量仅为 0～10cm 土层的 42%。表层土有机层含量示意图见图 5-45。

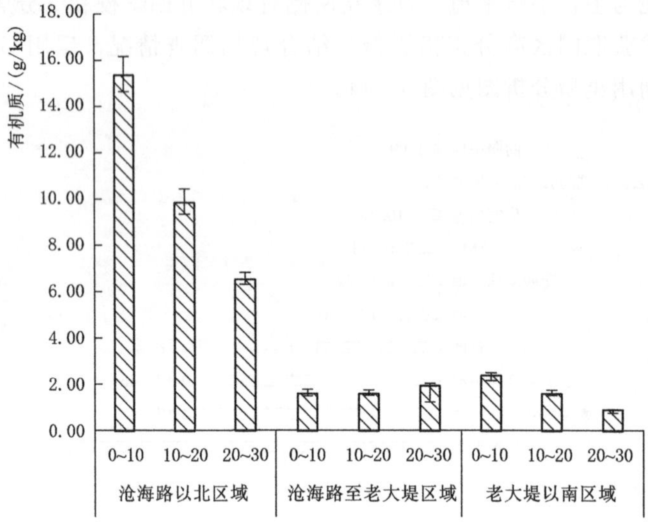

图 5-45　表层土有机层含量示意图

由图 5-46 可知，在 pH 值方面，沧海路以北区域平均为 8.13，沧海路至老大堤区域平均为 8.41，沧海路至老大堤区域平均为 8.76。因为产业园区紧邻杭州湾，长期受海水侵蚀，pH 值整体呈碱性，且由北至南碱性逐渐增强。表层土 pH 值示意图见图 5-47。

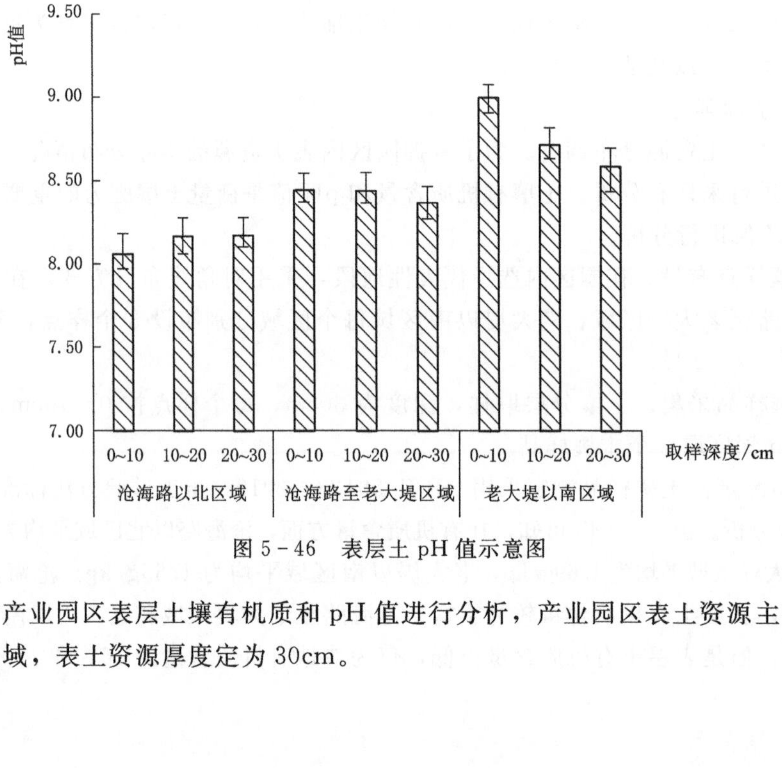

图 5-46　表层土 pH 值示意图

通过对产业园区表层土壤有机质和 pH 值进行分析，产业园区表土资源主要分布在沧海路以北区域，表土资源厚度定为 30cm。

（2）表土资源分布。通过以上分析结果，结合无人机低空遥感技术，利用 GIS（地理信息系统）分析软件，统计园区内表土资源分布面积和区域。通过调查分析，园区表土分布面积 106.80hm²，表土分布总量为 32.04 万 m³。

3. 表土保护和利用方向分析

（1）表土保护方式。根据规划用地项目，采取不同的表土保护方式。其中公共绿地项目区的表土资源采取就地保护的措施，其他区域的表土资源采取剥离保护的方式。表土资源保护情况表见表 5-17。

表 5-17　　表土资源保护情况表

规划区	规划面积/hm²	表土分布面积/hm²	厚度/cm	表土保护总量/万 m³		
				表土剥离保护	表土原地保护	小计
住宅及公共服务设施项目区	83.62	60.1	30	18.03	0	18.03
研发项目区	50.39	10.24	30	3.07	0	3.07
产业项目区	256.41	0	30	0	0	0
交通道路项目区	85.41	19.25	30	5.78	0	5.78
公共绿地项目区	68.39	13.23	30	0	3.97	3.97
水系项目区	31.63	3.98	30	1.19	0	1.19
合计	575.85	106.8		28.07	3.97	32.04

（2）表土利用方向。根据《上海市绿化条例》，对园区内各项目区绿地率进行统计。其中，住宅及公共服务设施项目区占 35%，研发项目区占 20%，产业项目区占 5%，交通道路项目区和水系项目区的绿化列入公共绿地项目区统一考虑。

考虑园区表土资源有限，根据各规划区域植被恢复的要求，提出表土资源的利用方向。其中，住宅及公共服务设施项目区、研发项目区及公共绿地项目区采用乔木、灌木、草木相结合的绿化方式进行植被恢复，产业项目区采用播撒草籽或铺植草皮的绿化方式。因此，将表土资源集中利用在住宅及公共服务设施项目区、研发项目区及公共绿地项目区，产业项目区采用土壤改良方式，以满足不同规划区内植物生长的要求。根据上述绿化规划指标及入驻项目绿化需要，表土资源利用情况表见表 5-18。

表 5-18　　表土资源利用情况表

规划区	规划面积/hm²	规划绿地率指标/%	表土回填面积估算/hm²	表土回填厚度/m	表土回填量/万 m³
住宅及公共服务设施项目区	83.62	35	29.27	0.50	14.63
研发项目区	50.39	20	10.08	0.50	5.04
产业项目区	256.41	15	38.46	—	—
交通道路项目区	85.41	—	—	—	—
公共绿地项目区	68.39	100	68.39		8.4
水系项目区	31.63	—	—	—	—
合计	575.85		146.20		28.07

4. 土石方平衡计算

（1）场地现状标高获取。土石方平衡原则上应根据规划路网标高、园区竖向布局和自然地形现状进行计算。通过无人机低空遥感技术，利用三维建模软件（Bentley Context Capture），掌握园区现状高程，绘制园区数字地表模型图。通过分析，各规划区现状高程（吴淞高程）住宅及公共服务设施项目区为3.50～5.90m，平均为4.00m；研发项目区为3.21～5.10m，平均为3.80m；产业项目区为3.05～4.50m，平均为3.60m。图5-47为利用3D模型获取园区现状高程情况。

图5-47　利用3D模型获取园区现状高程情况

（2）土石方平衡计算。按照园区内土石方原则上实现内部平衡，不向开发区外借土、弃渣的原则，提出土石方平衡方案及要求，给出园区竖向布局的建议。

1）土方开挖。该园区可划分为住宅及公共服务设施项目区、研发项目区、产业项目区、交通道路项目区、公共绿地项目区、表土原地区域和水系项目区。每个规划区域建设内容差异较大，根据各区特点，测算各区的开挖面积、开挖深度，计算总开挖量。

住宅及公共服务设施项目区：主要建筑为住宅楼、商业、学校等。根据同类项目经验，本用地按1层地下室考虑，地下室开挖面积按总面积的80%考虑，开挖深度为5m。

研发项目区：主要建筑以办公、研发等写字楼为主，按1层地下室考虑，地下室开挖面积按总面积的75%考虑，开挖深度为4.80m。

产业项目区：主要规划为生产厂房，根据同类项目经验，基础开挖面积按总面积的25%考虑，开挖深度为1.0m。

交通道路项目区：该园区地势总体平坦，产生的土石方基本在道路内部平衡，仅考虑涉及表土资源的区域的表土剥离量。

公共绿地项目区：土方开挖为绿地的微地形整地产生的，基本不产生外运土方。

水系项目区：根据园区水系规划，需新开河道水面约4.80hm^2，按河道开挖深度

3.8m考虑。

2）土方回填。每个规划区域建设内容差异较大，根据各区特点，测算各区的土方回填面积、回填深度，测算总回填量。园区内水面回填面积较大，需要单独测算。

住宅及公共服务设施项目区：居住用地按建筑物占地20%，室外回填占地80%考虑，回填深度为1.00m。

研发项目区：研发项目区按建筑物占地40%，室外回填占地60%考虑，回填深度为1.20m。

产业项目区：产业项目按建筑物占地60%，室外回填占地40%考虑，回填深度为1.40m。

交通道路项目区：地势总体平坦，回填高度按0.90m考虑。

公共绿地项目区：土方回填主要考虑调入表土及一般土方的回填。回填厚度为0.50～1.50m。

现状水面填埋：园区内现状水域及水利设施用地123.59hm^2，规划水域面积为31.63hm^2，需要对园区内现状水面进行回填垫高，回填深度为2.00m。

3）总体平衡测算结果。利用无人机低空遥感、3D模型、GIS等技术手段，提出了产业园区内土石方平衡方案。通过测算，园区总开挖土方量为604.00万m^3，总回填土方量为604.00万m^3，满足不向园区外借土、弃渣的原则。

5. 公共表土堆放场和公共土石方中转堆放场选址

基于园区内土石方内部平衡，不向园区外借土、弃渣的原则，并考虑到园区内入驻项目开发先后顺序和调运情况，从经济性、可行性和安全性方面考虑，同时为避免影响产业园区开发建设，公共土石方中转场选择在公共绿地区域内，产业园区土方公共堆场为平地型土方堆场，堆高限制高度为4m，采取拦挡、排水和覆盖等防护措施，表土和一般土方分开堆放。

5.7.4.6 水土流失防治措施体系

1. 防治分区

水土流失防治分区包括：住宅及公共服务设施项目防治区、研发项目防治区、产业项目防治区、交通道路工程防治区、水系工程防治区、公共绿地工程防治区、管线工程防治区、公共表土堆场防治区和公共土石方中转场防治区等9个防治区。

2. 水土流失防治措施布设原则

水土保持措施总体布局应结合工程实际和园区水土流失现状，因地制宜、因害设防、总体设计、全面布局、科学配置，与周边景观相协调，水土流失防治措施布设原则有下面几项。

（1）坚持预防为主的原则。在项目建设中应注重生态环境的保护，减少对原地表和植被的破坏，同时设置临时性防护措施，减少施工过程中造成的人为扰动。

（2）坚持整体性原则。水土保持措施与主体工程设计相结合，做到不重不漏，在对主体工程具有水土保持功能工程分析的基础上，补充和完善水土流失防治责任范围内的水土保持措施，使之形成完整的防治措施体系。

（3）坚持时效性原则。在防治措施体系中，将工程措施和植物措施相结合，永久措施和临时措施相配套，而且在各项措施实施时序上合理安排，保证各项措施充分发挥其功能；水土保持设施施工进度安排应与主体工程协调一致，做到同时施工、同时投入使用，确保水土流失及时得到有效防治。

（4）坚持生态优先原则。在确保防治水土流失和保证工程安全的前提下，尽可能采取绿色防护，按照“因地制宜”和“点、线、面”结合的原则，在项目区进行合理的绿化，与周边环境相协调，形成优美的景观效果。

（5）坚持经济合理原则。注重借鉴当地水土保持的成功经验，在不影响水土保持效能的前提下，各项水土保持措施应“就地取材”，以增强其适应性，节省投资。

本项目为园区开发项目，规划占地面积大，土方挖填总量大，工程扰动地表显著，工程水土流失主要以水力侵蚀为主。结合园区特点，在水土保持措施实施之前，应对整个项目进行优化设计和监管，在项目工程允许的前提下，尽量减少工程扰动土地的面积，缩短施工时间，避开雨季，加强建设管理等方面的预防保护措施。在水土流失防治措施总体布局中，综合考虑项目的各项目区域的主要特征，以“敏感点、特殊点、典型点”为防治要点，有针对性、目的性地实施水土保持防治措施。在措施配置中，工程措施控制大面积、高强度水土流失，为植物措施的实施创造条件；植物措施与工程措施配套，提高水保效果，减少工程投资，改善生态环境。

3. 分区水土流失防治措施汇总

水土流失防治措施分区布设情况汇总表见表5-19。

表5-19　　水土流失防治措施分区布设情况汇总表

<table>
<tr><th>防治分区</th><th>建设阶段</th><th>工程措施</th><th>植物措施</th><th>临时措施</th><th>管理措施</th></tr>
<tr><td rowspan="4">住宅及公共服务设施项目防治区</td><td>场平期</td><td>①表土剥离</td><td></td><td>①场地四周布设排水土沟；
②末端设置沉沙池；
③裸露地表临时覆盖</td><td rowspan="3">①落实“三同时”制度；
②场平期采用机械压实，缩短地表裸露时间；
③采取封闭性施工；
④分区施工，控制作业范围，减少扰动面积；
⑤临时排水设施定期清淤；
⑥确保工程、植物措施施工质量</td></tr>
<tr><td>建构筑物施工期</td><td>①场地内布设雨水排导设施；
②人行步道铺装透水砖；
③停车场铺装嵌草砖</td><td></td><td rowspan="2">①场地四周布设排水土沟；
②末端设置沉沙池；
③临时堆土、堆料采用密目网覆盖；
④堆土、堆料四周采用袋装土挡护；
⑤主要出入口处设置车辆清洗平台</td></tr>
<tr><td>施工后期</td><td>①绿化区域覆耕植土；
②绿化区域土地整治；
③灌溉措施</td><td>①采取乔灌草绿化</td></tr>
<tr><td>运行期</td><td></td><td></td><td></td><td>①加强植物措施的抚育管理；
②加强工程措施的巡护</td></tr>
</table>

续表

<table>
<tr><th>防治分区</th><th>建设阶段</th><th>工程措施</th><th>植物措施</th><th>临时措施</th><th>管理措施</th></tr>
<tr><td rowspan="4">研发项目防治区</td><td>场平期</td><td>①表土剥离</td><td></td><td>①场地四周布设排水土沟；
②末端设置沉沙池；
③裸露地表临时覆盖</td><td rowspan="3">①落实“三同时”制度；
②场平期采用机械压实，缩短地表裸露时间；
③采取封闭性施工；
④分区施工，控制作业范围，减少扰动面积；
⑤临时排水设施定期清淤；
⑥确保工程、植物措施施工质量</td></tr>
<tr><td>建构筑物施工期</td><td>①场地内布设雨水排导设施；
②人行步道铺装透水砖；
③停车场铺装嵌草砖</td><td></td><td rowspan="2">①场地四周布设排水土沟；
②末端设置沉沙池；
③临时堆土、堆料采用密目网覆盖；
④堆土、堆料四周采用袋装土挡护；
⑤主要出入口处设置车辆清洗平台</td></tr>
<tr><td>施工后期</td><td>①绿化区域覆耕植土；
②绿化区域土地整治；
③灌溉措施</td><td>①采取乔灌草绿化</td></tr>
<tr><td>运行期</td><td></td><td></td><td></td><td>①加强植物措施的抚育管理；
②加强工程措施的巡护</td></tr>
<tr><td rowspan="4">产业项目防治区</td><td>场平期</td><td></td><td></td><td>①场地四周布设排水土沟；
②末端设置沉沙池；
③裸露地表临时覆盖</td><td rowspan="3">①落实“三同时”制度；
②场平期采用机械压实，缩短地表裸露时间；
③采取封闭性施工；
④分区施工，控制作业范围，减少扰动面积；
⑤临时排水设施定期清淤；
⑥确保工程、植物措施施工质量</td></tr>
<tr><td>建构筑物施工期</td><td>①厂区内布设雨水排导设施；
②人行步道铺装透水砖；
③停车场铺装嵌草砖</td><td></td><td rowspan="2">①场地四周布设排水土沟；
②末端设置沉沙池；
③临时堆土、堆料采用密目网覆盖；
④堆土、堆料四周采用袋装土挡护；
⑤主要出入口处设置车辆清洗平台</td></tr>
<tr><td>施工后期</td><td>①绿化区域覆耕植土；
②绿化区域土地整治；
③灌溉措施</td><td>①采取播撒草籽绿化</td></tr>
<tr><td>运行期</td><td></td><td></td><td></td><td>①加强植物措施的抚育管理；
②加强工程措施的巡护</td></tr>
<tr><td rowspan="3">道路工程防治区</td><td>场平期</td><td>①表土剥离</td><td></td><td>①道路两侧布设排水土沟；
②末端设置沉沙池</td><td rowspan="3">①落实“三同时”制度；
②控制道路作业带宽度，减少扰动面积；
③临时排水设施定期清淤；
④加强钻渣泥浆的管理；
⑤确保工程、植物措施施工质量</td></tr>
<tr><td>路面施工期</td><td>①道路两侧布设雨水排导设施；
②人行步道铺装透水砖</td><td></td><td rowspan="2">①道路两侧布设排水土沟；
②末端设置沉沙池；
③临时堆土、堆料、裸露地表采用密目网覆盖；
④堆土、堆料四周采用袋装土挡护；
⑤钻渣泥浆设置泥浆收集沉淀池</td></tr>
<tr><td>施工后期</td><td>①绿化区域覆耕植土；
②绿化区域土地整治</td><td>①采取乔灌草绿化</td></tr>
</table>

续表

防治分区	建设阶段	工程措施	植物措施	临时措施	管理措施
道路工程防治区	运行期				①加强植物措施的抚育管理； ②加强雨水系统的巡护
水系工程防治区	河道施工期	①表土剥离； ①河道采用生态护岸		①施工场地布设排水土沟； ②末端设置沉沙池； ③临时堆土、堆料、河道开挖坡面采用密目网覆盖； ④堆土、堆料四周采用袋装土挡护	①落实“三同时”制度； ②控制作业范围，减少扰动面积； ③临建设施设在河道管理范围外； ④临时排水设施定期清淤； ⑤确保工程、植物措施施工质量
	施工后期	①绿化区域覆耕植土； ②绿化区域土地整治	①采取乔灌草绿化		
	运行期				①加强植物措施的抚育管理； ②加强生态护岸的巡护
管线工程防治区	管沟施工期			①管沟两侧布设排水土沟； ②末端设置沉沙池； ③临时堆土、堆料、裸露地表采用密目网覆盖； ④堆土、堆料四周采用袋装土挡护	①落实“三同时”制度； ②控制管沟作业带宽度，减少扰动面积； ③临时排水设施定期清淤； ④控制临时堆土高度和时间； ⑤确保植物措施施工质量
	施工后期	①绿化区域土地整治	①采取播撒草籽的方式进行绿化		
	运行期				①加强植物措施的抚育管理
公共绿地工程防治区	施工期	①绿化区域覆耕植土； ②绿化区域土地整治	①采取乔灌草绿化		①加强植物措施的抚育管理
公共表土堆场防治区	施工期			①四周布设排水土沟； ②末端设置沉沙池； ③堆土裸露地表采用密目网覆盖； ④堆土四周采用袋装土挡护	①控制作业范围，减少扰动面积； ②临时排水设施定期清淤
公共土石方中转场防治区	施工期			①四周布设排水土沟； ②末端设置沉沙池； ③堆土裸露地表采用密目网覆盖； ④堆土四周采用袋装土挡护	①控制作业范围，减少扰动面积； ②临时排水设施定期清淤

5.7.4.7 区域评估实施效果

本区域评估实施后各项水土保持措施起到了保土蓄水的作用，均达到或超过了预期的治理目标。经分析计算，本工程水土流失防治指标达标情况统计表见表 5-20。

表 5-20　　本工程水土流失防治指标达标情况统计表

防治指标	标准值	计算依据	数量	达到值/分	评价结果
水土流失治理度/%	98	水土流失治理达标面积/hm^2	575.85	99.7	达标
		水土流失总面积/hm^2	574		
土壤流失控制比	1.00	年平均土壤流失量允许值/t	500	1.67	达标
		年平均土壤流失量达到值/t	300		
渣土防护率/%	99	防护渣量/万 m^3	393.01	99.9	达标
		总弃渣量/万 m^3	393.01		
表土保护率/%	92	保护表土量/万 m^3	32.04	99.9	达标
		表土总量/万 m^3	32.04		
林草植被恢复率/%	98	林草植被面积/hm^2	146.20	99.9	达标
		可恢复林草植被面积/hm^2	146.20		
林草覆盖率/%	25～27	项目建设区面积（未计耕地）/hm^2	544.22	26.9	达标
		林草植被面积/hm^2	146.2		

经过水土流失综合防治效果的评估，本区域评估各项水土保持措施实施后，水土流失治理面积为 575.85hm^2，林草植被建设面积为 146.20hm^2，可减少的水土流失量为 24600t。同时，本区域评估实施后，园区内 70 余个项目无需再由企业单独开展水土保持方案编制、监测等工作，大大减轻了企业负担，优化了营商环境，也给其他区域评估项目提供了参考。

5.8 无人机技术在生产建设项目水土保持工作中的应用

5.8.1 概述

传统水土保持现场调查、监管、监测手段存在抗干扰弱、精度较低、外业工作量大等缺点，难以适应生产建设项目水土保持快速化、自动化、精确化的发展要求；卫星遥感影像固定时空分辨率的特点，无法满足对重点区域开展高频次、精细化的工作需求。但是利用无人机对项目区进行低空航拍，能够获取重点区域的高精度数字化影像资料，能够有效地弥补传统调查、监管、监测手段效率低、误差大和卫星遥感时效性差、机动性低的缺点，将耗费大量人力、物力的现场调查工作转变为图像识别的内业工作，既减少了外业工作量、提高工作效率，又提升了数据精准度。通过解译分析无人机正射影像及三维数字模型等成果，还可以获取扰动土地面积、土地利用类型、土石方量、水土流失量、水土保持措施等关键信息。

5.8.2 无人机遥感技术体系

无人机遥感是利用先进的无人驾驶飞行器技术、遥感传感器技术、遥测遥控技术、无线电通信技术和GPS差分定位技术等实现自动化、智能化获取目标地物信息的应用技术，具有影像实时传输、危险地区探测、高分辨率、高性价比、机动灵活、无缝集成、成本低廉等优势。

基于DOM和DSM可以获取生产建设项目扰动面积范围、挖填方数量及各项水土保持措施数量等，快速评价项目区的水土保持工作落实情况。在水土保持监测、监管过程中，利用无人机可以精准地发现现场存在的水土流失问题及隐患。通过空间三维运算、图形矢量化等处理解译出水土保持措施类型和工程量数据，可以准确地获取长度、面积、体积、坡度、坡向和植被覆盖率等数据，还可以制作专题图和影像视频等可视化资料。

5.8.3 航拍设备及参数设定

航拍设备：对于占地面积小于50hm^2的点型工程，可采用小型旋翼无人机，例如大疆"悟"Inspire 2，续航时间约为30min，搭载禅思X4S镜头，配1英寸、2000万（5472×3548）像素传感器，等效焦距24mm。对于占地面积大于50hm^2或者长度大于10km的较大型项目，需要采用续航能力更大的固定翼无人机，例如CW-20大鹏，续航时间为1～2h，巡航速度为25m/s，最大飞行速度为31m/s。

控制点布设：在测区内均匀布设一定数量的地面控制点，控制点数量根据测区面积和地物复杂程度确定，用Trimble R8S GNSS系统采集控制点坐标（水平精度1cm，垂直精度2cm)，作为航拍成果整体精度的验证点位。另外，为便于后续影像分类，需要根据测区内地物类型的种类，布设相应数量的解译标志。

航拍参数设定软件：瑞士Pix4D公司研发的航测数据智能采集软件Pix4Dcapture。

航拍参数指标：航向重叠率为80%，旁向重叠率为70%，飞行高度为80～100m，云台角度为45°～80°。

影像处理软件：瑞士Pix4D公司开发的无人机专业数据处理软件Pix4Dmapper，精度达到5cm。

数据提取软件：地图绘制软件Global Mapper、AcrGIS。

5.8.4 无人机遥感影像获取

5.8.4.1 航线规划

在航线规划前，需要查阅资料并判定航拍区域是否涉及禁飞区。结合卫星遥感影像，掌握整个区域的地形地貌、地形起伏度及相对高差等。根据项目区范围和数字成果精度要求进行航线规划，设置航线的飞行方向、高度、相机角度、航向重叠度和旁向重叠度等参数，一般航向重叠度不小于80%、旁向重叠度不小于70%（可根据成果精度要求调整）。

5.8.4.2 控制点布设

如果对成果精度要求较高，航拍前需要布设一定数量的地面控制点，控制点数量根据测区面积和地物类型的复杂程度确定，采集控制点坐标。

5.8.4.3 影像获取

在无人机地面站系统中对规划的飞行任务进行检测，确保无人机及地面站系统各项指标信息正常且飞行任务规划合理无误后，再执行飞行任务。

5.8.4.4 数据处理分析

需要使用专业数据处理软件进行分析，下面以 Pix4D Mapper 软件为例，介绍无人机航拍影像的处理方法。

使用 Pix4D Mapper 软件对多景原始数据进行处理，生成 DOM 和 DEM 等成果。主要包括 4 个步骤，具体如下。

（1）原始数据准备。包括影像数据、POS 数据及控制点数据，要确保原始数据的完整性，检查并删除质量不合格（如模糊不清、明显畸变）的影像。

（2）建立数据处理项目。导入影像照片和 POS 数据，建立照片阵列，设置图像坐标系统和地理定位、方向等相关参数。

（3）导入控制点文件。在有控制点和无控制点的条件下，都可以基于原始静态照片重建三维模型，生成 DOM 或 DEM。

（4）建立密集点云并自动加密，可以生成精度为 5cm 的 DOM 模型、精细的 DEM 模型和三维数字模型等成果。

5.8.5 数字提取

对于生产建设项目，水土保持信息主要包括土地利用类型及其变化情况、扰动面积、土石方量变化、水土流失情况和水土保持措施等。解译分析精度为 5cm 的 DOM 模型、精细的 DEM 模型和三维数字模型等成果，可以进行相关信息的提取，将大量的外业工作转化为精细化量测的内业工作。

5.8.5.1 土地利用类型及其变化情况提取

对于地貌类型单一或类型少的生产建设项目，可以采用计算机自动分类识别土地利用类型及其变化情况。但是对于地貌类型多样、情况复杂的生产建设项目，如果采用计算机自动分类易造成明显的误判。为了提高识别的精度，可以通过人工目视识别，直接勾绘出特定类型的地物。

5.8.5.2 扰动范围及流失量提取

扰动范围和流失面积的监测可以采用软件 Global Mapper 的多边形功能和数字化工具进行量取。土壤流失量监测主要有两种方法：一种是将无人机低空遥感技术与传统的地面观测相结合，利用项目区内已经布设的定位观测点（如标准径流观测小区、测钎观测小区、侵蚀沟观测小区等），先计算出各类型区的侵蚀模数，再将各侵蚀模数乘以对应类型区的流失面积，即为该类型区的流失量，将各类型区流失量进行算术加和，计算出某一时段内该监测区的流失总量；另一种是基于 DOM 和 DEM 模型成果，提取出监测区内土地利用类型、流失面积、坡长、坡度、植被覆盖率、治理措施等因子，结合土壤可蚀性、降雨量等资料，根据修正通用土壤流失方程（RUSLE）计算出土壤流失量。

5.8.5.3 取（弃）土场方量提取

挖填方量的监测需要在取（弃）土前对原地貌进行航拍，作为基准面，将施工期模型成果与基准面模型成果同时导入 Global Mapper 中进行叠加分析，可测算出不同施工阶段取（弃）土场的挖填方量。另外，将不同施工期航拍成果导入 Global Mapper 中叠加分析，可测算出不同施工阶段取（弃）土场挖填方量的变化情况。

5.8.5.4　水土流失隐患、危害提取

基于 DEM 和 DOM 模型，利用 Global Mapper 可生成三维数字模型，在 3D 效果下能够直观地发现监测区内水土流失隐患及危害。

5.8.5.5　水土保持措施提取

水土保持措施种类多样且分布零星，可以通过人工识别高精度的 DOM 模型进行统计分析，相比于传统的现场量测，极大地提高了工作效率和准确性。

5.8.6　案例应用

以浦东新区某河道工程为例介绍无人机技术应用方法。因为该河道工程属于线型工程，占地面积较大，水土流失重点区域为河道工程区、弃土场区和泵站工程区。

5.8.6.1　扰动土地面积

将各测区的 DOM 模型分别导入数据提取软件 Global Mapper 或 AcrGIS 中，经匡算分析，各区域的扰动土地面积分别为 5.53hm^2、7.71hm^2 和 4.21hm^2。各区扰动范围图（DOM）见图 5－48。

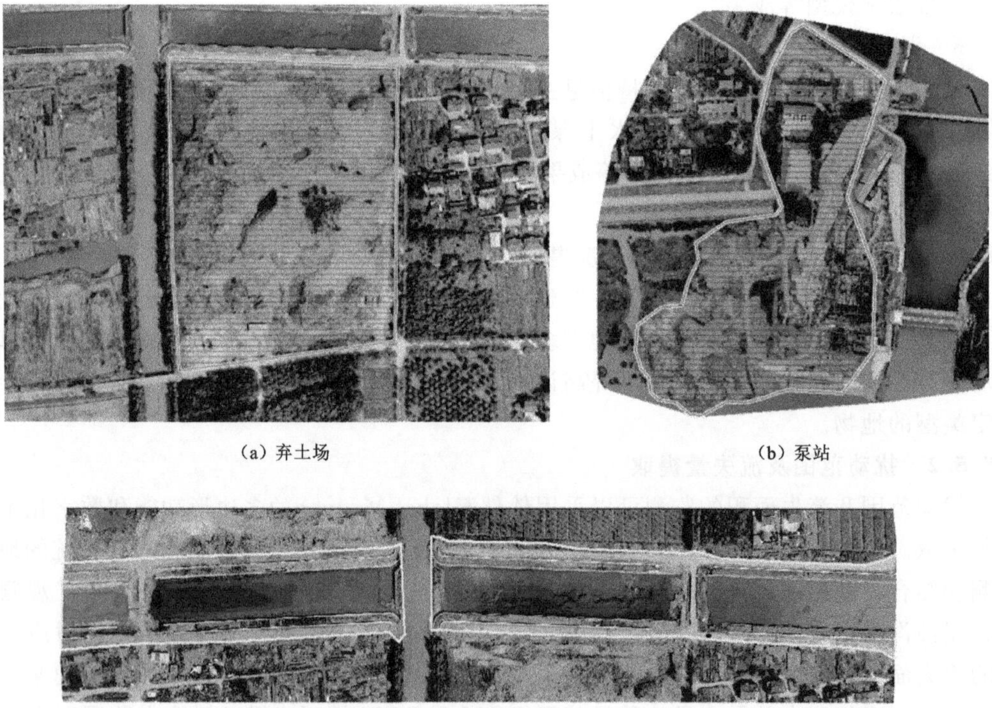

(a) 弃土场　(b) 泵站

(c) 新开河道

图 5－48　各区扰动范围图（DOM）

经比对，泵站和新开河道扰动图斑的位置与水土保持方案中的位置一致，但是弃土场与水土保持方案中指定的位置不一致，而且测区扰动面积超过方案的设计值。各测区扰动土地面积对比表见表 5－21。

表 5-21　　**各测区扰动土地面积对比表**　　单位：个

测区名称	水土保持方案设计值	无人机监测值
弃土场	5.50	5.53
泵站	6.53	7.71
新开河道	4.14	4.21

不同时间弃土场扰动范围图（DOM）见图 5-49，不同时间弃土场，无人机航拍图见图 5-50，泵站工程无人机航拍图（2022 年 9 月）见图 5-51。

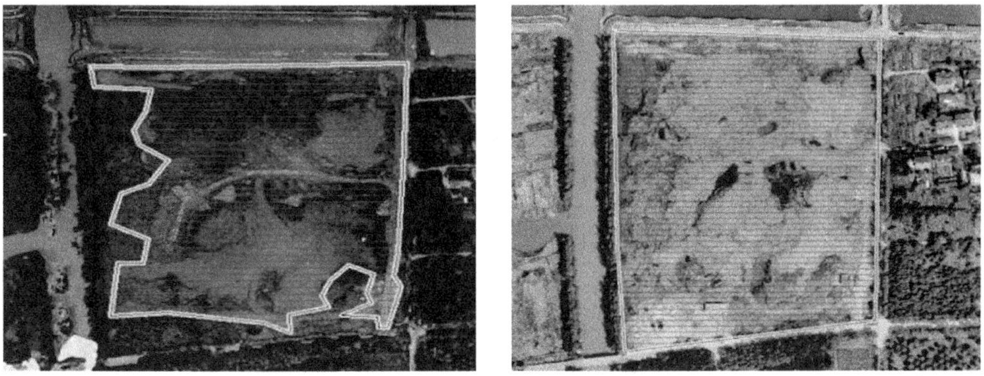

（a）2022年6月　　（b）2022年10月

图 5-49　不同时间弃土场扰动范围图（DOM）

（a）2022年6月

（b）2022年10月

图 5-50　不同时间弃土场无人机航拍图

图 5-51 泵站工程无人机航拍图（2022 年 9 月）

图 5-52 基于 DOM 模型人机交互识别土地利用类型

5.8.6.2 土地利用类型

以弃土场为例，总占地为 5.53hm^2，图中林草地面积为 0.49hm^2，施工临时设施用地面积约为 0.32hm^2，其余 4.72hm^2 为弃土场裸露区域。基于 DOM 模型人机交互识别土地利用类型见图 5-52。

5.8.6.3 水土流失量

以弃土场为例，根据土地利用类型量测结果，弃土场占地范围内没有道路硬化和场地临时硬化，因此水土流失面积与扰动面积相同，共有 5.53hm^2。

通过分析该弃土场的测钎观测小区以及本工程其他区域定位监测点的监测数据，弃土场裸露面侵蚀模数约为 3200t/(km^2·a)，林草地侵蚀模数约为 400t/(km^2·a)，施工临建区侵蚀模数约为 1000t/(km^2·a)。结合土地利用类型测量结果，采用算术加法，可以计算出弃土场土壤流失总量为 39.05t，监测区内平均侵蚀模数为 2824t/(km^2·a)。

另外，基于 DOM 和 DEM 模型成果和已收集的土壤、降雨等资料，提取出相应因子，分别为 $R=352.53$(MJ·mm)/(hm^2·h·季)、$LS=0.24$、$C=0.70$、$K=0.29$(t·hm^2·h)/(hm^2·MJ·mm) 和 $P=0.43$，利用修正通用土壤流失方程（RUSLE）计算土壤流失量约为 40.87t，监测区内平均侵蚀模数为 2956t/(km^2·a)。

南方红壤丘陵区容许土壤流失量为 500t/(km^2·a)，对于建设类项目，施工期土壤流失控制比应达到 0.7 以上。而用以上两种方法计算得出的施工期土壤流失控制比分别为 0.18 和 0.17，与容许流失量相比较，均小于目标值 0.7。因此，该区域需要进一步加强水土保持防护措施以减少施工期的水土流失。

5.8.6.4 弃土场挖填方量

平原区可以采用一次航拍成果与周边原地貌高程叠加分析的方式进行弃土场土石方量的测算，将不同时段的航拍成果叠加分析，可以获取不同时段之间弃土场土石方量的变化情况。以弃土场为例，分别于 2021 年 9 月和 2022 年 2 月进行了两次航拍。首先，在弃土场周边选择5个典型点位（道路、平地、田埂等），现场利用 Trimble R8S GNSS 系统测量各点位的高程，算术平均得出弃土场周边的平均高程为7.56m。其次，将2021年9月DOM模型单独导入 Global Mapper，测量得出堆土最大高程为19.6m，平均高程为9.30m，堆土平均高度为1.74m，弃土量为9.6万m^3；再将2022年2月DOM模型单独导入 Global Mapper，测量得出堆土最大高程为19.6m，平均高程为10.44m，堆土平均高度为2.88m，弃土量为15.9万m^3。最后，将两次DOM模型导入 Global Mapper 中进行叠加分析，计算出2021年9月—2022年2月弃土场扰动面积无变化，弃土量变化值为增加6.3万m^3，变化值全部为填方，堆土平均高度增加1.74m。弃土场数据对比表见表5-22。

表5-22 弃土场数据对比表

数据名称	水土保持方案设计值	2021年9月测量值	2022年2月测量值	变化值
弃土量/万m^3	13.83	9.6	15.9	+6.3
最大高程/m	10.56	19.6	19.6	+0
平均高程/m	10.06	9.30	10.44	+1.14
堆土平均高度/m	2.50	1.74	2.88	+1.14

5.8.6.5 水土流失隐患、危害监测

根据无人机成果，弃土场最大堆高12.04m，远大于水土保持方案中关于弃土场堆高不大于3m的要求，堆土高度过大，可能会对周边造成水土流失等不利影响和危害。

5.8.6.6 水土保持措施监测

以弃土场为例，基于DOM模型，对现场已采取的水土保持措施类型进行统计分析，测量措施的规格尺寸和工程量。基于DOM模型统计水土保持措施见图5-53。

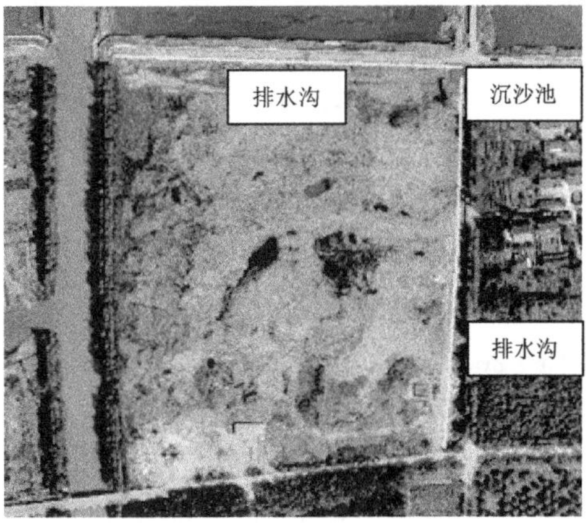

图5-53 基于DOM模型统计水土保持措施

通过人机交互的方式，该弃土场已实施的水土保持措施类型主要有U形槽排水沟和沉沙池，其中北侧和东侧排水沟的长度分别为219m和258m，宽度均为0.6m，南侧利用现有道路排水沟，西侧未设置排水沟，沉沙池设置在整个渣场地势相对较低的东北角，沉沙池尺寸为长2.0m×宽1.5m×深1.0m。

根据无人机遥感和现场调查监测，该弃土场暂未发现其他水土保持措施。

第6章　新时期水土保持高质量发展

新中国成立以来，党和政府高度重视水土保持工作，开展了大规模水土流失治理工作。为了加强预防和治理水土流失，保护和合理利用水土资源，减轻水、旱、风沙灾害，改善生态环境，发展生产，1991年国家制定了《中华人民共和国水土保持法》(2010年修订)，水土保持开始逐步步入了法制化轨道。1993年，国务院印发《关于加强水土保持工作的通知》，把水土保持确定为“我国必须长期坚持的一项基本国策”。

进入21世纪，党和国家更加重视生态文明建设，水土保持作为生态文明建设的重要组成部分，工作力度不断加大，事业发展迅速。2015年，《中共中央　国务院关于加快推进生态文明建设的意见》明确要求加强荒漠化、石漠化和水土流失治理。自党的十九大，我国步入高质量发展新时期，高质量发展对水土保持工作提出了新要求，提供了新机遇，也带来了新挑战，水土保持事业迎来新的发展时期。

近年来，上海市以贯彻落实《中华人民共和国水土保持法》为重点抓手，全面加强水土保持工作，构建了较为完备的水土流失综合防治体系，依法强化了水土保持监督管理，有效地控制了人为水土流失，通过深化水土保持工作体制机制改革、强化水土保持科技支撑、加大水土保持宣传教育等举措，推动了水土保持高质量发展。

6.1　深化水土保持工作体制机制改革

6.1.1　优化顶层设计，构建“一规划一管理一考核一方案”工作路线

为了提升科学性、增强针对性，上海市在开展全市水土流失调查及水土流失重点防治区划分研究的基础上，依据《中华人民共和国水土保持法》和《全国水土保持规划(2015—2030年)》，自2017年至今，制定完善了水土保持纲领性文件，即“一规划一管理一考核一方案”，描画了上海市水土保持工作路线图。

6.1.1.1　规划先行，引领发展

2011年上海市根据相关要求，启动了水土保持规划编制工作。2017年《上海市水土保持规划(2015—2030年)》获批，规划划分了上海市水土流失重点防治区和容易发生水土流失的区域，明确全市水土保持治理格局和近期实施方案，初步制定全市水土保持监督管理和保障措施，为全市水土保持工作的开展提供了依据和基础支撑。2021年，考虑到近年来上海市水土保持工作实际情况发生了较大变化，为适应上海水土保持工作的新变化和新要求，更好支持营商环境改善，上海市水务局完成了《上海市水土保持规划修编(2021—2035年)》并获上海市政府批复，为上海市新时期水土保持高质量发展奠定了基础。

6.1.1.2 管理办法，统筹发展

2017年，上海市水务局以部门规章形式印发《上海市水土保持管理办法》，于2020年进行了修订。《上海市水土保持管理办法》是全市水土保持工作开展的纲领性文件，对统筹全市水土保持发展具有决定性意义。水土保持管理办法不仅规范了市区两级水行政主管部门以及相关行业的工作职责，对目标责任考核和水土保持方案编制、监测、验收工作也提出了总体要求，为具体开展水土保持工作提供了行政依据。《上海市水土保持管理办法》的实施构建了更加规范的水土保持管理体系，既是上海市水土保持管理水平的优化，又是营商环境进一步法治化的体现。

6.1.1.3 考核办法，规范发展

为了提高上海市水土保持监督管理水平，切实做好水土保持工作，贯彻落实水利部年度水土保持目标责任考核工作任务要求，2021年1月15日，上海市人民政府办公厅正式印发《上海市水土保持目标责任考核办法（试行）》，规定各区人民政府是落实水土保持目标责任的主体，考核工作在市政府领导下，由市水务局牵头组织成立市考核工作组，重点对主体责任及相关制度落实、水土流失综合治理目标任务完成、生产建设项目水土保持预防监管、宣传培训等方面进行考核。考核结果纳入河长制考核指标体系，作为对各区政府和主要负责人综合考核评价的依据之一。《上海市水土保持目标责任考核办法（试行）》的出台实施使上海市水土保持工作干有标尺、评有依据、做有目标，进一步夯实了政府主体责任，补齐了水土保持制度建设的短板，有力推动了上海市水土保持营商环境法治化构建。

6.1.1.4 实施方案，持续发展

为全面落实中共中央办公厅、国务院办公厅《关于加强新时代水土保持工作的意见》（以下简称《意见》），高水平建设人与自然和谐共生的现代化，推动全市新时代水土保持高质量发展，2024年3月，中共上海市委办公厅、上海市人民政府办公厅印发了《关于加强新时代水土保持工作的实施方案》（以下简称《方案》）。《方案》明确了上海市今后一个时期水土流失防治目标任务、落实举措和协调推进机制，进一步压实各级各部门责任。《方案》的出台是上海市新时代水土保持持续发力的具体体现，为加快建设具有世界影响力的社会主义现代化国际大都市提供了支撑。

6.1.2 加强政策指引，持续推进水土保持工作体系标准化、规范化

2019年，上海市水务局制定《生产建设项目水土保持方案审批办事指南》和《生产建设项目水土保持方案审批办事指南（告知承诺方式）》，明确方案审批流程。

2020年，根据上海市审改办印发的《关于编制发布本市工程建设项目行政审批中介服务指南的通知》要求，上海市水务局制定并印发《生产建设项目水土保持方案（报告书）技术评审服务指南》，明确水保方案报告书技术评审服务范围、服务对象、服务内容、工作程序等内容。

2021年3月，以地方标准的形式印发《上海市生产建设项目水土保持方案编制指南》，推行方案评审专家打分机制，进一步规范本市生产建设项目水土保持方案编制要求和专家评审流程，提高生产建设项目水土保持方案对主体水土保持措施后续工作的指导性。

2021年8月，为了规范水土保持补偿费征收管理，根据《财政部、国家发展改革委、水利部、中国人民银行关于印发〈水土保持补偿费征收使用管理办法〉的通知》（财综〔2014〕8号）等规定，发布《上海市水土保持补偿费征收管理办法》，对水土保持补偿费的征收和管理进行明确的规定。

2022年6月，以地方标准的形式印发《上海市生产建设项目水土保持监测成果编制指南》，明确各阶段水土保持监测成果编制要点，进一步落实水利部关于加强生产建设项目水土保持监测工作的要求，规范上海市辖区内生产建设项目水土保持监测成果编制，提高了监测工作效率。

2023年5月，以地方标准的形式印发《上海市生产建设项目水土保持全过程管理工作指南》，规范和指导了上海市辖区内生产建设项目水土保持全过程管理工作，为持续深化水土保持“放管服”改革和优化营商环境提供了重要参考。

2024年3月，以地方标准的形式印发《上海市生产建设项目水土保持设施验收成果编制指南》，明确水土保持设施验收成果编制要点，强化上海市生产建设项目水土保持设施验收管理，深入落实国家新时期水土保持工作要求。

6.1.3　严格人为水土流失监管，建立事前事中事后全流程监管机制

上海市按照属地管理、分级负责、分类监管的原则，明确生产建设项目水土保持管理职责，实现全市生产建设项目水土保持监督管理“一底图、三表单、三台账”全流程全覆盖的监管体系，构建“无事不扰、无处不在”的“3＋X”的监管模式，切实落实水土保持“三同时”制度，总结凝练、推广水土流失防治先进经验，防范生产建设项目水土流失危害风险。

6.1.3.1　“一底图、三表单、三台账”监管体系

1. 一底图

一底图是指上海市水土流失易发区范围图。2010年《中华人民共和国水土保持法》修订后，完善了生产建设项目水土保持工作要求，在“山区、丘陵区、风沙区”的基础上，将“容易发生水土流失的其他区域”（简称“易发区”）新增为水土保持工作的又一重点区域，规定“在山区、丘陵区、风沙区以及水土保持规划确定的容易发生水土流失的其他区域开办可能造成水土流失的生产建设项目，生产建设单位应当编制水土保持方案，报县级以上人民政府水行政主管部门审批，并按照经批准的水土保持方案，采取水土流失预防和治理措施”。上海市严格以《上海市水土保持规划修编（2021—2035年）》划定的水土流失易发区范围图为底图，按照《中华人民共和国水土保持法》及相关规定开展生产建设项目水土保持管理工作。

2. 三表单

三表单是指生产建设项目基本信息单、生产建设项目水土保持信用监管“两单”以及执法单。

（1）生产建设项目基本信息单。生产建设项目基本信息单包括建设地点、项目类型、建设内容、建设规模、开工时间等生产建设项目立项阶段基本信息。

（2）生产建设项目水土保持信用监管“两单”。生产建设项目水土保持信用监管“两单”是指水土保持“重点关注名单”和“黑名单”。

(3) 执法单。通过现场检查，下发的生产建设项目“约谈通知书”、“责令改正通知书”和“处罚单”等。

3. 三台账

三台账是指事前、事中、事后等3个阶段的台账，即对生产建设项目事前审批、事中监管、事后核查等3个阶段逐一建立台账，包括方案、批复、监测与监理工作开展情况、自查情况表、书面核查、现场检查及检查意见下发及回复、验收报备及核查情况等。

6.1.3.2 创新监管模式

构建“无事不扰、无处不在”的“3＋X”的监管模式，“3”即落实事前、事中、事后全流程监管；“X”为多种监管手段并行，包括落实水土保持信用监管，充分利用科技与信息化手段，形成协同监管工作合力，逐步实现生产建设项目水土保持分类分级、差异化监管，提高监管的针对性。

1. 建立信用监管制度

为了贯彻落实《水利部办公厅关于实施〈生产建设项目水土保持信用监管“两单”制度〉的通知》(办水保〔2020〕157号)、《上海市人民政府关于印发〈上海市营商环境创新试点实施方案〉的通知》(沪府发〔2021〕24号) 等有关要求，发挥信用监管在水土保持全流程监管中的作用，督促生产建设项目水土保持市场主体依法依规履行法定义务，切实防治人为水土流失，根据《水利建设市场主体信用信息管理办法》及相关规定，上海市水务局制定了《上海市生产建设项目水土保持信用监管“两单”制度》(以下简称信用“两单”制度)。

信用“两单”制度中明确了“两单”列入问题情形，包括“两单”的认定、“两单”的报送和公开、“两单”的应用。在开展的生产建设项目监督检查中，对发现的违法违规问题，按照信用“两单”制度进行认定，对列入“重点关注名单”和“黑名单”的市场主体在公开期限内从事水利建设活动的，严格按照《水利建设市场主体信用信息管理办法》确定的监管措施实施信用惩戒。

为了进一步提高生产建设项目水土保持信用监管效能，上海市水务局发布了《关于落实上海市生产建设项目水土保持信用监管“两单”制度的通知》(沪水务〔2023〕434号)，建立上海市生产建设项目水土保持信用评价标准和分级分类监管体系，落实加强认定依据收集、确定信用评价等级、加强分级分类监管、落实“黑名单”信息归集和报送等方面的工作，强化信用信息在监管中的应用，提高监管效能。

2. 建立执法监管制度

上海市水务局组织各区水行政主管部门、水务执法部门根据监督检查意见进行执法处理，对新发现的不依法履行水土流失防治责任的项目，根据《中华人民共和国水土保持法》等相关规定进行立案查处，有关处罚信息按规定纳入信用信息平台、记入诚信档案，实行联合惩戒。

3. 建立协同监管制度

(1) 内部协同监管。上海市水务局水保处会同行政服务中心、执法总队负责全市生产建设项目水土保持事前事中事后监管工作，建立信息共享机制和双月协调调度会商机制。行政服务中心负责统筹水土保持方案的审批工作；水保处负责生产建设项目水土保持监督管理工作；执法总队负责开展与行政处罚相关的行政检查及执法等工作。

（2）行业协同监管。上海市、区水行政主管部门加强信息共享和协同联动，强化对生产建设项目的监管力度。积极配合水利部及太湖流域管理局开展联合检查。市、区水行政主管部门加强与交通、电力、园林绿化等行业主管部门的沟通协调，持续推动完善相关行业技术标准规范，将水土保持管理融入日常工作，提高各相关行业水土保持责任意识。

4. 推进信息化监管

加强遥感技术应用，提高监管效能。上海市水务局负责利用高分遥感影像开展扰动地块解译工作，确定疑似违法图斑；各区结合无人机、移动终端等手段负责疑似违法图斑现场核查，对发现的违法行为进行查处。

6.1.4 持续深化放管服，进一步优化营商环境

6.1.4.1 推进一网通办

根据上海市“一网通办”“双减半”审批改革工作要求，目前水保审批采用全程网上办理模式，审批时限由原法定20个工作日压缩至7个工作日，报告表实现即来即办，现场办结，极大地方便了申请人手续的办理。

6.1.4.2 无人干预自动办理

承诺制审批实现“无人干预自动办理”，申请人提交申请信息，通过数据共享实时比对核验申请信息，自动做出审批决定。通过无人干预自动办理，可以将需要提交的材料从3份减为1份，全流程网上不见面办理，总共只需要5分钟，不见面审批将切实提升群众和企业的获得感和满意度。

6.1.4.3 环水保综合审批

环境影响评价文件、水土保持方案推行综合审批，即由原来分开办理的两项行政审批事项改革为“一表申请、一口受理、一并审查、一张许可”的“四个一”综合审批新模式。综合审批时限由原来的分开办理多于25个工作日最大限度地压缩至7个工作日。

6.1.4.4 推行区域评估

2021年2月，制定并印发《关于推行开发区内生产建设项目水土保持管理工作改革的实施意见》，对完成区域评估范围内的生产建设项目实行备案制管理，进一步深入推进水土保持区域评估，切实减轻企业负担。

6.1.4.5 调整方案编报范围

按照《上海市水土保持管理办法》（沪水务海洋规范〔2017〕2号）“凡征占地面积$10000m^2$以上或者开挖、填筑土石方总量在$10000m^3$以上的生产建设项目，应当编报水土保持方案报告书；凡征占地面积$5000m^2$以上不足$10000m^2$或者开挖、填筑土石方总量在$5000m^3$以上不足$10000m^3$的生产建设项目，应当编报水土保持方案报告表”。此后，水利部印发《水利部关于进一步深化“放管服”改革　全面加强水土保持监管的意见》（水保〔2019〕160号），调整了水土保持方案编报范围：“征占地面积在5公顷以上或者挖填土石方总量在5万立方米以上的生产建设项目（以下简称项目）应当编制水土保持方案报告书，征占地面积在0.5公顷以上5公顷以下或者挖填土石方总量在1万立方米以上5万立方米以下的项目编制水土保持方案报告表”。2021年4月之前，上海市生产建设项目水土保持方案均按此执行。

2021 年 4 月，为了深入贯彻落实党中央、国务院关于深化“放管服”改革的决策部署，进一步优化水保方案审批工作，结合上海市城市生产建设项目规模小、扰动程度小、危害总体小且文明施工要求严等实际情况，上海市水务局印发《关于进一步优化生产建设项目水土保持方案审批相关工作的通知》（沪水务〔2021〕205 号），对水土保持方案编报要求进行了优化调整，调整后的水土保持方案编报要求为，“‘凡征占地面积在 1 公顷以上（含 1 公顷）5 公顷以下或者挖填土石方总量在 1 万立方米以上（含 1 万立方米）5 万立方米以下的生产建设项目，应当编报水土保持方案报告表；征占地面积不足 1 公顷且挖填土石方总量不足 1 万立方米的生产建设项目，不再编制水土保持方案’，应当编报水土保持方案报告书的生产建设项目仍按照《上海市水土保持管理办法》执行。”

6.1.4.6　水土保持补偿费免征“免申即享”

为了贯彻落实国家和上海市优化政务服务和营商环境创新等有关要求，进一步优化营商环境，提升企业、群众的获得感和满意度，根据《上海市人民政府办公厅关于推进本市“一网通办”“免申即享”改革工作的通知》《上海市人民政府办公厅关于印发〈依托“一网通办”加快推进惠企利民政策和服务“免申即享”工作方案〉的通知》和《上海市水务局（上海市海洋局）2022 年“一网通办”工作要点》要求，结合上海市水土保持补偿费征收管理相关工作，上海市水务局制定了《上海市水土保持补偿费免征“免申即享”工作方案》。

该方案按照水土保持补偿费征收的实施范围，聚焦水土保持补偿费免征情形，要求 2022 年 10 月底前，通过数据共享、大数据分析、人工智能辅助等方式，实现精准匹配符合免征情形的申请人，由水行政主管部门在办理生产建设项目水土保持方案审批（审批制）过程中，明确是否免征水土保持补偿费（包括全部免征和部分免征），无需申请人填写申请表、提交申请材料、提出免征申请，即可享受水土保持补偿费免征。

6.2　强化水土保持科技支撑

高质量发展，要求加强科技创新和科技支撑。上海市近年来加强标准体系与政策体系建设研究，充分利用新技术、新方法开展水土流失综合防治、水土保持监督管理等，取得了一定的成效。但是高质量发展，对水土保持科技创新和科技支撑也提出了新要求，带来了新挑战。

6.2.1　加强水土保持标准体系研究

针对上海市生产建设项目水土保持标准体系空白的实际情况，切实制定好水土保持政策标准，为规范上海水土保持工作提供科学依据，有针对性地编制了 DB31 SW/Z 022—2021《上海市生产建设项目水土保持方案编制指南》、DB31 SW/Z 022—2022《上海市生产建设项目水土保持监测成果编制指南》、DB31 SW/Z 004—2023《上海市生产建设项目水土保持全过程管理工作指南》和 DB31 SW/Z 043—2024《上海市生产建设项目水土保持设施验收成果编制指南》等 4 项地方标准。

6.2.1.1　上海市生产建设项目水土保持方案编制指南（2021 年）

上海市生产建设项目水土保持方案编制工作起步相对较晚，在 2018 年以前，仅有部批和电力工程生产建设项目开展水土保持方案编制工作，方案编制的普及工作远远落后其他省市。且因方案审批权限下放和资质管理方式转变等，水土保持方案的总体质量出现了下滑趋势和大幅波动现象，一些水土保持方案的质量堪忧，简单、雷同，甚至与实际脱节，缺乏针对性、指导性和约束性，给水土流失防治留下了严重的隐患。

为了规范和统一上海市辖区内生产建设项目水土保持方案编制工作，提高生产建设项目水土保持方案对主体水土保持措施后续工作的指导性，2020 年上海市水务局开展《上海生产建设项目水土保持方案编制指南》编制研究工作。该研究在 GB 50433—2018《生产建设项目水土保持技术标准》、GB/T 50434—2018《生产建设项目水土流失防治标准》、GB 51018—2014《水土保持工程设计规范》、《上海市海绵城市建设技术导则》(2016) 等国家、行业现行标准及规范的基础上，参考江苏省、浙江省等省及北京市、深圳市等地的经验，通过深入调查研究上海市生产建设项目水土保持工作实际、项目特点的基础上，总结上海市生产建设项目水土保持方案的编制要点，制定符合上海实际、具有上海特色的水土保持方案编制指南，以上海市地方标准化指导技术文件 DB31 SW/Z 010—2021《上海市生产建设项目水土保持方案编制指南》发布。

6.2.1.2 上海市生产建设项目水土保持监测成果编制指南 (2022 年)

生产建设项目水土保持监测工作是督促项目建设单位和参建各方严格落实各项水土保持措施，有效防治人为水土流失的重要抓手。当前，存在建设单位提交的监测成果不真实等问题，无法发挥生产建设项目水土保持监测在人为水土流失防治和水土保持监管中的重要作用，阻碍推动事中事后监管工作的落地。

为贯彻落实水利部关于加强生产建设项目水土保持监测工作的要求，规范上海市辖区内生产建设项目水土保持监测成果编制，确立统一的水土保持监测成果编写格式、内容和深度标准，提升监测工作效率和成果质量，2021 年上海市水务局开展《上海生产建设项目水土保持监测成果编制指南》研究工作。该研究在深入研读国家、行业现行标准及规范的基础上，对上海市生产建设项目水土流失特点、水土保持监测工作的实际进行详细调研，总结出符合上海地区特点的水土保持监测成果编制技术要点，就各类水土保持监测报告的内容进行了进一步的规定，包括水土保持监测实施方案编制要点、水土保持回顾性监测报告编制要点、水土保持监测季度报告编制要点、水土保持监测年度报告编制要点、水土保持监测总结报告编制要点、水土保持监测专项报告编制要点，形成 DB31 SW/Z 022—2022《上海市生产建设项目水土保持监测成果编制指南》，以上海市地方标准化指导文件发布。

6.2.1.3 上海市生产建设项目水土保持全过程管理工作指南 (2023 年)

生产建设项目水土保持全过程管理，实际就是对生产建设项目整个建设周期的水土保持工作开展方案编报、组织实施和验收报备的专业化活动。为了进一步深化“放管服”改革和优化营商环境，为生产建设单位水土保持全过程管理提供精准指导和高效服务，2022 年上海市水务局开展了上海市生产建设单位水土保持全过程管理工作指南制定工作。

该指南是上海市地方标准化指导性技术文件，用于规范和指导生产建设项目水土保持全过程管理工作，明确了上海市生产建设项目水土保持方案编报流程、方案分类和基本规定；明确了水土保持方案实施阶段的工作要求和流程、水土保持验收流程，验收规定，投产与归档要求；制作了上海市水土流失易发区内的生产建设项目水土保持全过程管理流程。生产建设项目水土保持全过程管理流程图见图 6-1。

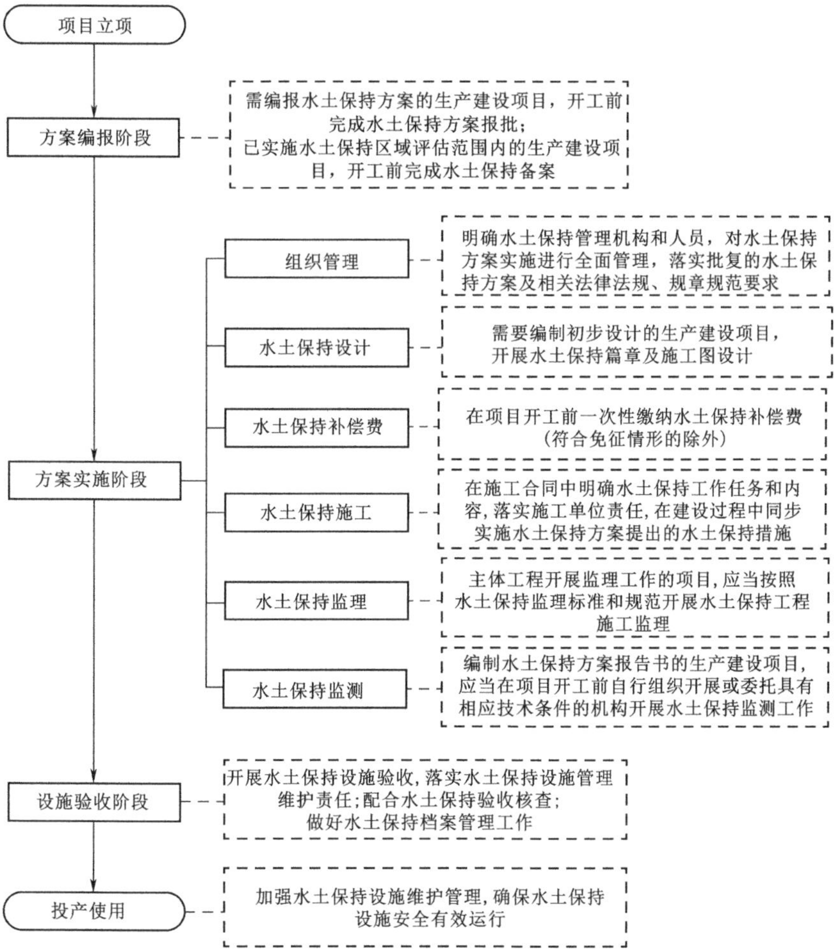

图 6-1　生产建设项目水土保持全过程管理流程图

6.2.1.4　上海市生产建设项目水土保持设施验收成果编制指南（2024 年）

自“十三五”以来，上海市生产建设项目水土保持设施验收工作成效显著，但是目前上海市各级生产建设项目和水土保持设施验收技术服务单位众多，水土保持设施验收成果技术质量参差不齐、格式标准不统一，给水土保持监管、验收成果认定、验收核查带来了较大的阻碍。特别是 2017 年 9 月以来，《国务院关于取消一批行政许可事项的决定》（国发〔2017〕46 号）取消了各级水行政主管部门实施的生产建设项目水土保持设施验收审批行政许可事项，转为生产建设单位按照有关要求自主开展水土保持设施验收，报水行政主管部门备案，水土保持设施验收由行政验收转为自主验收，缺少了主管部门的技术把关，再加上缺少水土保持设施验收成果编制的指导性文件，导致目前的水土保持验收成果存在较大的问题。

通过近年来的水土保持设施验收核查发现，上海市多个项目因验收成果编制质量不满足要求被水行政主管部门取消备案、退回重新进行验收，或要求重新编报验收成果的情况，这在一定程度上影响了水土保持工作的正常开展，也给生产建设单位带来了不必要的麻烦，同时也不利于水土保持生态文明建设。

因此，为了规范上海市辖区内生产建设项目水土保持验收成果编制，确立统一的水土保持验收成果编写格式、内容和深度标准，提升验收工作效率和成果质量，上海市水务局开展了 DB31 SW/Z 043—2024《上海市生产建设项目水土保持设施验收成果编制指南》制定工作，以上海市地方标准化指导文件发布。该指南主要针对上海市辖区内生产建设项目水土保持设施验收成果编制，包括但不限于《水土保持设施验收报告》（针对编报水土保持方案报告书的项目）、《水土保持设施验收情况说明》（针对编报水土保持方案报告表的项目）、《水土保持设施验收鉴定书》等，确立统一的成果编写格式、内容和深度标准等。

6.2.2　全面推进水土保持政策体系研究

上海市坚持“先开展水土保持政策研究、后制定水土保持政策制度”的原则，将水土保持政策研究纳入局级重大政策课题项目，全面开展水土保持政策体系研究，结合政策研究成果，配套制定了系列管理制度，助力水土保持高质量发展。

6.2.2.1　上海市水土保持区域评估报告编制技术要点研究（2020年）

根据水利部《关于进一步深化“放管服”改革　全面加强水土保持监管的意见》（水保〔2019〕160号）的要求，对各类开发区建设推行水土保持区域评估。上海市积极推进行政审批制度的改革，根据《上海市工程建设项目审批制度改革工作领导小组印发〈关于本市推进工程建设项目行政审批中介服务事项改革工作的若干意见〉的通知》（沪建审改〔2019〕5号），针对土地和规划条件完备、功能定位明确、单个项目个性化要求不高的区域，尤其是各级工业园区或产业园区，全面推进水土保持区域评估。

通过对上海市各类开发区分布以及各类开发区建设过程中的水土流失情况调查，按照区域水土保持整体评估工作要求，开展上海市水土保持区域评估报告编制技术要点研究，为上海市区域水土保持方案评估的编制、审查、监管、验收工作提供依据，切实提高区域水土保持方案评估质量，服务全市经济发展和水土流失防治。于2020年12月，形成《上海市水土保持区域评估报告编制技术要点（试行）》。

6.2.2.2　上海市水土保持补偿费征收机制研究（2021年）

水土保持补偿费是水行政主管部门对损坏水土保持设施和地貌植被、不能恢复原有水土保持功能的生产建设单位和个人征收并专项用于水土流失预防治理的资金，关系生态文明建设，关系“绿水青山就是金山银山”发展理念的落实。在《水土保持补偿费征收使用管理办法》（财综〔2014〕8号）颁布后，上海市未配套地方性征收办法，也未实际征收此项费用。从生态文明导向、环保导向出发，从满足国家法规角度出发，2021年，上海市水务局组织开展水土保持补偿费征收机制研究。

该研究充分考虑了上海市水土保持实际，在国家水土保持补偿费征收管理制度的体系下，吸收相关省市好的经验做法，制定出上海市水土保持补偿费征收管理相关政策文件。于2021年8月，发布《上海市水土保持补偿费征收管理办法》（沪水务〔2021〕550号），同年11月发布《上海市水务局关于做好上海市水土保持补偿费征收相关工作的通知》（沪水务〔2021〕610号），进一步指导补偿费征收工作。在实际操作中，因生产建设项目和活动类型复杂多样，部分项目（建设内容）难以清晰地界定是否属于国家相关规定的7种免征情形。为此，参考水利部关于水土保持补偿费免征情形的官方解答，结合上海市工作实际，同步印发了《上海市生产建设项目水土保持补偿费核定流程及免征情形认定参考》。

6.2.2.3 上海市优化营商环境水土保持创新试点工作研究（2022年）

2021年9月8日国务院常务会议提出，选择上海市等6个市场主体数量较多的城市，开展营商环境创新试点。2021年11月发布的《国务院关于开展营商环境创新试点工作的意见》（国发〔2021〕24号），提出了10项主要任务以及101条改革举措，其中涉及水土保持领域的要求为：推进社会投资项目“用地清单制”改革和建立事前事中事后全流程监管机制。水利部、上海市积极响应国务院创新试点工作意见，聚焦水土保持区域评估和全流程监管两个方面，明确改革任务，细化改革举措，开展《上海市优化营商环境水土保持创新试点工作》研究。

同时，将该研究列入2022年局级政策研究项目。该研究系统调研了北京市、天津市、广州市、深圳市、重庆市、杭州市等试点城市水土保持领域优化营商环境政策，在全面总结上海市水土保持领域优化营商环境经验做法的基础上，吸收其他试点城市好的做法，把握优化营商环境这一主题，从制度建设、区域评估、智慧水保、全链条监管等方面对上海市下一步水土保持工作提出了优化建议。

6.2.2.4 上海市生产建设项目水土保持信用监管体系研究（2022—2023年）

自党的十八大以来，中国政府持续推动“放管服”改革，也更加强调强化事中事后监管，创新监管方式。而信用监管作为一项通过诚实信用的道德蕴含和法律原则逐渐演化而来的、以信用为基础的新型社会治理手段，其有效实施对确保义务履行、优化监管模式、推动社会共治等方面具有重要的意义。目前上海市水土保持事中事后监管主要采取书面检查、现场检查、“互联网＋监管”等方式，对生产建设单位履行承诺情况进行全覆盖监督检查的监管模式，整个水土保持监督监管体系基本形成。但是在事中环节未应用监督检查结果进行信用评价分级，未形成分类分级监管模式，在信用监管领域缺乏相关制度和规范支撑，无法落到实处。

上海市作为营商环境创新试点城市之一，为了响应国务院与上海市政府对于水土保持工作的改革要求，发挥信用监管在上海市水土保持强监管中的作用，加快推动上海市水土保持信用监管体系的建立，深化水土保持领域“放管服”改革，上海市水务局将《上海市生产建设项目水土保持信用监管体系研究》列入2022年局级政策研究项目。

通过该研究，2022年10月，发布《上海市生产建设项目水土保持信用监管“两单”制度》，明确“两单”列入情形，为信用监管体系的建立奠定了基础，进一步提高了生产建设项目水土保持信用监管效能，完善了水土保持失信联合惩戒机制。

6.2.2.5 上海市贯彻落实《关于加强新时代水土保持工作的意见》配套政策研究（2023—2024年）

2022年12月，中共中央办公厅、国务院办公厅印发了《关于加强新时代水土保持工作的意见》（以下简称《意见》），提出了今后一段时期全国水土保持工作的总体要求，明确了全面加强水土流失预防保护、依法严格人为水土流失监管、加快推进水土流失重点治理、提升水土保持管理能力和水平等4项重点任务。

对照《意见》要求，上海市水土保持工作尚有一定不足，特别是配套政策方面的不足，因此上海市水务局将《上海市贯彻落实〈关于加强新时代水土保持工作的意见〉配套政策研究》列入2023年局级政策研究项目。研究内容包括：上海市水土保持协同管理机制、上海市水土保持考核机制、上海市生态清洁小流域建设机制、上海市人为水土流失监管方式、上海市水土保持监测评价、上海市水土保持宣传教育等方面的政策。

依托研究内容，上海市制定了《关于加强新时代水土保持工作的实施方案》，全面落实《意见》要求，高水平建设人与自然和谐共生的现代化，推动全市新时代水土保持高质量发展，以上海市委、市政府联合发文的形式印发。

6.2.2.6　《上海市水土保持管理办法》修编研究（2023—2024年）

《上海市水土保持管理办法》是上海市水土保持工作开展的纲领性文件，对统筹全市水土保持发展具有决定性意义。2017年上海市水务局以部门规章形式印发，2020年进行修订。近年来随着水土保持新发展的需求，现行体系文件中涉及方案编报范围调整、上位规划调整、补偿费的征收、区域评估的深入推进以及监管、执法力度的加强等，上海市启动新一轮的《上海市水土保持管理办法》修编研究，纳入新发展要求，深入贯彻落实水土保持高质量发展。

6.2.2.7　上海市水土保持空间管控及水土流失源头防控技术研究（2024年）

2022年12月，中共中央办公厅、国务院办公厅印发《关于加强新时代水土保持工作的意见》（以下简称《意见》），其中明确提出，“突出抓好水土流失源头防控。按照国土空间规划和用途管控要求，建立水土保持空间管控制度，落实差别化保护治理措施。将水土保持生态功能重要区域和水土流失敏感脆弱区域纳入生态保护红线，实行严格管控，减少人类活动对自然生态空间的占用。有关规划涉及基础设施建设、矿产资源开发、城镇建设、公共服务设施建设等内容，在实施过程中可能造成水土流失的，应提出水土流失预防和治理的对策和措施，并征求同级水行政主管部门意见”。

为了全面落实《意见》要求，高水平建设人与自然和谐共生的现代化，推动上海市新时代水土保持高质量发展，上海市制定了《关于加强新时代水土保持工作的实施方案》（以下简称《实施方案》），以上海市委、市政府联合发文的形式印发。《实施方案》明确提出要“加大重点区域预防保护力度。制定出台上海市水土保持空间管控制度，落实差别化保护治理措施。衔接‘三区三线’划定成果，划定水土保持生态功能重要区域等，纳入生态保护红线，严格实施保护治理措施”，同时还提出“落实规划水土保持专篇编制。各层级国土空间规划编制过程中，后续规划建设可能造成水土流失的，应在规划成果中明确预防和治理水土流失对策及措施，并征求同级水行政主管部门意见”。相关重点任务牵头单位或责任单位均为上海市水务局。

因此，为了贯彻落实国土空间规划和用途管制要求，强化水土保持监督管理和推进水土保持生态建设，全面落实《意见》和《实施方案》中关于水土保持空间管控和水土流失源头防控要求，上海市开展了水土保持空间管控重点区域划分及水土流失源头防控措施制定等各项工作。研究内容主要包括：开展上海市水土保持空间管控重点区域划分，制定上海市水土保持空间管控制度，提出差别化保护治理措施，落实严格管控措施和源头防控；

开展各类涉及基础设施建设、城镇建设、公共服务设施建设等内容的总体规划、专项规划、单元规划、控制性详细规划中水土保持相关内容编制要点或技术要求的研究，落实规划水土保持专篇编制的要求。目前相关研究正在加紧开展中。

6.2.3 新技术新方法持续赋能

6.2.3.1 “空天地一体化”水土保持精细化管理

“空天地一体化”水土保持监管技术是基于多尺度遥感（RS）、地理信息系统（GIS）、全球定位系统（GPS）、无人机、移动通信、快速测绘、互联网、多媒体等通用技术的集成，是针对当前水土保持监管工作所急需的信息化支撑需求提供的一整套技术解决方案。

在水土保持工作中，我国3S技术（RS、GIS、GPS）的应用起步较早，特别是自20世纪90年代延续至今，在大部分省（自治区、直辖市）定期开展的水土流失调查和动态监测中，大量地应用了卫星遥感技术。近些年，遥感、无人机、GIS等技术逐渐在生产建设项目水土保持监督检查和监测中广泛应用。此外，基于移动互联网、智能手机等移动通信终端大量普及，其中具有卫星导航、遥感影像、即时通信、拍照、视频传输等功能的App软件也逐渐多样化。

国内将“空天地一体化”技术应用于水土保持监测和监管，已有一定的工作基础和研究成果。目前，该技术在水土保持领域的应用，主要体现在土壤侵蚀普查、水土流失动态监测、疑似违法违规项目图斑复核、生产建设项目水土保持监管等方面，特别是针对具体的生产建设项目监管。但是对于区域（特别是平原河网区）水土流失过程连续监管（含自然侵蚀和生产建设活动水土流失）研究较少，信息化、精细化水平也难以满足水土保持加强监管的要求；对于新信息技术和设备的使用还处于零散、简单、不规范的状态，缺乏技术适用性研究和整合集成，更达不到“一体化”应用的程度；生产建设项目点多面广，监管任务重、难度大，传统的监管方式与手段难以做到全覆盖监管。面对新形势和新要求，在从事上海市大量水土保持监督检查服务工作的基础上，进行了“空天地一体化”水土流失过程精细化监管方面的研究和实践应用。

1.“空天地一体化”创新监管模式建立

利用多种分辨率遥感影像调查、雷达、无人机低空遥感技术、实时监控等先进手段，结合定位监测、调查监测、驻点监测等，探索自然状态下水土流失过程（如河道侵蚀）以及生产建设项目、生产建设活动水土流失过程监管，包括水土流失发生、发展、程度、危害、规律等，并结合监管成果提出相应的水土保持工作建议，最终实现对生产建设项目的扰动合规性以及重点工程、重点区域的水土流失过程精细化监管，确立“空天地一体化”创新监管模式。

（1）天：利用高清遥感影像，对水土流失情况进行分析，全面了解和掌握区域水土流失分布情况和变化过程，研究相关变化趋势，识别出重点流失区域、需重点关注的区域、风险区域等，为空、地监管创造条件。

（2）空：主要利用无人机低空遥感、激光雷达等手段，对选定的重点区域、重点项目定期建立数字化正射影像、三维模型等，分析中等尺度范围水土流失变化过程等。

（3）地：结合长三角平原河网区（特别是上海市）水土保持监管服务工作实践，在重点区域、工程和项目，选择有代表性的典型控制点、监测点，利用常规的水土保持监测方法（定点、定位和调查监测等），结合实时监控技术、数据传输系统，获取水土流失量、土壤侵蚀模数、水土流失影响等精细化关键数据。

2. 3S技术是“空天地一体化”水土保持精细化管理的核心

GPS系统可以精确地获取生产建设项目侵蚀量的调查、坡度量测工作和图斑的跟踪、补测、补绘和更新工作。通过GPS精确定位，实时测量图斑面积，建立图上面积与实际面积的数学关系，提高遥感图像分类的精度。而基于RS技术的土地分类系统具有覆盖面广、宏观性强、快速、多时相等特点，能快速获取所需的空间地理要素（包括地貌、地形、水文、土壤、植被等）。GIS是对多种来源的数据综合处理、集成管理、动态存取，作为数据管理的基础平台。水土保持“天地一体化”监管系统是空间信息获取、更新、处理和应用系统，这一系统离不开3S技术的支持。

在水土保持工作中，对水土流失情况进行监测，获得水土流失相关的各项数据信息，如水土流失量、水土流失位置、水土流失时间等，这对于分析水土流失原因，进行水土流失综合防治具有重要意义。在3S技术支持下，可构建起一个环境监控网络，可实现快速获取、整理、处理、分析水土保持相关基本数据，提出科学合理的水土保持工作决策。地理信息系统（GIS）技术与遥感（RS）技术可以对较大范围内的水土流失情况进行监测，全球定位系统（GPS）能准确地定位出流失严重的区域或重点工程，便于对该区域进行重点监管。

遥感监测采用多时相遥感图像复合技术，能极大地提高监测变化的分类精度，在监测过程中可以生成精确度十分高的光谱变化图，便于工作人员掌握区域内的植被覆盖情况以及地形变化情况，据此制定相关的防治措施，有效地防治水土流失。

地理信息库基于地理空间数据库，能为工作人员提供各类空间、动态地理信息。先通过地理信息系统收集到大量的地理信息数据，然后再利用计算机程序模拟的地理分析方法从大量数据中提取出有价值的信息，对有价值的信息进一步分析，最后得到更为准确的结论。可以根据最终的结论调整水土保持方案、改进相关模型，让水土保持工作更科学、高效地开展。

3. 无人机遥感技术是提高“空天地一体化”监管精细化水平的主要手段

无人机遥感作为一种新型低空遥感技术，是卫星遥感与载人航空遥感的有力补充。通过无人机遥感可以完成水土流失成因、强度、影响范围及其防治成效等的动态监测，实现水土流失重点区域由传统粗放式监测到精细化、信息化监测模式的重要转变，完成生产建设项目全过程、全方位动态监测，有效防止生产过程中人为水土流失的发生。

（1）应用技术流程。应用无人机航拍进行现场勘查，可以精准地发现现场存在的水土流失问题及隐患。通过进一步开展空间三维运算、图形矢量化等处理，对水土保持措施图斑进行解译，可以核实抽查图斑的现状措施和措施布局是否与水土保持方案一致，准确地测量长度、面积、体积、坡度、坡向和植被覆盖率等数据，还可以制作专题图和影像视频等可视化资料。无人机遥感系统水土保持应用技术流程图见图6-2。

（2）遥感数据获取和处理。

1）前期准备。选取生产建设项目所在范围，设备准备，根据《无人机航摄系统技术

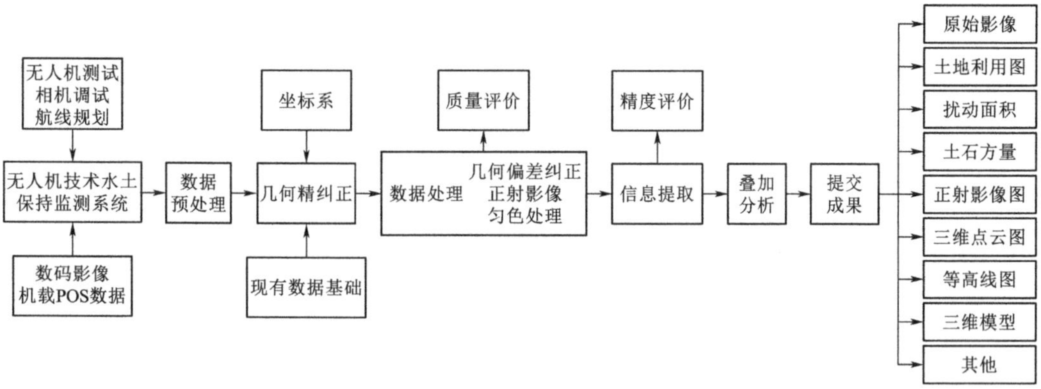

图6-2　无人机遥感系统水土保持应用技术流程图

要求》设计航线、航向、旁向重叠度和飞行高度等。

2）地面控制点采集。利用GPS或北斗，进行像控点测量。

3）获取原始影像。备足电量和储存卡，选择风速小于10m/s的天气，严格按照无人机操作规范，按照设计的航线飞行，获取原始无人机影像。

4）预处理。运用专业软件如Photo Scan和Pix4D等对无人机遥感影像进行初步处理，生成满足精度要求的DOM、DEM和DSM影像。

5）采用Global Mapper、LocaSpace Viewer和Context Capture等专业软件对DOM、DEM和DSM影像提取长度、面积、体积数据，包括工程措施长度、范围、方量，植物措施面积，再叠加未扰动前地形数据，可核算该生产建设项目水土流失量。

4. “空天地一体化”水土流失过程精细化监管技术流程

综合3S技术和无人机遥感技术，构建了“空天地一体化”水土流失过程精细化监管技术流程（图6-3），实现对区域和重点项目的精细化监管模式。技术流程主要包括3个方面，具体如下。

（1）空：包括高分遥感影像、大气校正、正射校正、融合增强、影像预处理结果、解译扰动图斑、扰动合规性动态变化等，结合地理国情数据，采用中国土壤流失方程，提取7个参数因子，从而计算得出目标区域年度水土流失量和变化情况。

（2）天：包括范围选取、进度、航线、规划、设备准备等前期准备，采集地面控制点，利用无人机遥感获取原始影像数据，通过影像预处理，制作满足进度要求的DEM和DOM，从而直接提取出工程、植物、临时措施相关数据，或通过间接计算得出生产建设项目年度水土流失量。

（3）地：通过实地调查、量测，开展现场复核。

通过空、天、地一体化手段，借助无人机辅助解译，综合分析“未批先建”项目、超出防治责任范围项目、重点项目等，判定合规性，最终达到督促生产建设项目单位开展水土流失防治工作，减少因工程建设造成的水土流失。

通过“空天地一体化”水土流失过程精细化监管技术，可以助力提升水土保持监管信息化水平和现代化能力，为分析区域内生产建设项目水土流失对区域水土流失动态变化的

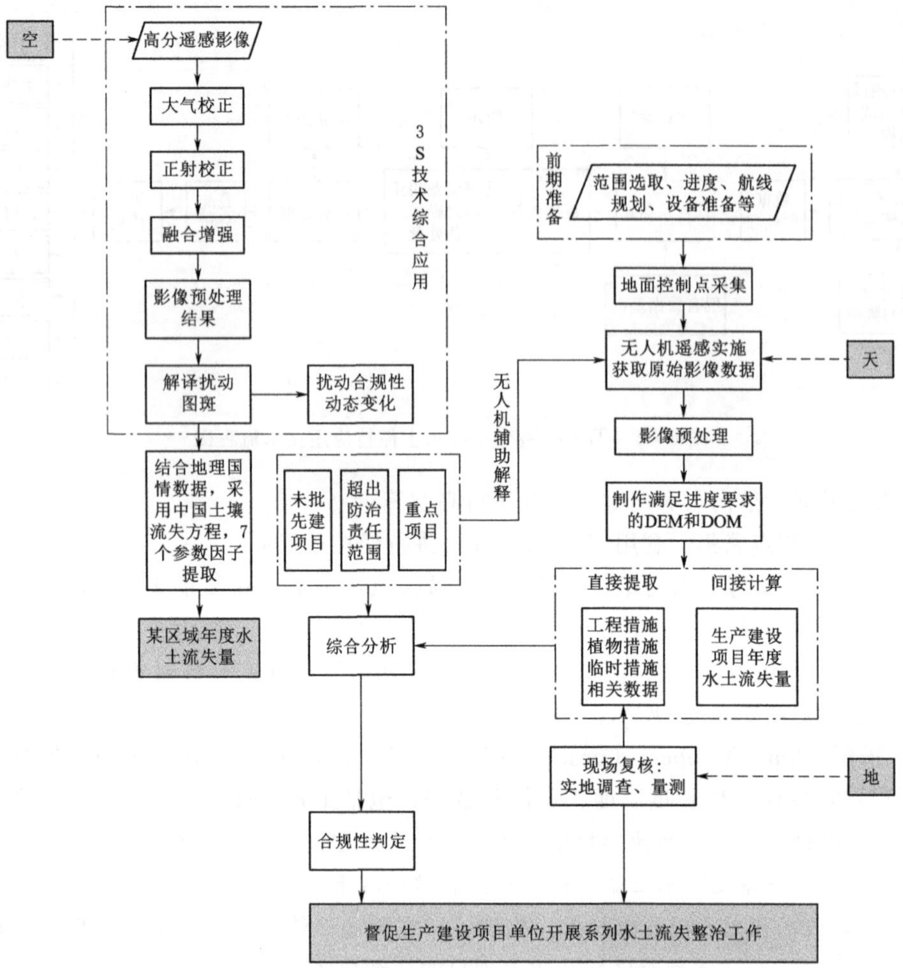

图6-3 “空天地一体化”水土流失过程精细化监管技术流程

影响，水土保持目标责任考核提供技术路线和参考。本技术流程的应用，可获得以下结果。

1）高分遥感影像解译图斑与生产建设项目防治责任范围图进行叠加，可以直观地对区域范围内生产建设扰动合规性进行动态监管，快速将区域内项目分为未批先建项目、超出责任范围项目和合规项目。

2）对于未批先建、超出防治责任范围和国家水土保持重点工程等开展无人机低空遥感复核，获取满足精度要求的DOM、DEM和DSM影像，通过专业软件，提取工程措施、植物措施、临时措施相关长度、面积、方量等数据，准确掌握水土保持重点工程建设进度、措施数量和实施效果，结合“全国水土保持信息管理系统”水土保持方案信息，为认定（或否定）违法违规问题，监管查处工作提供数据佐证，可以提高水土保持重点工程监管信息化、现代化水平。

5. 在水土保持监管中的应用情况

水土保持“空天地一体化”技术为生产建设项目水土保持动态监管工作提供了强有力

的技术支持。自2020年起，上海市每年完成水利部下发的遥感图斑复核工作的同时，建立了上海市生产建设项目水土保持动态监管体系，运用“空天地一体化”技术，实现全域动态监测，面上实现对区域内所有扰动图斑合规性动态监管；点上实现精细化监管，准确地掌握违规违法项目及国家重点工程的建设进度、措施数量和实施效果。

其主要工作内容：资料准备、遥感监管、现场复核及扰动图斑更新、合规性分析。

(1) 资料准备。生产建设项目水土保持方案报告书（报批稿）、报告表、登记表、批复文件、防治责任范围图等资料。基准年份收集的高分遥感影像、中分遥感影像、无人机航拍影像。

(2) 遥感监管。遥感影像处理：对遥感影像进行正射校正、信息增强、融合、镶嵌等处理，同时保留影像镶嵌线矢量文件。

解译标志建立：以影像上所反映出来的目标的形状、大小、色调（或色彩）、阴影、纹形图案、位置布局及活动等特征，结合野外调绘，建立监测区的遥感影像判读标志。

遥感图斑勾绘：根据处理后的遥感影像采用人机交互解译或面向对象分类解译后，在ARCGIS中对监测区域的生产建设项目扰动图斑进行勾绘。对面积大于1hm^2的“疑似未批先建”“疑似超出防治责任范围”和“疑似建设地点变更”的图斑进行标记。

(3) 现场复核及扰动图斑更新。对面积大于1hm^2的“疑似未批先建”“疑似超出防治责任范围”和“疑似建设地点变更”的图斑，进行现场复核。复核内容包括项目基本信息、位置、水土保持工作信息、图斑信息。准备好生产建设项目监管复核信息表和现场复核工作底图，辅助生产建设项目扰动图斑边界的现场复核，现场进行无人机航拍，用相机拍摄生产建设项目现场照片，利用GPS记录经纬度信息。

根据现场复核成果，对遥感调查结果进行修正，主要包括：完善扰动图斑和防治责任范围属性信息、删除误判的生产建设项目扰动图斑、合并属于同一个生产建设项目的相邻扰动图斑、分割包含不同生产建设项目的扰动图斑。

图6-4为上海市松江区某房建项目扰动合规性监管成果。

(4) 合规性分析。利用GIS强大的空间分析优势，对防治责任范围、扰动图斑矢量数据进行叠加分析，根据2类对象的空间关系判别扰动的合规性，量算相关图斑的面积、距离等指标，用于定量描述合规性状况，对图斑进行属性标识和预警展示。结合防治责任范围、水土保持措施布局、水土流失防治分区等矢量图文件，进行合规性详查。合规性分析主要涉及扰动范围矢量文件（黄线）和防治责任范围矢量文件（红线）空间拓扑关系。

2023年，笔者所在单位作为上海市水务局技术支撑单位，协助上海市水务局进行全域生产建设项目监督检查，运用“空天地一体化”技术，完成了水利部下发的遥感监管影像数据、可疑图斑数据的处理、地图服务发布和展示，并自行加密，完成3次市域动态监测，共发现不合规项目30余项，下发整改通知单后，整改合格率100%，最大限度地提高了监管时效，及时发现问题，降低了水土流失发生的风险。

6.2.3.2 水土流失预测与评估软件开发

目前水土保持工作对于区域水土流失量预测与评估多为高度经验性的非指标化判定或所需资料较多，计算流程繁杂，已有的一些水土流失动态监测与评估系统仅聚焦主干流域尺度，忽视了工程尺度下水土流失预测与评估系统的开发与运用。《生产建设项目土壤流

图 6-4 上海市松江区某房建项目扰动合规性监管成果

失量测算导则》覆盖全国，适用性及认可度较高，但是项目应用上流程繁琐，数据前期处理、指标选取及计算需要反复翻阅导则，且受制于人工计算的繁琐性，往往项目仅划分几个计算分区进行计算，因此，对于预测结果的空间分辨率常为公顷级别，且难以整体性提高。在这一背景下，笔者所在单位开展了基于 DEM、DOM 水土流失预测与评估数字化软件开发工作。基于 SL 773—2018《生产建设项目土壤流失量测算导则》，在水保行业内率先实现将预测流程模块化编程，建立上海市预测参数数据库。开展水土流失风险统计评估设计，对区域内预测数据进行统计、聚类分析、等级划分等运算，实现水土流失风险等级自动分区、重点水土流失风险区域识别、水土流失量时空变化预统计等评估功能。

1. 开发内容

（1）水土流失因子对地表数据分辨率的敏感性确定。针对多种类型项目，自动重采样并提取不同分辨率下水土流失因子，分析水土流失因子对地表数据分辨率的敏感性，初步拟合项目规模与最优分辨率建议曲线，为后期各类项目数据分辨率提供优化依据。项目整体采用最适合分辨率，分析诊断流失量预测高的区域，为后续小范围提高分辨率进行针对性的评估。

（2）适用于高分辨率的水土流失预测模型构建。基于 SL 773—2018《生产建设项目土壤流失量测算导则》，率先在行业内将预测流程进行模块化编程实现各过程函数，数字化全国预测参数数据库。软件兼容常规分辨率与高分辨率数据，由于高分辨率数据网格量大，直接完全读取电脑内存压力较大，采用自动分幅处理算法处理后，分块模拟运算。

（3）水土流失量统计评估算法的设计。前期分幅预测结果传递评估统计模块，进行分幅预测结果统计、聚类分析、等级划分等运算，实现水土流失等级自动分区、工程各防治分区内重点水土流失风险区域识别、监测周期内项目水土流失量时空变化统计、验收阶段水土保持六大指标自动核算等评估功能。

评估结果将以图像及统计表格的形式呈现与输出，极大地缩短了后续绘图、数据统计整理制表的时间。

(4) 水土流失预测与评估软件核心代码编程。由于本软件涉及矩阵密集型运算，为了保证运算速度，核心代码采用 Fortran 编程，数据处理等自动化操作采用 Python，后续带库打包集成此部分功能，增加软件环境的配置便捷程度。

各模块编译成库，完善接口预留，为后续服务器部署以及环水保一体化平台接入做好准备。

(5) 数字化软件的可视化操作代码编程。采用 C# 进行软件的可视化操作，降低软件的推广难度。界面根据标准化预测及评估步骤步步引导型设计，降低错误操作。

2. 技术关键与路线

(1) 行业内率先将《生产建设项目土壤流失量测算导则》标准流程进行程序化。

(2) 软件兼容常规分辨率的同时支持高分辨率数据驱动。

(3) 水土流失预测与评估软件核心代码编程。

(4) 软件的可视化编程。

基于 DEM、DOM 水土流失预测与评估数字化软件开发技术路线见图 6-5。

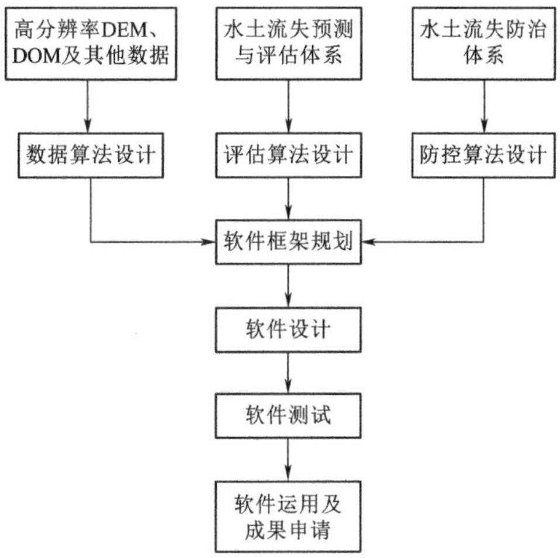

图 6-5　基于 DEM、DOM 水土流失预测与评估数字化软件开发技术路线

3. 成果

开发并应用基于高分辨率 DEM、DOM 数据的水土流失预测与评估数字化软件，可实现如下功能。

(1) 地形要素和区域水土流失因子提取、格式转换等数据处理功能。

(2) 各类生产建设项目水土流失量空间高分辨率预测功能，可输出区域目标时段水土流失预测量空间分布图与统计表格。

(3) 项目水土流失评估功能可输出水土流失等级自动分区图、工程各防治分区重点水土流失风险区域识别图、监测周期内项目水土流失量时空变化图及统计表格。

(4) 验收阶段水土保持六大指标自动核算图与表格等评估图标输出功能。

4. 应用情况

目前该软件已基本开发完毕，试验性用于上海市部分生产建设项目的水土流失预测和评估，取得较好的效果，有望在不久的将来全方位地应用于上海市生产建设项目水土流失预测与评估工作。

6.2.3.3　扰动图斑自动识别技术及应用

快速获取生产建设项目扰动范围，对提高水土保持监督检查效率、控制人为水土流失具有重要意义。上海市生产建设项目数量多且分布广，遥感技术能够及时、准确地获取其空间分布。但是当前生产建设项目扰动图斑自动提取与识别技术研究较少，存在专业性强、区域适用性低、工程化应用难度高等问题。

深度学习作为人工智能的关键技术，具有提取特征能力强、识别精度高、效率高等优点，目前已在人脸识别、医学图像识别等图像识别领域被广泛应用，同时也被逐渐引入遥感图像分类中。为提高上海市生产建设项目遥感监管工作效率，探索开展应用深度学习技术进行生产建设项目扰动图斑自动提取。

1. 工作目标

(1) 提出一种优化的语义分割和变化检测模型。针对高分辨率遥感图像语义分割问题，建立简化 SegNet (R－SegNet)，初步实现航拍图像的语义分割，采用3种策略进行实验，以提高该模型 (R－SegUNet) 的预测精度。此外，提出一种基于全卷积神经网络的遥感图像变化检测方法，拟解决传统卷积神经网络在变化检测时采用基于图像块的分类方式所带来的耗时长、存储开销大的问题。

(2) 提出人工智能技术应用在水土保持监管工作的新模式。上海市水土保持监管覆盖范围广、数量巨大、任务多，监管工作及技术方法遇到了人工复核工作量大、识别分析难、快速精准监管效能低等瓶颈制约。通过卫星遥感、无人机等最新信息技术手段，对遥感信息智能提取、大数据分析模型进行构建，提高解译的质量和效率，提高监管工作效率与水平。

2. 技术路线

(1) 基于全卷积神经网络的遥感图像语义分割。

首先是将航拍图像及对应的人工标记图像输入编码-解码网络，通过多次迭代学习得到最优的模型参数，将该模型及对应参数保存下来，在推理阶段，将航拍测试图像直接输入保存的模型中便可得到最终的分割结果。

其次是给出一种区别于 SegNet 网络的优化模型，该网络在训练的时候将下采样过程中不同尺度的特征图复制到对应的上采样部分（结合 U－Net 结构特征合并技术），提出基于多层特征融合 R－SegNet 网络模型 (R－SegUNet)，通过连接、融合图像的底层特征来维护图像空间的细节信息，从而获得更加精细的分割结果。

最后是将6个分类问题转换为6个二分类问题进行训练，对每个类别的预测结果进行合并得到预测结果图，通过集成学习将上述3种不同模型得到的分割结果图进行结合，利用相对多数投票法得到集成后的预测结果。

(2) 基于全卷积神经网络的高分辨率遥感影像变化检测。采用基于稀疏自编码器 (Sparse Auto Encoder，SAE) 和 SegUNet 的高分辨率遥感影像变化检测方法。首先利用 FCM 和 FLICM 聚类算法对差异图中的像素进行划分，得到一个初始分类结果，作为 SegUNet 网络的语义标签；然后利用稀疏自编码器完成对差异图的特征学习，在提取特征信息的同时降低了噪声对图像的影响，为后续有监督的语义分类提供训练样本；最后利用 SegUNet 网络完成对特征图像的有监督分类，主要是从无监督特征学习生成的特征图中进一步提取出更加抽象的图像特征，将这些特征应用于变化检测中，再次进行分类得到变化部分和未变化部分。

3. 应用

该研究主要是通过遥感卫星和人机结合的方式建立样本库，深度学习，实现各期遥感卫片的变化自动识别，实时判断生产建设项目和区域自动识别和统计。基于本研究形成的自动识别技术，试验性用于上海市近10年内生产建设扰动区域统计分析，分析了生产建设扰动区域的数量和空间分布格局，统计了各区生产建设扰动区域的面积和数量，取得了很好的应用效果。该项技术有望在不久的将来全面应用于上海市生产建设项目监督管理中。

6.2.3.4 水土保持监测设备开发及应用情况

水土保持监测设备的优化升级，在分析水土流失现状及其变化特征，有效防治水土流失发生中发挥了重要的作用。笔者在上海市从事多年水保工作的基础上，对监测设备的优化升级做了一些探索，以期推动上海市水土保持高质量发展。

1. 可移动式水土流失定位监测设备

测钎法是目前最常用的水土流失量定位监测方法，该方法一般通过在地面插入多根测钎，人工定期测量测钎出露地面的高度变化，推算出土壤侵蚀厚度，进而算出水土流失量，该方法具有操作简单、易于布设的特点，但是也存在测钎易沉降、人为误差大的缺点，每次测量时都会对土壤表面产生一定破坏，影响测量精度。基于此，笔者提出一种可移动式水土流失量定位监测设备，用于解决现有水土流失监测成本高、精度差、不能实时定位观测的问题。该设备包括放置于平坦地面的两个支座，每个支座上设有纵向支撑杆，两个纵向支撑杆之间通过横向支撑杆连接，所述横向支撑杆上套有多个可滑动的连接件；还包括多个可竖向移动的测试柱，每个所述测试柱与对应的连接件连接。

该设备监测水土流失的方法，包括以下步骤。

(1) 设备安装完成后，记录每根测试柱的刻度，设为初始刻度 Z_1，测量水土流失面积，记为 S，单位 m^2。

(2) 预设观测测试柱刻度变化的时间，根据设定时间观测测试柱刻度变化，每次数值记为 Z_2，进行土壤流失的厚度计算 $Z=Z_2-Z_1$，其中 Z 为土壤流失的厚度，单位 mm。

(3) 测量每次地面的坡度值，记为 θ，单位度，进行水土流失量计算，$A=ZS/1000\cos\theta$，其中 A 为水土流失量，单位 m^3。

(4) 通过计算机软件如 surfer 等，对每次测量出的水土流失量数据进行分析，还可以绘制出微地貌变化情况。

水土流失定位监测设备示意图见图 6-6。

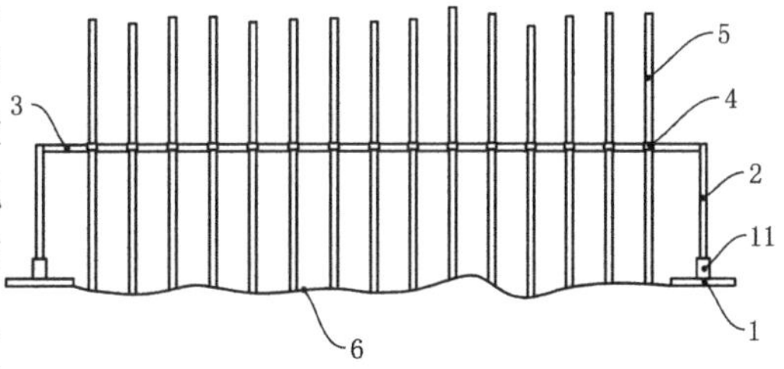

图 6-6 一种水土流失定位监测设备示意图

1—支座；2—纵向支撑杆；3—横向支撑杆；4—连接件；5—测试柱；6—地面线；11—连接部

该设备可放置于在各类地形场地上，用于自然水力侵蚀、自然风力侵蚀及生产建设项目造成的水土流失监测上，其通过定期观测钢钎的沉降量，得出土壤流失厚度，进而推算出水土流失量。该设备具有结构简单、便于携带、安装方便、易于操作、人为误差小、测量精度高、对地形环境适应性强的特点，同时可配合电子监控设备、高清数码设备使用，实时远程采集数据，大大减少人力工作量，具有很好的经济性、实用性及广泛的适用性。目前已在上海市水土流失监测工作中广泛应用，取得了很好的效果。监测设备现场应用情况见图 6-7。

图 6-7　监测设备现场应用情况

2. 电子设备实时监控

针对生产建设项目防治责任范围内的重点扰动区域、水土保持重点措施区域安装电子监控设备，进行 24h 实时视频监控，弥补现场水土保持监测的盲区和死角，及时发现问题并向生产建设单位预警，确保水土保持措施有效落地，避免传统水土保持监测工作流于形式。

特别是对大型线性生产建设项目，工程线路较长，现场监测存在的盲区和死角较多，包括临时堆土区、临时占地恢复、汛期排水情况等，需要开展相应的实时监控监测。如在上海市某轨道交通工程水土保持监测中，对临时堆土场进行实时监控，工程共涉及 4 处临时堆土区，均为临时占地，临时堆土区较远，为提高监测的效率，布设 4 处电子监控设备，对临时堆土区的防护、堆高等进行监控，及时发现问题并向生产建设单位预警；在某公路新建工程中，全线共设置 11 处土方中转场地，根据施工进度情况，利用 5 台电子监控设备，对中转场地进行监控，项目涉及耕地恢复 5 处，在施工结束后恢复期，对 5 处占地恢复落实情况进行监控，保证措施有效落地，起到了很好的作用。

6.2.4　信息系统建设全面推进

上海市生产建设项目水土保持监管信息化建设从 2020 年与全国水土保持 4.0 系统数据对接开始，到 2022 年上海市生产建设项目水土保持信息系统（一期）的项目建设完成为止，目前已经实现的工作包括完成上海市生产建设项目水土保持数据库的建设、完成生产建设项目水土保持监管全生命流程子系统建设、完成水土保持遥感动态监测子系统建设、完成生产建设项目水土保持信用监管子系统建设、完成截至 2022 年 10 月上海市范围内 3081 个生产建设项目水土保持监管的全流程数据的本地化存储和上图工作、完成水利部下发的 2021—2023 年的监管遥感数据、可疑图斑数据与项目认定数据的处理和上图工作。

水土保持信息化监管服务平台的构建可以为全市的水土流失动态监测和水土保持监管提供基础数据和技术支撑，进一步提升水土保持监管信息成果的准确性与可靠性，在加强市、区、街道三级联动的基础上，最大限度地实现监管成果的共享，可以较大地提高工作效率，节约大量人力、物力和财力。同时也积极响应了当前加强水土保持监测信息化以及数字化的要求，实现了水土保持监管数据管理与分析的规范化以及系统性，提升上报水利部数据的质量，可以为各级政府的水土保持治理成效、动态监管以及水土保持目标责任考核提供有力的技术支撑和有效的抓手。

6.3　创新水土保持科技示范宣传

6.3.1　加强水土保持示范创建

《水利部关于开展国家水土保持示范创建工作的通知》（水保〔2021〕11 号）提出要“践行绿水青山就是金山银山的理念，以综合防治水土流失为主线，以科技创新为引领，着力打造一批高标准的水土保持示范样板，为加快推进全国生态保护修复和新时代水土保持高质量发展发挥示范引领作用”。因此，水土保持示范创建是推进新时期水土保持高质量发展的有力抓手，为有效地推动区域生态保护和水土保持高质量发展提供平台和载体。

上海市对照示范创建要求，以水土流失预防保护为主线，以保护生态环境为目标，将水土保持与改善人居环境、发展特色产业结合，积极开展水土保持示范创建工作，有力推动区域生态、经济、社会发展。截至2023年年底，上海市共成功创建国家水土保持示范县2个，示范工程（生态清洁小流域）10个，市级生态清洁小流域示范工程38个，正在积极筹建国家水土保持科技示范园。

6.3.1.1 水土保持示范工程

上海市已成功创建10个国家水土保持示范工程（生态清洁小流域），包括青浦区莲湖村生态清洁小流域（2021年）、金山区水库村生态清洁小流域（2021年）、浦东新区张家浜小流域（2022年）、青浦区西虹桥小流域（2022年）、松江区小昆山镇现代农业示范小流域（2022年）、闵行区浦锦街道河狸社区小流域（2022年）、崇明区瀛东村生态清洁小流域（2023年）、闵行区獬豸村落生态清洁小流域（2023年）、奉贤区庄行镇郊野公园生态清洁小流域（2023年）、宝山区罗泾镇长江口生态清洁小流域（2023年）。

1. 青浦区莲湖村生态清洁小流域（2021年）

青浦区金泽镇莲湖村小流域位于长三角一体化示范区的先行启动区，同属于黄浦江上游水源保护区，区位优势显著，生态基底良好，作为上海市首批建设的“50＋X”个生态清洁小流域之一，属于水源保护型生态清洁小流域，其水土保持建设重点是涵养水源及水源地周边河道水质保护。

青浦区金泽镇莲湖村生态清洁小流域建设效果见图6－8。

图6－8 青浦区金泽镇莲湖村生态清洁小流域建设效果

(1) 协同推进，完善水土流失综合防护体系。莲湖村生态清洁小流域治理工作涉及水域、陆域的联合治理，在工作推进过程中打破了部门界限，以块为主体，部门联动，水务、农业、绿容、环保及镇（村）政府共同发力，紧密协作，形成政府统一领导、多部门协作的水土流失防治机制。

(2) 综合防治，突出水源地周边水质保护。莲湖村小流域在开展生态清洁小流域治理的过程中，深入领会山水林田湖系统综合治理内涵，明确水环境整治从单一治水转向综合管理，从分段治理转向连片治理，强调水域岸线同治，突破“就水论水”的思路，从区域整体着手，统筹兼顾防洪、水资源合理利用以及生态系统建设。

以水土保持为重点，因地制宜地开展相关工程措施和生物措施，加强农田防护林网建设，保持土壤资源，维护和提高土地生产力；积极做好农村生活垃圾处置、农村生活污水处理、农村面源污染防治；建设和保护河湖沟渠景观植物带，做好重要河道及水源区周边的面源污染防治，维护水质安全，落实各类水土保持防护措施。

同时注重长效管理，进一步提升水质，将河道的整治与资源的可持续发展结合起来，使治理后的生态系统与河流生态协调统一，为附近居民提供宜居的自然环境。

(3) 科技支撑，创新水土保持防治理念和模式。生态清洁小流域工程涉及专业种类多，过程中强化科技支撑，对水土监测、河湖健康、生态护岸、面源控制等加强技术研究。在水土保持建设施工过程中以防治水土流失、恢复植被、改善项目水土保持责任范围内生态环境为最终目的；以对周边环境和安全不造成负面影响为出发点；根据主体工程设计的水土保持分析评价与水土流失预测成果，工程施工期以主体工程区、临时堆土场区为重点，同时配合主体工程设计中已有的水土保持设施，综合规划，对主体工程区管理范围、施工生产生活区周边设置拦挡、排水、绿化等措施，使施工出现的开挖面产生的水土流失在“点”上集中拦蓄；同时对施工道路沿线设置临时排水、沉沙、覆盖等措施，形成“线”上防治。通过点、线、面防治措施有机结合、相互作用，形成立体的综合防治体系，达到保护地表，改善生态环境，防治水土流失的目的，实现水土流失由被动控制到综合开发治理的转变。

(4) 强化宣传，营造水土保持热烈氛围。莲湖村小流域发挥区域宣传优势，利用农村的“熟人社会”效应，村委牵头组织水土保持宣传培训，理论与实践并行，让单位和个人认识到水土流失的危害性，自觉自愿地做好水土流失防治工作。水土保持项目的大部分措施是在群众的承包地上实施的，加强宣传可以让群众知道项目建设的目的、意义，让群众积极参与，推动水土保持工程顺利进行。

2. 金山区水库村生态清洁小流域（2021年）

金山区漕泾镇水库村地处杭州湾北岸，位于金山区东部的漕泾镇北侧。水库村是上海市2035总规划中划定的风貌保护村，也是上海市第一批9个乡村振兴示范村之一。水库村生态清洁小流域工程覆盖10.46km^2治理空间，以水库村为中心辐射至周边村庄，北起胡桥上横泾（区界）、南至村界、东起万担港（骨干河道）、西至东海港（骨干河道）。

金山区水库村生态清洁小流域建设效果见图6-9。

根据水库村的建设成果调查，其中小流域区域水质在Ⅱ～Ⅲ类，土壤侵蚀强度仅为微度，林草保存面积占宜林宜草面积的比例达100%，生活污水处理率（城乡）达100%，工业废水达标排放率达 100%，规模养殖污水处理率达 100%，生活垃圾无公害化处理率达 100%，河湖面积达标率达 100%，河湖水系生态防护比例达 100%，真正实现了“清洁水库、生态水库”。

图 6-9　金山区水库村生态清洁小流域建设效果

(1) 生态优先，创新“水亮”原色。水润林、林固土、土保田、田养人，生态各要素环环相扣。水土流失治理统筹山水林田湖草系统治理，恢复自然系统良性循环，实现保护与发展的有机统一。水库村以“水”为核心元素，按照“水＋园”“水＋岛”“水＋田”的主题，着力打造“溪渠田园”“滩漾百岛”“荷塘聚落”水库村三区块，打好绿色发展“生态牌”。

(2) 景观优美，凸显“水韵”特色。布设临河景观，点缀亲水平台、景观桥梁、人行步道、艺术装饰，沿河种植芦苇、茭白等本土水生植物，因地制宜，在桥梁、码头设计中融入鱼篓、莲花等元素，打造一批特色“幸福河湖”，进一步彰显“水在村中、村在园中、人在画中”的水乡特色韵味。

(3) 生活富裕，彰显“水利”本色。水土流失治理为全面推进乡村振兴提供了有力支撑。一方面，通过水土流失治理改善耕地质量，助力绿色农业、高效农业等发展，吸引优秀人才，有效增加地区创收；另一方面，治水、植绿、护土等综合施策有效改善农村人居环境，助力美丽乡村建设。

3. 浦东新区张家浜小流域（2022 年）

张家浜生态清洁小流域地处中国（上海）自由贸易试验区核心地带，占地 14.54km^2。西临陆家嘴金融中心、南倚张江科学城，北靠金桥副中心，宛如镶嵌在浦东新区社会主义现代化建设引领区“金色中环发展带”上的翡翠。

(1) 开展河湖整治，构建一张水网。为了加强水土保持、改善区域水环境，近年来整治镇区级河湖 18 条段，新建护岸 32km，生态护岸防护比例达 90.2%。采用“物理-生物协同降浊”技术，通过自然沉淀、介质吸附、藻菌共生、逐级净化等工艺，以清水产流的形式提供清洁水源。采用“水动力-水质-生物”三维耦合模型，开展精细化设计，指导运行管理。通过治理，河湖水体透明度最大超过 1m，小流域出口河道张家浜水质达到Ⅲ类。张家浜河湖整治效果见图 6-10。

图 6-10　张家浜河湖建设效果

(2) 开展绿林建设，构建一张绿网。按照“让城市深呼吸”的思路，打造“秋水山林”景观效果。统筹水系、森林、开放空间，景观水体自然蜿蜒、水杉与碧水共存、沉水植物形成水下森林。水系挖方用于地形塑造，形成洲、滩、岛等水形态，营造多样生境。林草面积占比 98.3%，区域空气质量优良比例达 92.4%。张家浜小流域水上森林建设实景见图 6-11。

图 6-11　张家浜小流域水上森林建设实景

4. 青浦区西虹桥小流域（2022 年）

西虹桥生态清洁小流域坐拥优厚的区域定位，长三角一体化发展、中国国际进口博览会、虹桥国际开放枢纽三大国家战略优势叠加。区域内河网密布，水清岸绿，绘出西虹桥生态清洁小流域 $19km^2$ 生态底色。西虹桥小流域建设成效见图 6-12。

图 6-12　西虹桥小流域建设成效

水土流失综合治理纳入“五位一体”综合防治体系，建立“一个平台三项机制”（河长制工作平台，挂图作战机制、会议推进机制、督察稽查机制），水土保持纳入河长制目标责任制考核，形成政府领导、多部门协作的水土流失防治机制。

科学研判、选定“引水、控水、活水、净水”系统治水措施，创新采用控源治污、初期雨水治理、调活水体、水下森林营造等治标治本复合疗法。通过截流设施和原位处理设备，解决初期雨水污染，实现“零排入”；增设景观溢流堰系统，重构核心区、重点区、保障区三级河网水动力格局；采用新型生态护砌材料，解决水、土之间物质交换的难题；同时通过采用沉水、挺水及浮水植物组合的立体空间水环境治理技术，实现河道水清见底。西虹桥小流域“水清见底”河道治理情况见图 6-13。

通过“五位一体”系统综合治理，区域内小涞港重现了“水清岸绿、鱼翔浅底”的江南水韵，获评长江经济带最美河道，成为镶嵌在进博会核心区的一条金腰带。

5. 松江区小昆山镇现代农业示范小流域（2022 年）

上海市松江区小昆山镇现代农业示范区生态清洁小流域地处长三角一体化发展 G60 科创走廊辐射区，位于“九峰”西端、“三泖”东岸，由荡湾、永丰及汤村 3 个村组成，面积为 $12.94km^2$，属于以涵养水源、水源地周边河道水质保护为重点的“水源保护型”

图 6-13 西虹桥小流域“水清见底”河道治理情况

生态清洁小流域。小昆山镇现代农业示范小流域建设效果见图 6-14。

图 6-14 小昆山镇现代农业示范小流域建设效果

(1) 小城镇试点夯基，以土地集约节约实现资源高效利用。坚持小流域治理与小城镇试点建设同步实施，从 2008 年小城镇改革试点开始，小昆山镇现代农业示范区生态清洁小流域以土地增减挂钩规划、建设用地减量化、污染企业清拆等为抓手，通过民宅、企业动搬迁，项目拆旧区腾出土地整理复垦等方式，小田改大田，形成了 1.68 万亩的农业生产区域，呈现了万亩良田、千亩相连的田园风光。路网建设成效见图 6-15。

图 6-15 路网建设成效

(2) 农林水联动垒台，以山河重整共促小流域河湖生态复苏。通过实施“农林水”联动计划，实施 34 处断头点位水系沟通，重构“连、通、畅、活”的河网水系。规划建设高标准农田，实施绿色农业生产，农业面源污染得到有效控制。同时，结合“四好”农村路、农田防护林网等项目建设，重整山、水、林、田、路、村。近年来，区域河湖的各项生态监测指标显著提升，水质提升至Ⅲ类水，再现水清岸绿、鱼翔浅底、生机勃勃的河湖生态。河湖生态复苏建设效果见图 6-16。

图 6-16 河湖生态复苏建设效果

（3）乡村振兴固本，以绿色产业升级打造水美乡村幸福河湖。积极响应和落实长三角一体化及上海市城市总体规划要求，紧密结合乡村振兴，积极应用种养一体、养殖尾水处理及循环利用、有机农业和绿色农业生产技术，推动特色产业升级。农业景区建设成效见图 6-17。

图 6-17 农业景区建设成效

（4）水岸联动培元，以生态管理筑牢水土流失系统防治体系。通过生态清洁小流域治理，对河道岸坡进行了固土防护，综合整治华田泾、东浜港等 19 条段河道，整治长度达 36.85km。硬质护岸柔化 1.6km，形成 3.84 万 m^2 陆域绿色缓冲过滤带，大幅减少水土流失。累计完成 36 条河道疏浚，疏浚土方 75.15 万 m^3，通过还田或还林等方式有效地进行资源化利用，减少水土流失净损失量。

6. 闵行区浦锦街道河狸社区小流域（2022 年）

河狸社区位于闵行区浦锦街道的东、南部。浦锦街道以保护水土资源、改善水质为目标，秉持城市生态修复、兼顾当前和长远、协同推进的理念，以控制水土流失和面源污染为重点，坚持水林村和入河污染源统一治理，预防保护、生态修复与综合治理并重，因地制宜开展系统整治。闵行区浦锦街道河狸社区小流域建设效果见图 6-18，闵行区浦锦街道见图 6-19。

依托“有城有乡”的自然禀赋，充分发挥河长制平台作用，因地制宜实施水系生态整治、面源污染治理、水土流失综合防治、生态修复及人居环境改善等建设内容，全面提升水土保持治理水平。

（1）结合河湖水系整治，开展景观植被种植、河湖岸线清理复绿、河床定期清淤等工作，有效防止水土流失。

（2）落实生产建设项目水土保持方案编制、监测、验收工作，规范土方的处理，减少土壤流失。

（3）复苏河湖生态，结合河湖水系整治工程，采用护岸生态化改造，底泥改良，生态基净化，曝气增氧等措施。

图 6－18　闵行区浦锦街道河狸社区小流域建设效果

图 6－19　闵行区浦锦街道

7. 崇明区瀛东村生态清洁小流域（2023 年）

瀛东村生态清洁小流域位于崇明岛东部，总面积约为 $14km^2$。

（1）水土治理，亮生态文明底色。长期以来，瀛东村通过一系列治理措施，小流域出口水质稳定为Ⅲ类，加强生态岸坡建设，生态护岸长度近 60km。为提高岸线和坡面的防护能力、加强资源循环利用，瀛东中心河等河道采用生态袋护岸循环，利用疏浚土方，极大限度地减少了淤泥排放。生态护坡建设成效见图 6－20。

图 6－20　生态护坡建设成效

水土保持是水资源保护的第一道防线，为了加强水土保持，在 pH 值＞7.5 的盐碱化土地上探索绿化群落种植技术。围绕河湖水系周边大量种植法国冬青、夹竹桃等特色植物，形成集防护和观赏于一体的环村绿化带。

（2）人居改善，展生态治理名片。近年来，瀛东村形成统一的白墙黑瓦农村居民点风貌，采用生态化改造技术打造节能绿色农宅。绿色农宅建设成效见图 6－21。

城镇开发范围内大型商品居住区展示滨江魅力，城乡一体化有序推进。以河湖水系为核心，打造了十余千米滨水步道系统。城镇开发范围内市政道路采用海绵措施，市政道路绿荫环绕，车行、骑行、人行三道分离建设实景见图 6－22。

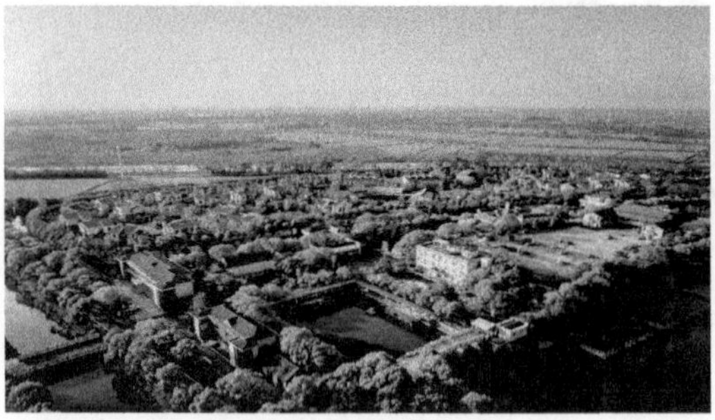

图 6-21　绿色农宅建设成效

图 6-22　车行、骑行、人行三道分离建设实景

瀛东村建设了上海市第一座村级生活污水处理站，成功实现了污水不出村；开展垃圾定时定点分类投放、开展公厕提标，全面实现公厕无害化改造。通过这一系列的举措，为居民营造了更宜居的生活环境。

（3）生态保育，守生态结构功能。建设发展过程中注重对周边湿地功能的保护。设立上海市长江口中华鲟湿地自然保护区，保护区是世界上最大的河口湿地之一，也是中国为数不多和较为典型的咸淡水河口湿地，是国家一级重点保护野生动物——濒危物种中华鲟幼鱼的“幼儿园”。实施奚东沙保滩生态修复工程，使奚东沙保滩工程影响区域的生态系统部分恢复到保滩工程实施前的相似状态，提高鸟类栖息地生境质量，同时通过工程和生物措施恢复盐沼湿地，促进生态减灾协同增效。

（4）产业发展，享生态发展红利。瀛东村开创了“两头统，中间包”的瀛东村特色集体经济模式，集体经营和承包相结合，形成水产养殖、瓜蔬种植、生态旅游三大支柱产业。创立瀛东经济合作社，2022 年生产总值达 4283 万元。

8. 闵行区獬豸村落生态清洁小流域（2023 年）

獬豸小流域是闵行区浦江镇首个生态清洁小流域示范区，位于浦江镇东部，背靠临港漕河泾浦江科技园，南抵大治河，东依浦东新区，西临浦江郊野公园，治理范围约为 16.72km^2。

在建设过程中，围绕水净、岸绿、村美、民富的目标，通过“革”“新”“建”“业”4 个维度，浦江镇多部门及革新村等 5 个村落专心水系治理、专注治污消劣、专攻生态修复，切实推动河道水系的存量盘活，实现节约用地、打通断点、功能提升、优化环境的幸福愿景。

（1）部署上下联动，“应做尽做”责任到、有力道。在小流域创建过程中，坚持生态导向，扎实行动，围绕市区要求，出台规划方案，全面谋划小流域建设成效。其间，通过多方统筹，积极落实和完善小流域建设年度计划和资金保障制度，整合水务、林业、乡村振兴等建设资金，协同高效推进小流域长效建设。累计整治河道 137 条段，长度为 57.2km，土地复垦面积达 25.74hm^2。2022 年示范区内化肥使用量为 231kg/hm^2，有机肥、农家肥使用比例达到 97.8%。2023 年前 10 个月水质检测数据，镇级及以上河道Ⅲ类及以上好水占比 93.94%，村级河道Ⅲ类及以上好水占比 94.38%。

河湖治理成效见图 6-23。

（a）三鲁河

（b）东徐家宅河

图 6-23 河湖治理成效

（2）整治一以贯之，“应改尽改”落实好、讲成效。优质的小流域创建，关键标准是群众对于水环境改善的体验感和感受度。为了提升群众亲水体验感，小流域覆盖的各个村，都围绕河道配套了花园、步道以及健身设备、活动场地等设施，有效地营造了以河道为串联的生活景观空间。村镇建设成效见图 6-24。

（a）镇北村

（b）革新村

图 6-24 村镇建设成效

（3）产业引入活水，“应干尽干”产销旺、有希望。獬豸小流域创建中，始终对标绿色产业的集约化发展同步推进。其间，帮助多个本地品种获得“绿色食品”认证。品牌大米“抱团”出圈，优质果蔬产销两旺，直播基地落户运营，民宿、飞机场、咖啡店成了网红打卡地。召稼楼二期开发、漕河泾、智谷高新园区的规模矩阵，好水好景依然成为了区域经济发展最好的营商助力。

9. 奉贤区庄行镇郊野公园生态清洁小流域（2023 年）

庄行镇郊野公园生态清洁小流域，位于奉贤区庄行镇北部，东至竹港、南至大叶公路、西至千步泾、北至黄浦江，涉及浦秀村、渔沥村、新叶村 3 个联片乡村振兴示范村，治理单元面积为 14.76km^2，坐拥黄浦江上游 5.1km 江岸线和 1500 亩生态涵养林、11500 亩良田、2800 亩水面积，致力于构建园林化的乡村景观、生态化的郊野田园、景观化的农耕文化。庄行郊野公园建设实景见图 6-25。

庄行镇郊野公园生态清洁小流域开展山水林田湖草系统治理，通过涵养林生态抚

图 6－25　庄行郊野公园建设实景

育、生态廊道建设、农业面源污染治理、水系沟通、河道清淤、建设生态护岸、恢复和建设水生态环境等措施，还水予清，天蓝水更蓝；“四旁林”交织于路边、田间、河岸、村周；田中有蛙，林中有鸟，水中有鱼虾。统筹考虑水安全、水环境、水生态需求，在建设过程中通过生态林涵养，海绵设施对降雨径流的调配拦截，河道两岸设置植物缓冲带和生态湿地的截流净化，实施秸秆还田，推广使用农家肥和有机肥，控减化肥农药使用，农村生活污水处理以及河道综合整治、农村环境整治等一系列工程的实施，有效防控面源污染，生活污水达标排放，有效地保护了水源地水质。治理成效见图 6－26。

图 6－26　治理成效

10．宝山区罗泾镇长江口生态清洁小流域（2023 年）

罗泾镇位于宝山区西北部，是长三角一体化中上海市连接江苏省的“桥头堡”，属于水源保护型生态清洁小流域。长江口生态涵养区生态清洁小流域位于罗泾镇北部，集宁路、川纪路以北的 11.06km^2 区域，地处长江入海口，包含沿江连片分布的塘湾、海星、花红、新陆、洋桥等 5 个行政村，境内有宝钢水库和陈行水库，大部分村域范围属于水源保护区。

（1）水源保护，联动治理。坚持河湖水系治理、面源污染防治、水土流失综合治理、生态修复、农村人居环境改善、水源涵养提升“六位一体”，综合防治。完成 10 条河道集中整治、3 条河道综合整治、20 条河道水生态提升工程；严格执行基本农田生态补偿工作考核，2022 年流域范围内的有机肥、农家肥的使用比例达到 83.1%，建成 760 亩循环自净河蟹养殖场；在小流域范围内开展在建项目水土保持措施全覆盖，涉及水土流失防治责任范围 155hm^2；打造形成 3 处集中式林地，总面积达 1970.17 亩，小流域内林草面积占宜林宜草面积的 98%以上；小流域范围内实现农村生活污水收集纳管全覆盖、农村生活垃圾分类全达标。生态河湖（三仙沟）治理成效见图 6－27。

（2）美丽乡村，联动发展。坚持系统谋划、整体推进，创新运营管理模式，小流域内，田成块、林成网、水成系、路成环、宅成景，人居环境持续改善，充分利用景观资源、产业资源，营造舒适宜人的 21km 慢行廊道和空间，打造一个可以享受乡野慢生活的

图 6-27　生态河湖（三仙沟）治理成效

乡村空间。建立以“乡遇塘湾、蟹逅海星、寻米花红、蔬香新陆、芋见洋桥”为特色的“五村联动”乡村振兴示范片区。美丽乡村建设成效见图 6-28。

图 6-28　美丽乡村建设成效

6.3.1.2　水土保持示范县

为了深入践行生态文明思想，全面推进美丽上海建设，加快打造人与自然和谐共生的社会主义现代化国际大都市，上海市以打造人民满意的“幸福河湖”为目标，全面推进高品质示范工程，2023 年成功创建国家水土保持示范县 2 个。

1. 浦东新区张江镇国家水土保持示范县（2023 年）

张江镇地处张江科学城核心区，镇域面积为 42.96km^2，人口 26.5 万人。拥有高新技术企业 1800 余家，各类人才近 20 万人，建成区绿化覆盖率为 44.08%，全域总绿化覆盖率为 35.24%，森林覆盖率为 21.31%，人均公园绿地面积为 19.1m^2，现有河道（水体）315 条，总长度为 177.3km，总水面积为 407 万 m^2。浦东新区张江镇建设成效见图 6-29。

张江镇始终从解决好资源环境方面的压力和约束出发，把“水土保持”工作纳入经济社会发展和生态文明建设总体布局，走出一条符合超大城市特点的水土保持的特色之路，彰显社会主义现代化国际大都市特征的现代环境治理新路，把人民群众对美好环境的需要放在更加突出的位置上，不断提升百姓的生态文明素养，解决好百姓的急难愁盼。进一步夯实生态环境作为城市发展的根基，让绿色成为城市最动人的底色、最温暖的亮色。

一是高度重视。落实张江镇党委书记、浦东新区水务局分管领导双组长工作机制，全

图 6-29　浦东新区张江镇建设成果

盘调配区镇两级职能部门的专业力量和村居网格的专职力量。还与太湖局水土保持处党支部、上海市水务局水利管理处党支部、区水务局水利处党支部签订了四级党建联建协议，组建青年党员突击队，破解治理中的难点堵点，让上下“一条心”聚成工作“一股劲”。

二是健全规划。依托张江科学城和“金色中环发展带”建设，整合产业发展、乡村振兴、河道治理和环境提升等工作任务，编制印发了《张江镇水土保持规划》和《张江镇生态清洁小流域建设实施方案》。结合“美丽乡村、现代城镇、精品城区”等不同区域形态特征，以纵向马家浜和横向川杨河为十字轴，由“双轴、三片、五线、六园、多点”绘成系统治理“一张图”。

三是要素治理。充分贯彻“山水林田湖草沙是生命共同体”的理念，因地制宜，在水土流失治理方面，综合治理程度达到 95%。在河湖水系建设方面，累计整治河道 107.334km，实现水质稳定在Ⅲ～Ⅳ类，河道水体透明度最高可达 1m，让居民群众能够在家门口感受到生态廊道的“林水复合”“蓝绿交融”，将最好的资源留给人民。

四是全员参与。广泛动员全社会参与环境建设，挖掘了241位来自不同行业、不同年龄段的民间河（林）长，实现园区、社区、校区和商区的全覆盖。其中，来自上海通信中心的青年河长潘小英，带领40名单位志愿者一同加入了张江镇“青护母亲河”的队伍，得到时任上海市委书记李强同志两次点赞。

五是数字赋能。率先建成“水、陆、空”立体式水环境综合监管体系的基础上，与上海船舶研究设计院、张江集团协同打造上海人工智能水域，为无人驾驶清洁船提供应用场景，从“自动巡查”逐步向“自动整改”迈进。在新丰村中日友好林建立了人工智能识别的观测点。

实践证明，充分依托河长制，以生态清洁小流域为总抓手开展全域治理，全面做好流域治理、生态修复、水系整治和人居环境改善的新型水土保持治理模式，带给人们的获得感看得见，幸福感最强烈；新征程上，将以创建国家水土保持示范县为新起点，以更高标准在水土保持工作上取得新的突破，实现生态环境质量高起点改善、高水平提升，助力实现经济社会高质量发展和碳达峰、碳中和目标。

2. 青浦区国家水土保持示范县（2023年）

青浦区位于上海市西南部，是长三角生态绿色一体化发展示范区核心区域，青浦区是上海生态环境最好的区域之一，生态绿色是青浦区最靓丽的底色。青浦区始终坚持“山水林田湖草沙”系统治理思路，以黄浦江上游水源涵养保护和城乡人居环境改善为目标，统筹协调水务、绿化和市容、农业农村、生态环境等职能部门，全面实施水土流失系统化防治，自2020年至今，青浦区本级财政整合农、林、水、环保类资金，在水土保持领域累计投入87.94亿元，成绩显著，逐步探索出一条符合平原感潮河网地区水土保持高质量发展的技术体系。

（1）以“水”为脉，提质增效，实施流域性综合治理。在“十三五”全面消黑除劣的基础上，以推进生态清洁小流域建设、太湖流域水环境综合治理、苏州河第四期综合治理为抓手，实现了治理目标、治理方式、治理内容的三大转变，河湖生态全面复苏，国控、市控断面水质达标率为100%，优良率达到95%，河湖重现了“水清岸绿、鱼翔浅底”的江南水韵。河湖生态治理成效见图6-30。

(a) 供水宝葫芦-金泽水库

(b) 水美-小涞港

图6-30　河湖生态治理成效

(2) 以“林”为肌，植草造林，筑牢水生态安全屏障。实施青浦区拦路港沿线及吴淞江沿线重点生态廊道建设；见缝插绿，新建绿地和廊道，串联郊野公园、绿地林地、林荫片区等绿色空间，为市民高品质生活筑起“绿色走廊”，陆域森林覆盖率提升至18.8%，绿化覆盖率超过44.4%，人均公园绿地超过$10.5m^2$。生态涵养林建设成效见图6-31。

图6-31 生态涵养林建设成效

(3) 以“田”为底，更新改造-发展高标准生态农业。青浦区以创建国家绿色发展先行区为契机，实行用地养地相结合；推进高标准农田建设；实施养殖尾水治理等工程，进一步提升农田生态系统的水土保持功能。现代农业快速发展，农业生产总面积达18.7万亩，经工商登记的农民专业合作社1028户，形成“合作社＋家庭农场＋农户”的产业化经营模式，成功入选第三批国家农业绿色发展先行区。万亩良田建设情况见图6-32。

图6-32 万亩良田建设情况

(4) 以“人”为本，三生融合-赋能高品质乡村振兴。青浦区将水土流失综合治理与农村人居环境改善、美丽乡村建设、农村产业升级、青浦新城民生设施建设等有机结合起来，擦亮人居环境生态底色。自2020年至今，累计成功创建20个上海市美丽乡村示范村，莲湖村、西虹桥生态清洁小流域连续两年成功创建国家水土保持示范工程。美丽乡村建设治理成效见图6-33。

以“河清”筑底，以“浦美”提质，以全域“人水和谐”为目标，青浦区着力打造平原感潮河网地区“河青浦美 人水和谐”的水保示范样板。青浦区将持续推动水土保持高质量发展，进一步将生态优势转化为发展优势，生态环境转化为宜居、宜业、宜商环境，一幅“生产发展、生态宜居、生活富裕”的上海市“最江南”画卷正徐徐展开。

6.3.1.3 水土保持科技示范园

水土保持科技示范园是社会发展对水土保持的新要求，是水土保持工作自身的新发展。园区作为全方位展示水土保持的平台，将分散的各类水土保持措施，包括预防保护、综合治理、产业开发、规划、监测、宣传、科普、科研、推广等打包在一起集中展示，避免了“到东山看工程、到西山看监测”的情况。同时，园区不是把各类水保措施简单堆

图 6-33　美丽乡村治理成效

积，而是予以提升和丰富，提高质量，丰富内涵，赋予其新的功能和作用，作为示范窗口、宣传载体、科研平台、科普教室，以及联结新农村、小康社会和生态文明建设的纽带，引领水土保持的发展方向，成为水土保持生态建设的重要抓手和推力，也是水土保持事业一道亮丽的风景线。

自 2014 年开始，上海市积极推进水土保持科技示范园区建设工作。2015 年完成了《上海市水土保持科技示范园区工作思路》，开启了各区水土保持科技示范园的规划推进工作，提出了依托广富林郊野公园、陈家镇郊野公园、青西郊野公园、紫竹半岛建设水土保持科技示范园的构想，于 2022 年开始深入推进临港新片区水土保持科技示范园的创建，现阶段正处于规划设计阶段。在充分分析临港资源条件的基础上，结合上海市典型的平原河网地区水土保持工作特点，打造水土保持科技示范园。园区的规划设计思路如下。

(1) 建设目标：建设标准高、示范效果强、生态景观美的临港新片区智慧水土保持科技示范园。以坚持“综合防治水土流失”为主线，以科技创新为引领，以水保科技示范为主要建设内容，系统反映临港新片区聚焦“一个平台”，同步完善“四大功能”，充分发挥科技示范园的综合功能，推动临港新片区水土保持高质量发展，建设面向未来的智慧之城、低碳之城和韧性之城。

(2) 建设策略：突出顶层规划，以实景彰显园区特色；优化空间主题，让游览述说发展历程；注重游览体验，沉浸互动引发主动参与；融入地域文化，讲传承促进区域发展。

(3) 展示要素：河湖生态、海绵技术、林草措施、湿地生态、绿色农业，全方位展示水土保持工作成效，打造极具上海市水土保持特色的科普之窗、示范之所、生态之境、活力之域。

6.3.2　多形式开展水土保持宣传教育

为了贯彻落实党中央对生态文明建设的总体部署，强化全社会水土保持国策意识和法规观念，上海市精心谋划、因地制宜，采取灵活多样的形式，强化水土保持宣传教育。

一是各级水务部门利用“水利大讲堂”、水务系统专业人员继续教育平台等，与水利学会、继续教育协会合作，邀请行业内知名专家定期对本市水土保持监督管理人员及水土保持从业人员开展教育培训工作，提高服务水平。

二是由市水务局牵头，定期组织水土保持工作会议，宣贯水土保持新标准、新文件、新精神，布置工作任务，有序推动了为全市水土保持工作，2019—2023 年共开展宣传培训60余次，培训人次达到5000余人。

三是印发水土保持法律法规相关宣传册，加强常态化宣传。如印发上海市水土流失非易发区水土保持工作宣传册，对非易发区生产建设项目水土保持责任进行明确，进一步落实水土保持工作全覆盖，截至目前共发放宣传手册1500余份。

四是采取重大纪念节日集中宣传，包括利用3月22日“世界水日”、3月22—28日“世界水周”等，集中宣传水土保持法律法规和水土保持生态清洁小流域等内容。

五是借助媒体平台，普及水土保持相关知识，宣传典型示范工程，提高了民众水土保持意识。2019年12月，中国水利报社报道了《时光不负匠心—太湖流域片优化构建水土保持生态安全格局》，其中对黄浦江上游水源地金泽水库工程、青浦大莲湖村水土保持建设理念和实施效果进行了重点报道，起到了很好的宣传示范作用，提高了各界参与水土保持工作的热情。

第7章　水土保持后续工作展望

如前所述，上海市近年来在水土保持工作体系建设、水土流失综合防治等方面取得了显著成效，补齐了工作短板，全社会水土保持意识有了显著的提高，水土保持率也领先全国。同时，上海市在平原河网地区水土保持措施体系构建、城市水土保持工作方面也形成了特色，在水土保持行政管理改革、生态清洁小流域建设等方面贡献了上海经验和模式。

但是我们也要清醒地认识到工作中的不足，如水土保持全流程全链条监管机制尚不成熟、水土保持高质量发展目标任务推进缓慢、水土保持改革创新能力不足等，需要我们进一步创新思维，强化工作基础，加快构建以生态清洁小流域建设为基础的上海市水土保持工作 2.0 版本。

庆幸的是，上海市水土保持工作面临着很好的外部形势和机遇。

一是 2022 年 12 月，中共中央办公厅、国务院办公厅印发了《关于加强新时代水土保持工作的意见》（以下简称《意见》），发出通知，要求各地区各部门结合实际认真贯彻落实。自 1993 年国务院印发《国务院关于加强水土保持工作的通知》以来，《意见》是第二个国家全面加强水土保持工作的文件。《意见》印发，填补了中央文件的空白，水土保持首次有了中央文件的加持，实现了中央、人大、国务院政策法规体系大满贯。这是贯彻人与自然和谐共生的中国式现代化对水土保持的更高要求，是人民群众对优美生态环境的迫切需求。《意见》体现了国家对水土保持工作前所未有的重视程度，也是指导当前和今后一个时期全国水土保持工作的纲领性文件。上海市也据此配套制定了《关于加强新时代水土保持工作的实施方案》，以上海市委、市政府联合发文的方式予以印发，打通了上海市水土保持工作的难点和堵点问题。

二是 2020 年 3 月，国家发展和改革委员会印发《美丽中国建设评估指标体系及实施方案》，构建评估指标体系，加快推进美丽中国建设，水土保持率是 22 项评估指标之一。上海市也明确提出“水土保持是上海市河湖治理的根本，是水环境治理保护的源头与基础，是人居环境整治和生态文明建设的重要抓手，做好水土保持工作对上海市经济社会可持续发展意义重大”，可见国家和上海市赋予了水土保持工作新的使命。

三是 2023 年 2 月，水利部等四部委联合印发《关于加快推进生态清洁小流域建设的指导意见》，要求全面推动小流域综合治理提质增效，用 5 年时间全国形成推进生态清洁小流域建设的工作格局，用 10～15 年时间在全国适宜区域建成生态清洁小流域。文件的出台对于以生态清洁小流域建设为基础来推动水土保持工作的上海市来讲提供了有力的指导。

水土保持生态环境建设是百年大计，只有进行时，没有完成时。为了上海城市更优美、更宜居、更可持续发展，需要一代又一代的水保人抢抓机遇，守正笃实，久久为功！

参考文献

[1] 宋建锋，顾圣华，杨二，等．上海市土壤侵蚀模数的研究与确定［J］．中国水土保持，2013（8）：42－45.

[2] 钱春，毛兴华．从土地利用变化探讨上海市水土流失发展趋势［J］．水土保持应用技术，2011（2）：22－24.

[3] 吴景社，李勉，哈欢．上海市水土流失重点防治区划分研究［J］．中国水土保持，2013（9）：11－13.

[4] 毛兴华，顾圣华，宋建锋．水土保持普查对上海市水土流失治理的启示［J］．上海水务，2013，29（4）：20－22.

[5] 哈欢．上海市建设项目水土流失特点及防治措施研究［J］．上海水务，2016，32（1）：1－2.

[6] 张海燕，唐迎洲，顾建英．平原河网地区水土保持总体方案：以上海市为例［J］．水土保持通报，2015，35（4）：128－131.

[7] 桑保良，吴景社，刘静森，等．上海市水土保持工作现状与建议［J］．中国水土保持，2007（12）：9－10.

[8] 毛兴华，韦浩，金云．上海市水力侵蚀现状与水土保持措施分析［J］．中国水土保持科学，2013，11（2）：114－118.

[9] 刘晓涛．上海市水土保持工作实践与探索［J］．中国水利，2021（14）：48－50.

[10] 杨均科，周婷昀，张月萍，等．上海市水土保持监测规划编制研究［J］．中国水土保持，2021（11）：59－61.

[11] 李珍明．上海市水土保持工作现状及发展趋势［J］．中国水土保持，2023（3）：8－11.

[12] 范春英．上海市生产建设项目水土保持监管工作探析［J］．中国水土保持，2023（12）：11－13.

[13] 吴阿娜，张锦平，汤琳，等．上海地区河道整治规划的特征识别及有效性评估［J］．中国给水排水，2010，26（6）：11－15.

[14] 朱萌，钟胜财，郑小燕，等．上海宝山区老市河城市河道水生态修复实践应用［J］．环境生态学，2021，3（4）：67－72.

[15] 刘文娟．上海崇明地区河道生态治理工程建设探讨［J］．水利技术监督，2021（4）：86－88.

[16] 范昕然，王海琳．植物型生态护坡在河道治理中的应用［J］．水运工程，2023（S2）：15－19.

[17] 孙琳然．建成环境河道的景观化驳岸设计研究［D］．南京：东南大学，2018.

[18] 张敬．上海中小河道治理项目中护岸型式的应用分析［J］．中国水运，2021，21（7）：83－84.

[19] 赵进勇，魏保义，王晓峰，等．浅谈生态型护岸工程技术［J］．广东水利水电，2007（6）：68－72.

[20] 李海飞，王泽鑫．泰州市高港区水生态规划前景预期［J］．中国水运：下半月，2020，20（7）：90－91.

[21] 莫建成．生态护岸技术在麻涌中小河流治理中的应用分析［J］．环境与发展，2019，31（4）：85－86.

[22] 张海英，张雨，周艳玲．工程措施和植物措施在河道生态建设中的应用［J］．小城镇建设，2013（5）：93－95.

[23] 宾贝丽．绿色发展理念下城市河道景观规划设计研究——以东湖港综合整治工程为例［D］．武

汉：湖北工业大学，2020.
[24] 张敬．海绵城市理念在河道治理中的应用构想 [J]. 中国水运，2015，15 (9)：191，220.
[25] 李庆，蔡育，陈茹．河长制下的“一河一策”实施对策研究——以上海市骨干河道为例 [J]. 水利水电快报，2023，44 (7)：33-38.
[26] 上海市金山区省市界河“一河一策”编制研究 [J]. 水资源开发与管理，2020 (3)：73-79.
[27] 顾建，高肖．上海横沙岛骨干河道“一河一策”方案编制探讨 [J]. 水利规划与设计，2019 (5)：14-16.
[28] 马颖卓．上海：推动河长制从“有名”迈向“有实”全力打好城市黑臭水体治理攻坚战 [J]. 中国水利，2018 (24)：142-145.
[29] 丁瑶瑶．城市黑臭水体从“一时清”到“长久清”[J]. 环境经济，2022 (9)：48-49.
[30] 傅建彬．上海郊区村镇级河道黑臭成因及水环境治理对策 [J]. 中国农村水利水电，2011 (12)：31-32.
[31] 李珍明，蒋国强，朱锡培．上海地区黑臭河道治理技术分析 [J]. 净水技术，2010，29 (5)：1-3.
[32] 陈亚一．生态修复技术在城市黑臭河道治理中的应用——以上海三友河为例 [J]. 能源与节能，2021 (5)：84-86.
[33] 徐后涛．上海市中小河道生态健康评价体系构建及治理效果研究 [D]. 上海：上海海洋大学，2016.
[34] 孙磊，马巍，吴金海，等．城市黑臭水体治理进展及水利措施研究 [J]. 中国农村水利水电，2021 (8)：23-28.
[35] 高红杰，袁鹏，刘瑞霞．我国城市黑臭水体综合整治：问题分析、治理思路与措施 [J]. 环境工程技术学报，2020，10 (5)：691-695.
[36] 路金霞，柏杨巍，傲德姆，等．上海市黑臭水体整治思路、措施及典型案例分析 [J]. 环境工程学报，2019，13 (3)：541-549.
[37] 范华．上海建成区 56 条黑臭河道整治的实践及探索 [J]. 中国水运，2018，18 (8)：92-93.
[38] 胡洪营，孙艳，席劲瑛，等．城市黑臭水体治理与水质长效改善保持技术分析 [J]. 环境保护，2015，43 (13)：24-26.
[39] 乔妮．城市黑臭水体的综合治理措施及应用实践 [J]. 节能与环保，2022 (1)：81-82.
[40] 徐后涛，赵风斌，郑小燕，等．上海市中小河道生态治理集成技术应用研究 [J]. 绿色科技，2017 (16)：22-25.
[41] 刘新宇．上海水环境与河道治理的思考 [J]. 环境经济，2012 (z1)：52-58.
[42] 洪青．上海松江区劣Ⅴ类河道成因分析及治理措施 [J]. 环境与发展，2018，30 (7)：238-239.
[43] 赵凤伟，赵伟义，侯建国．城市水土保持中“海绵城市”理念的应用 [J]. 水土保持应用技术，2017 (5)：27-29.
[44] 章林伟．中国海绵城市的定位、概念与策略——回顾与解读国办发〔2015〕75 号文件 [J]. 给水排水，2021，47 (10)：1-8.
[45] 章林伟．中国海绵城市建设与实践 [J]. 给水排水，2018，44 (11)：1-5.
[46] 章林伟，牛璋彬，张全，等．浅析海绵城市建设的顶层设计 [J]. 给水排水，2017，43 (9)：1-5.
[47] 章林伟．海绵城市建设概论 [J]. 给水排水，2015，41 (6)：1-7.
[48] 王盼，陈嫣．适用于上海的海绵城市建设技术分析 [J]. 城市道桥与防洪，2019 (4)：198-201.
[49] 张辰，吕永鹏，邓婧，等．上海市系统化全域推进海绵城市建设体系与技术研究 [J]. 环境工程，2020，38 (4)：5-9.
[50] 张辰．上海市海绵城市建设指标体系研究 [J]. 给水排水，2016，42 (6)：52-56.
[51] 张辰，陈涛，吕永鹏，等．海绵城市建设的规划管控体系研究 [J]. 城乡规划，2019 (2)：

7-17.
[52] 柯善北．让城市像海绵一样“呼吸”解读《国务院办公厅关于推进海绵城市建设的指导意见》[J]. 中华建设，2017（11）：6-7.
[53] 杨正，李俊奇，王文亮，等．对低影响开发与海绵城市的再认识［J]. 环境工程，2020，38（4）：10-15.
[54] 赵凤伟，赵伟义，侯建国．城市水土保持中“海绵城市”理念的应用［J]. 水土保持应用技术，2017（5）：27-29.
[55] 宁雪．海绵城市政策执行偏差分析与矫正对策研究［D]. 大连：大连理工大学，2021.
[56] 向赟旭．上海市青浦区练塘镇农林水联动建设经验与探索［J]. 中国水利，2020（7）：56-58.
[57] 李瑜，邓继军．对推动上海农林水联动建设的思考［J]. 中国水利，2018（11）：32-34.
[58] 柳玉鹏，赵庆杰，王志纲．林业工程技术在造林绿化中的推广应用［J]. 现代农业研究，2022，28（9）：88-90.
[59] 曾正纲．水源涵养林施工技术与管理［J]. 科技信息，2011（16）：340-341.
[60] 张现武，李明华，张金池，等．上海市水源涵养林建设现状及发展对策研究［J]. 华东森林经理，2015，29（2）：23-26.
[61] 陈向前．广东省水源涵养林建设价值及林分改造措施探析［J]. 南方农业，2022，16（13）：194-196.
[62] 党维勤，孔东莲，党恬敏．海绵城市建设和生产建设项目水土保持的思考［C]. //城市生态水土保持的发展与创新——中国水土保持学会城市水土保持生态建设专业委员会第三次会议暨学术研讨会论文集．2015.
[63] 冯水龙．城市房地产建设项目水土保持设计研究［D]. 太原：太原理工大学，2020.
[64] 杨顺利．论如何发挥水土保持监理在生产建设项目水土流失防治中的作用［C]. //中国水土保持学会预防监督专业委员会会议暨学术研讨会．中国水土保持学会，2015.
[65] 贾飚，李静浩．完善调查监测在生产建设项目水土保持监测中的作用［C]. //干旱半干旱区域水土保持生态保护论坛论文选编．2013.
[66] 丘辉．市政道路园林绿化养护管理与施工［J]. 绿色科技，2017（13）：69-70.
[67] 郭秀琴．浙江省水土保持监测工作实践与思考［J]. 中国水土保持，2023（11）：13-15.
[68] 陈康，刘波．生产建设项目水土保持监理存在问题及建议［J]. 中国水土保持，2013（8）:15-16.
[69] 李想．新形势下生产建设项目水土保持设施验收制约性因素分析［J]. 中国水土保持，2021（8）：17-20.
[70] 杨顺利，杨周瑾．水土保持监理的作用及技术服务途径［J]. 中国水土保持，2016（9）:41-43.
[71] 翟艳宾，孙晓玲．新形势下铁路建设单位做好水土保持管理工作的途径探讨［J]. 中国水土保持，2021（10）：18-20.
[72] 杨斯棋．海绵城市工程化措施在道路排水中的应用［J]. 城市道桥与防洪，2019（11）：77-80.
[73] 彭正伟．关于新时期生产建设项目水土保持设施验收工作问题及对策的探讨［J]. 城市建设理论研究：电子版，2020（20）：105-106.
[74] 张军政，杨军严，董牧．当前生产建设项目水土保持工作存在的问题及对策［J]. 中国水土保持，2020（12）：22-26.
[75] 刘宪春，王海燕，张文星．关于水土保持监管履职督查的几点思考［J]. 中国水土保持，2020（5）：20-22.
[76] 胡晋茹，陈兵，赵俊喜，等．公路水土保持全过程管控技术思考［J]. 交通节能与环保，2021，17（5）：71-75.
[77] 王权．生产建设项目水土保持监理存在的问题与对策［J]. 江淮水利科技，2021（6）：11+27.
[78] 张君，王巧红，朱永刚．生产建设项目水土保持建设管理工作要点浅析［J]. 四川环境，2016，

35 (6)：103 - 108.
[79] 杨锋，张涛．铁路建设项目水土保持驻地监理项目部标准化建设 [J]. 中国水土保持，2023 (11)：68 - 70.
[80] 袁涛，刘帅华，李珂．生产建设项目水土保持工程监理存在的问题及对策 [J]. 湖南水利水电，2021 (6)：86 - 87.
[81] 康芮，邱新玲，马鸿财，等．基于深度学习的生产建设项目扰动图斑自动提取 [J]. 中国水土保持科学，2023，21 (1)：128 - 138.
[82] 金平伟，黄俊，姜学兵，等．基于深度学习的生产建设项目扰动图斑自动识别分类 [J]. 中国水土保持科学，2022，20 (6)：116 - 125.
[83] 凤海明，李团宏，冯阳，等．水土保持工程"天地一体化"遥感监管体系研究与应用 [J]. 中国水土保持，2022 (7)：12 - 14.
[84] 李智勇，陈梦雪．3S 技术在生产建设项目水土保持"天地一体化"中的应用 [J]. 浙江水利科技，2018，46 (4)：97 - 99.
[85] 陈妮，王静，陈东，等．区域水土流失动态监测软件设计与实践 [J]. 中国水土保持，2023 (1)：35 - 37.
[86] 蒲朝勇．关于推动新阶段水土保持高质量发展的思考 [J]. 中国水土保持，2022 (2)：1 - 6.
[87] 蒲朝勇．推动新阶段水土保持高质量发展的思路与举措 [J]. 中国水利，2022 (7)：6 - 8.
[88] 姜德文．论新时代水土保持学科发展 [J]. 中国水土保持，2021 (1)：9 - 14.
[89] 亢庆，姜德文，赵院，等．生产建设项目水土保持"天地一体化"动态监管关键技术体系 [J]. 中国水土保持，2016 (11)：4 - 9.
[90] 姜德文，亢庆，赵永军，等．生产建设项目水土保持"天地一体化"监管技术研究 [J]. 中国水土保持，2016 (11)：1 - 3.
[91] 姜德文．高分遥感和无人机技术在水土保持监管中的应用 [J]. 中国水利，2016 (16)：45 - 47.
[92] 姜德文．贯彻十九大精神　推进新时代水土保持发展 [J]. 中国水土保持，2018 (1)：1 - 5.
[93] 乔殿新．高质量发展视角下智慧水土保持发展探讨 [J]. 中国水土保持，2020 (7)：1 - 3.
[94] 张琳英，张宜清．高质量发展视角下生产建设项目水土保持工作探讨 [J]. 中国水土保持，2022 (4)：10 - 12.
[95] 唐元智．生产建设项目水土保持监测技术方法研究进展 [J]. 中国水土保持，2021 (12)：53 - 57.
[96] 靳峰，尚颜颜，康芮，等．水土保持遥感监管现场复核协同工作系统设计与实现 [J]. 中国水土保持，2023 (2)：58 - 61.
[97] 张勇，李仁华，姚赫，等．水土保持自动监测设备现状及新设备研发 [J]. 人民长江，2022，53 (9)：43 - 48.
[98] 赵方莹，李璐，陆大明，等．城市平原区水土保持监测方法与典型设计 [J]. 中国水土保持，2023 (1)：48 - 51.
[99] 蒋学玮，姜德文．水土保持方案质量与实效提升方向 [J]. 中国水土保持，2023 (1)：8 - 12.
[100] 姜德文，蒋学玮，周正立．水土保持方案的核心是防治措施体系 [J]. 中国水土保持，2021 (8)：10 - 13.
[101] 李勉，杨二，王玲玲，等．上海市水土流失调查及水土流失重点防治区划分 [R]. 上海：黄河水利委员会黄河水利科学研究院，2012.
[102] 上海市水文总站，太湖流域管理局太湖流域水土保持监测中心站．2023 年度上海市水土流失动态监测成果报告 [R]. 上海：上海市水务局，2023.
[103] 上海市水文总站．上海市水土保持监测实施方案 [R]. 上海：上海市水务局，2017.
[104] 上海市水务局：上海市生态清洁小流域建设总体方案 [R]. 上海：上海市水务局，2020.

[105] 屈创，薛建慧，马歆菲，等．国家水土保持监测站点优化布局工程可行性研究报告 [R]. 郑州：黄河勘测规划设计研究院有限公司，2021.

[106] 上海市水务局．上海市水土保持管理办法（沪水务规范〔2017〕2 号）[R]. 上海：上海市水务局，2017a.

[107] 上海市水务局．上海市防洪除涝规划（2020—2035 年）[EB/OL]. 2020-11-13. https://www.shanghai.gov.cn/nw12344/20201113/46f41060a4e645a3a86c5db6cf973363.html.

[108] 上海市规划和国土资源管理局．上海市城市总体规划（2017—2035 年）[EB/OL]. 2014. https://www.shanghai.gov.cn/newshanghai/xxgkfj/2035002.pdf.

[109] 上海市水务局．《上海市水土保持规划（2015—2030 年）》[EB/OL]. 2017. https://www.shanghai.gov.cn/nw41571/20200823/0001-41571_53233.html.

[110] 上海市水务局．《上海市水土保持规划修编（2021—2035 年）》[EB/OL]. 2021. https://www.shanghai.gov.cn/nw12344/20211231/f2baa36faa10402dbeb2e4ae8ba879cf.html.

[111] 上海市水务规划设计研究院．《上海市生态清洁小流域建设规划与实施方案编制技术指南》[EB/OL]. 2020. https://swj.sh.gov.cn.

[112] 上海市绿化和市容管理局．《上海市"四化"森林建设总体规划（2019—2035 年）》[EB/OL]. 2020. https://lhsr.sh.gov.cn/lhgl/20200428/0039-B43A9179-814C-4B66-9622-32805AC87576.html.

[113] 上海市水务局．上海市生态清洁小流域示范案例系列展示 [EB/OL]. 2024. https://swj.sh.gov.cn.

[114] 中国城市规划设计研究院．苏州市海绵城市规划设计导则 [R]. 苏州：苏州市规划局，2016.

[115] 昆明理工大学设计研究院．昆明市海绵城市建设技术导则 [R]. 昆明：昆明市海绵城市建设工作领导小组办公室，2016.

[116] 上海市河道生态治理技术指南编制课题组．上海市河道生态治理设计指南（试行）[Z]. 2013.

[117] 中国水土保持学会水土保持规划设计专业委员会，水利部水利水电规划设计总院. 水土保持设计手册 规划与综合治理卷 [M]. 北京：中国水利水电出版社，2018.

[118] 董哲仁，孙东亚. 生态水利工程原理与技术 [M]. 北京：中国水利水电出版社，2007.

[119] 姜德文，亢庆. 生产建设项目水土保持天地一体化监管技术研究 [M]. 北京：中国水利水电出版社，2018.

[120] 王念忠，张大伟，刘建祥. 无人机摄影测量技术在水土保持信息化中的应用 [M]. 北京：中国水利水电出版社，2019.

[121] 中国水土保持学会水土保持规划设计专业委员会. 生产建设项目水土保持设计指南 [M]. 北京：中国水利水电出版社，2011.

[122] 中华人民共和国水利部. 生产建设项目水土保持技术标准：GB 50433—2018 [S]. 北京：中国计划出版社，2018.

[123] 中华人民共和国水利部. 水土保持监理规范：SL/T 523—2024 [S]. 北京：中国水利水电出版社，2024.

[124] 中华人民共和国水利部. 水利水电工程水土保持技术规范：SL 575—2012 [S]. 北京：中国水利水电出版社，2012.

[125] 中华人民共和国水利部. 水土保持工程质量评定规程：SL 336—2006 [S]. 北京：中国水利水电出版社，2006.

[126] 李红艳. 平原河网地区中小河道生态护岸研究 [J]. 水利规划与设计，2016 (1)：76-79.

[127] 李彩霞，郦建锋. 平原河网地区水土流失防治技术探讨 [C]. //中国水土保持学会水土保持规划设计专业委员会 2015 年年会论文集. 2015.

[128] 谢映霞. 对海绵城市建设的几点认识与建议 [J]. 建设科技，2019 (Z1)：16-17.

[129] 陈善沐，林强，吴清泉，等. 河长制视角下的福建省生态清洁型小流域建设途径与对策 [J]. 亚热带水土保持，2018，30 (2)：25-29.
[130] 张凤梅. 山西省输变电工程水土流失特点及防治措施体系研究 [D]. 北京：北京林业大学，2014.
[131] 石芬芬. 山地风电场水土流失特征及其防治研究 [D]. 南昌：江西农业大学，2017.